一点通系列丛书

机械识图一点通

杨　欣　李玉强　马　晶　冯新敏　编著

机　械　工　业　出　版　社

本书内容全面，结构清晰，由图样基础知识入手讲解绘图方法及识图技巧，引用的标准和规范全部采用现行国家标准。内容按照机械行业从业人员常见的工程图种类由易到难进行安排，包括识图基础，标准件和常用件、零件图、装配图、模具图、钣金工程图、焊接图、机构运动简图、液压气动系统图和电气工程图的识读，并配有难点剖析和技巧解析，按照识读步骤向读者介绍如何识读相应的工程图。

本书可供从事机械设计、制造的工程技术人员和工人识图使用，也可供高等院校相关专业师生参考。

图书在版编目（CIP）数据

机械识图一点通/杨欣等编著. —北京：机械工业出版社，2020.6（2023.6重印）

（一点通系列丛书）

ISBN 978-7-111-65750-7

Ⅰ.①机… Ⅱ.①杨… Ⅲ.①机械图-识图 Ⅳ.①TH126.1

中国版本图书馆CIP数据核字（2020）第095200号

机械工业出版社（北京市百万庄大街22号 邮政编码100037）
策划编辑：黄丽梅 责任编辑：黄丽梅 雷云辉
责任校对：李 杉 封面设计：鞠 杨
责任印制：张 博
北京建宏印刷有限公司印刷
2023年6月第1版第4次印刷
169mm×239mm · 13.75印张 · 262千字
标准书号：ISBN 978-7-111-65750-7
定价：49.00元

电话服务
客服电话：010-88361066
010-88379833
010-68326294

网络服务
机 工 官 网：www.cmpbook.com
机 工 官 博：weibo.com/cmp1952
金 书 网：www.golden-book.com
机工教育服务网：www.cmpedu.com

工程图是工程界的语言，每一位工程技术人员都必须掌握这门语言。本书结合工程实践选取了大量机械领域相关的典型图例，从图样基础知识入手由浅入深，系统地、有步骤地讲解了识图技巧和方法，有助于读者识图速度和水平的提高。

本书主要有以下几个特点：

1）内容简洁明了，通过大量的经典实例，对工程图的重点和难点进行了梳理和分析，着重对读图的具体方法进行了指导和总结，可快速提高机械行业从业人员的识图水平和质量。

2）书中工程图的画法、标注均采用现行国家标准，可以为读者提供相应标准的查阅和更新。参考文献中列出了书中引用的国家标准编号。

3）内容全面，涉及机械领域相关的多个学科。识图内容包括标准件和常用件、零件图、装配图、模具图、钣金工程图、焊接图、机构运动图、液压气动系统图、电气工程图。

本书由多位老师共同合作完成，其中第1、6章由哈尔滨理工大学马晶编著；第3、4、7章由哈尔滨理工大学李玉强编著；第5、8章由哈尔滨理工大学冯新敏编著；第2、9、10章由宜宾学院杨欣编著。

由于作者水平有限，书中难免有疏漏和不妥之处，恳请广大读者批评指正。

扫描以下二维码，可免费领取本书配套视频教程。

目录

识图基础

1.1 图样的基础知识

1.1.1 图纸幅面

根据GB/T 14689—2008《技术制图　图纸幅面和格式》的规定，绘制技术图样时，优先采用表1-1所规定的基本幅面，如图1-1粗实线所示。

表1-1　图纸基本幅面尺寸（第一选择）　　（单位：mm）

幅面代号	A0	A1	A2	A3	A4
尺寸 $B \times L$	841×1189	594×841	420×594	297×420	210×297

1.1.2 标题栏

GB/T 10609.1—2008《技术制图　标题栏》规定了技术图样中标题栏的画法和填写要求。

1. 标题栏的基本要求

每张技术图样中均应画出标题栏，而且其位置配置、线型、字体都要遵守相应的国家标准。

标题栏中的日期　年　月　日应按照GB/T 7408—2005《数据和交换格式　信息交换　日期和时间表示法》的规定格式填写，形式有两种，如20090718或2009－07－18。

2. 标题栏的组成和内容

标题栏一般由更改区、签字区、其他区、名称及代号区组成，也可按实际需

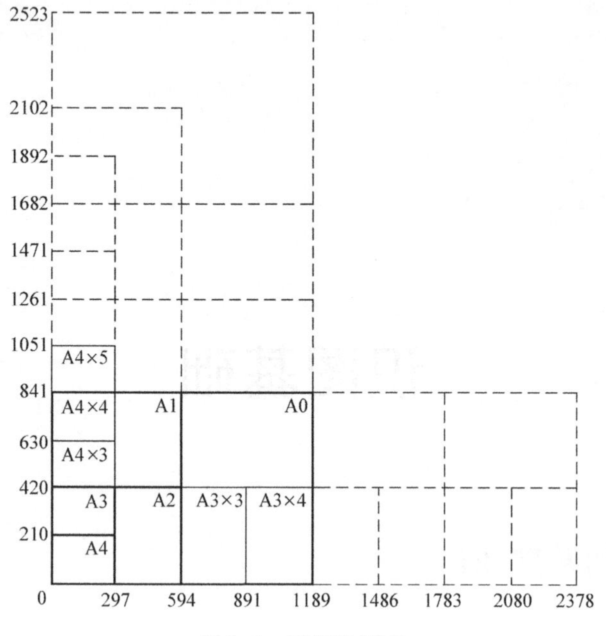

图 1-1　图纸的幅面

要增加或减少。标题栏各区的布置可采用图 1-2 或图 1-3 所示的格式。

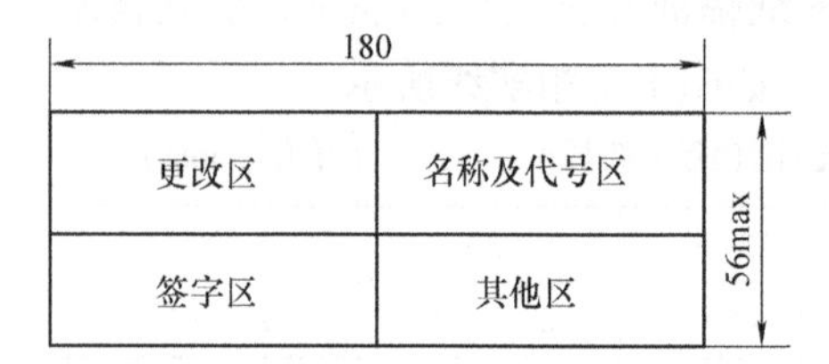

图 1-2　标题栏各区的布置（一）

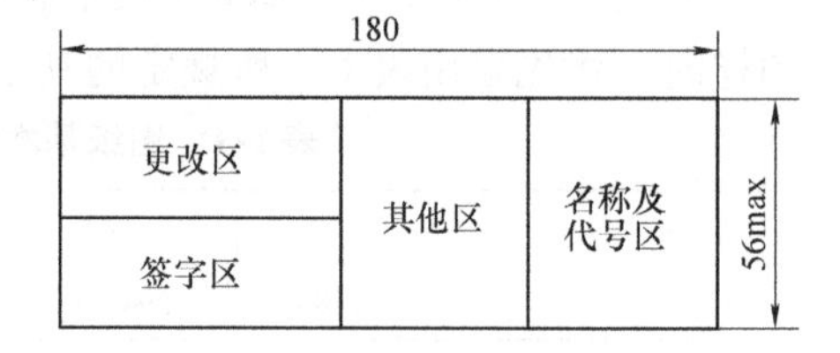

图 1-3　标题栏各区的布置（二）

更改区：一般由更改标记、处数、分区、更改文件号、签名和　年　月　日等组成。

签字区：一般由设计、审核、工艺、标准化、批准、签名和　年　月　日等组成。

其他区：一般由材料标记、阶段标记、重量、比例和共　张 第　张等组成。

名称及代号区：一般由单位名称、图样名称、图样代号和存储代号等组成。

3. 标题栏的格式及填写

当采用图 1-3 所示的格式绘制标题栏时，名称及代号区中的图样代号应放在该区的最下方，标题栏的线型、尺寸及格式如图 1-4 所示。

参考图 1-4，标题栏各区的填写如下。

（1）更改区　更改区中的内容应按由下而上的顺序填写，可根据实际情况

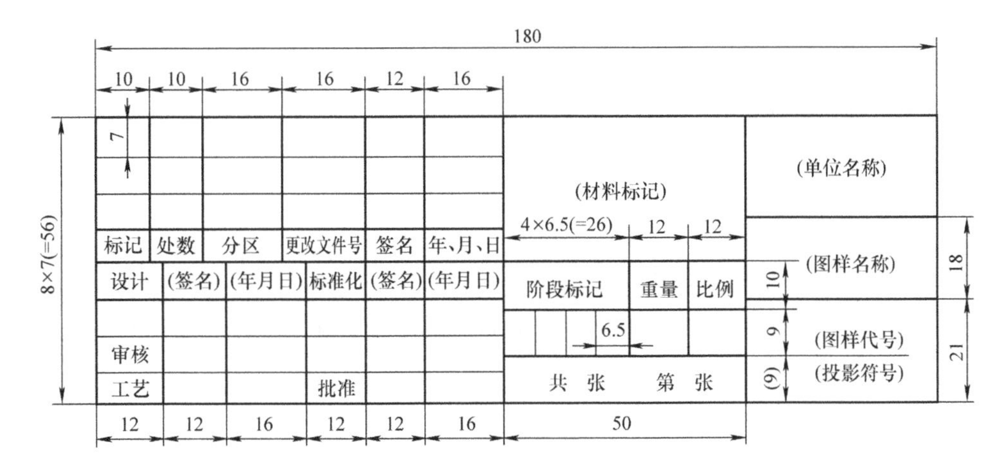

图 1-4　标题栏的线型、尺寸及格式

顺延；也可放在图样中的其他地方，这时应有表头。

标记：按照有关规定或要求填写更改标记。

处数：填写同一标记所表示的更改数量。

分区：为了方便查找更改位置，必要时，按照 GB/T 14689—2008《技术制图 图纸幅面和格式》的规定，注明分区代号。

更改文件号：填写更改所依据的文件号。

签名和　年　月　日：填写更改人的姓名和更改的时间。

（2）签字区　签字区一般按设计、审核、工艺、标准化、批准等有关规定签署姓名和　年　月　日。

（3）其他区

材料标记：对于需要填写该项目的图样，一般应按照相应标准或规定填写所使用的材料。阶段标记：按有关规定由左向右填写图样的各生产阶段。由于各行业采用的标记可能不同，所以不要求统一。

重量：填写所绘制图样相应产品的计算重量，以千克为计量单位时，允许不写出其计量单位。

比例：填写绘制图样时采用的比例。

共　张 第　张：当一个零件（或组件）需用两张或两张以上图纸绘制时，需填写同一图样代号中图样的总张数及该张所在的张次；当一个零件（或组件）只用一张图纸绘制时，可不填数值。

（4）名称及代号区

单位名称：填写绘制图样单位的名称或单位代号。必要时，也可不予填写。

图样名称：填写所绘制对象的名称。

图样代号：按有关标准或规定填写图样的代号。

1.1.3 明细栏

GB/T 10609.2—2009《技术制图 明细栏》规定了技术图样中明细栏的画法和填写要求。

1. 明细栏的画法

明细栏一般配置在装配图中标题栏的上方，按由下而上的顺序填写。当标题栏上方的位置不够时，可紧靠在标题栏的左边自下而上延续。当有两张或两张以上同一图样代号的装配图时，应将明细栏放在第一张装配图上。明细栏的格式如图 1-5 所示。

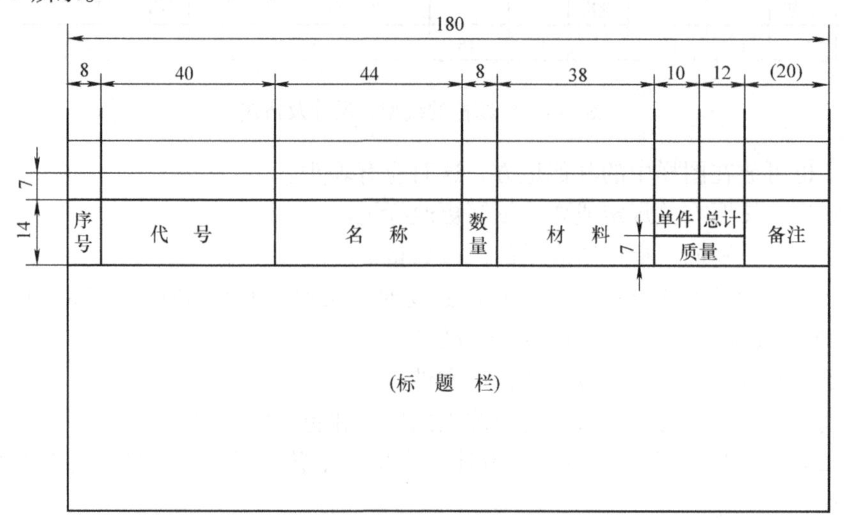

图 1-5 明细栏的格式

装配图上不便绘制明细栏时，可作为装配图的续页按 A4 幅面单独绘出，填写顺序由上而下延续，图 1-6 所示是根据需要，省略部分内容的明细栏。可连续加页，但每页明细栏的下方都要绘制标题栏，并在标题栏中填写一致的名称和代号。

2. 明细栏的填写

明细栏一般由序号、代号、名称、数量、材料、质量（单件、总计）、分区、备注等组成，可以根据需要增加或减少内容。

序号：填写图样中相应组成部分的序号。

代号：填写图样中相应组成部分的图样代号或标准编号。

名称：填写图样中相应组成部分的名称，根据需要，也可写出其型式与尺寸。

数量：填写图样中相应组成部分在装配中的数量。

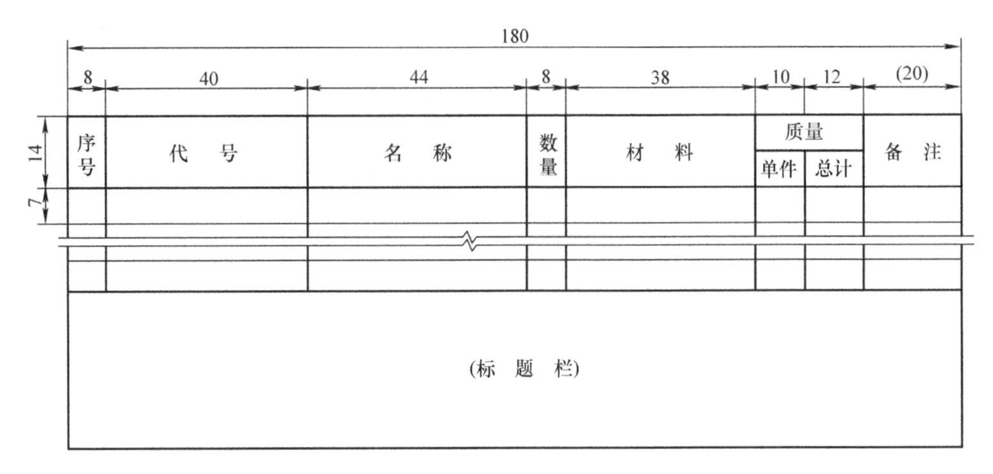

图1-6　按A4幅面单独绘出明细栏（参考画法）

材料：填写图样中相应组成部分的材料标记。

质量：填写图样中相应组成部分单件和总件数的计算重量。以千克（公斤）为计量单位时，允许不写出其计量单位。

分区：为了方便查找相应组成部分，必要时，按照有关规定将分区代号填写在备注栏中。

备注：填写该项的附加说明或其他有关的内容。

1.1.4　字体

GB/T 14691—1993《技术制图 字体》规定了技术图样中字体的大小和书写要求等，该标准中还列举了各种字例。该标准等效采用国际标准 ISO 3098/1 – 1974《技术制图—字体　第一部分：常用字母》和 ISO 3098/2 – 1984《技术制图—字体　第二部分：希腊字母》。

1. 基本要求

书写字体必须做到字体工整、笔画清楚、间隔均匀、排列整齐。字体高度（用 h 表示）的公称尺寸系列为1.8mm、2.5mm、3.5mm、5mm、7mm、10mm、14mm、20mm。字体的高度称为字体的号数，如2.5号字是指字体的高度为2.5mm。若需要书写大于20号的字，其字体高度应按$\sqrt{2}$的比率递增。

2. 汉字的书写要求与字例

图样中汉字应写成长仿宋体字，并应采用中华人民共和国国务院正式公布推行的《汉字简化方案》中规定的简化字。汉字的高度 h 不应小于3.5mm。图1-7所示为长仿宋体汉字字例。

3. 数字和字母的书写要求与字例

数字和字母分A型和B型，在同一张图样上，只允许选用一种形式的字体。

横平竖直注意起落结构均匀填满方格

图 1-7　长仿宋体汉字字例

A 型字体的笔画宽度（d）为字高（h）的十四分之一。

B 型字体的笔画宽度（d）为字高（h）的十分之一。

数字和字母可写成斜体和直体。斜体字字头向右倾斜，与水平基准线成 75°。

图 1-8 ~ 图 1-11 所示为数字和字母字例。

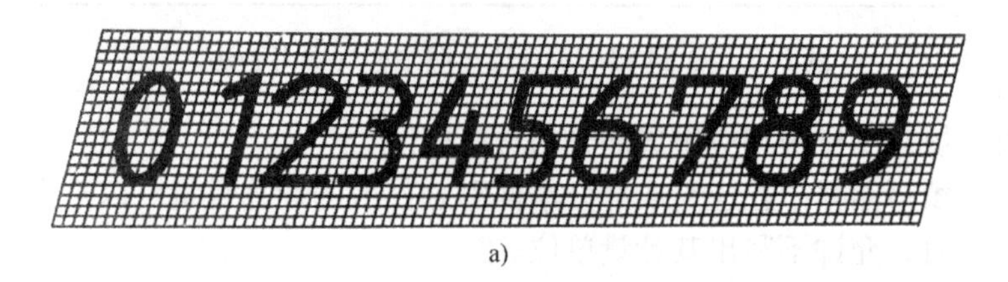

a)

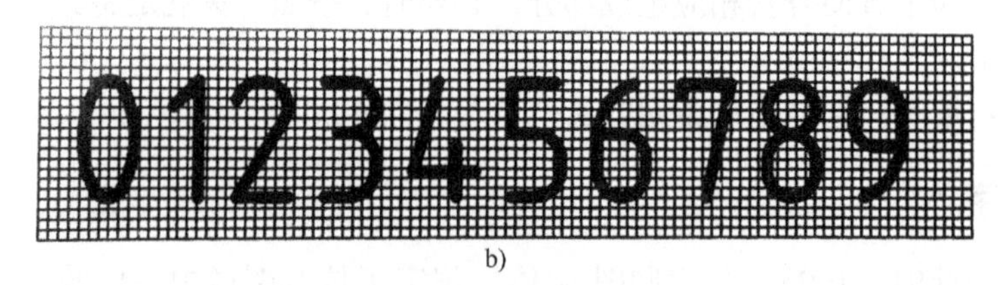

b)

图 1-8　阿拉伯数字字例

a）斜体　b）正体

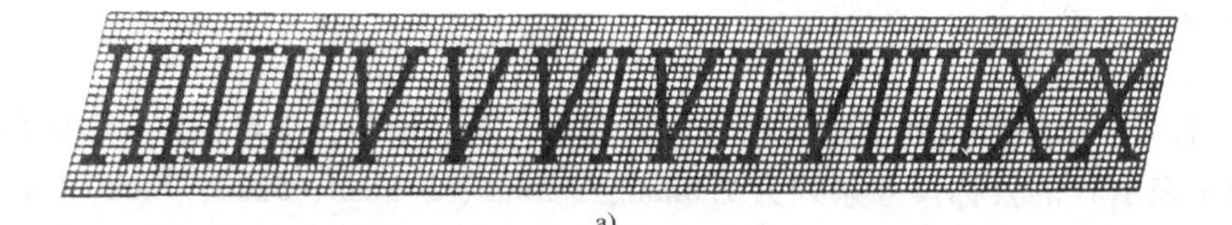

a)

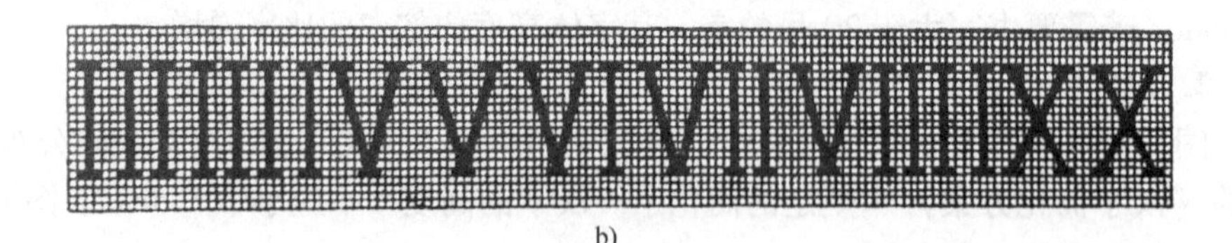

b)

图 1-9　罗马数字字例

a）斜体　b）正体

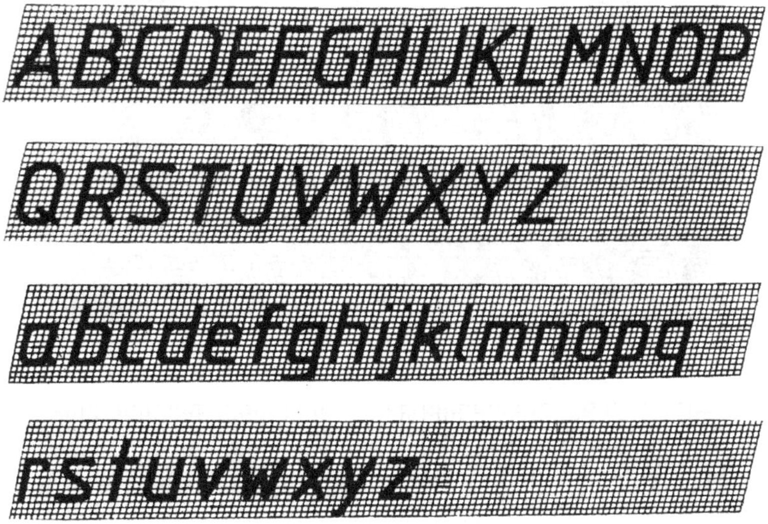

ABCDEFGHIJKLMNOP

QRSTUVWXYZ

abcdefghijklmnopq

rstuvwxyz

a)

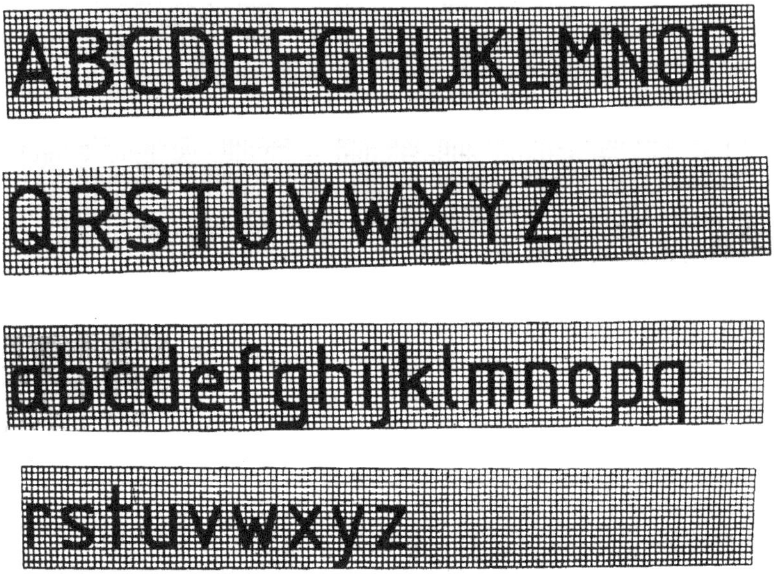

ABCDEFGHIJKLMNOP

QRSTUVWXYZ

abcdefghijklmnopq

rstuvwxyz

b)

图 1-10　英文字母字例

a）斜体　b）正体

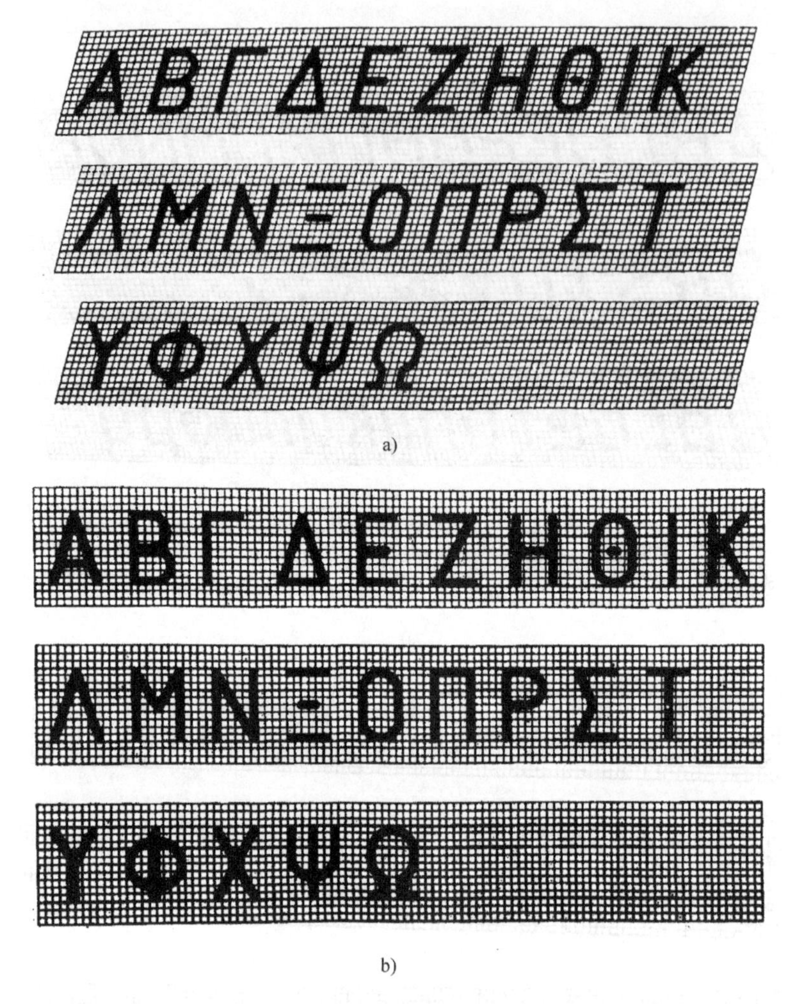

图 1-11　希腊字母字例

a）斜体　b）正体

1.1.5　图线

GB/T 17450—1998《技术制图　图线》规定了图样中图线的线型、尺寸和画法。新修订的补充标准 GB/T 4457.4—2002《机械制图　图样画法　图线》取代 GB/T 4457.4—1984《机械制图　图线》，更全面、详细地规定了各种线型的应用，并列举了应用示例。

1. 线型

GB/T 17450—1998《技术制图　图线》中规定了 15 种基本线型，以及多种基本线型的变形和图线的组合。表1-2中列出了技术制图常用的四种基本线型、一种基本线型的变形（波浪线）和一种图线的组合（双折线）。

表1-2 线型

类型	代码	名称		线型
基本线型	01.2	实线	粗实线	
	01.1		细实线	
	02.1	虚线	细虚线	
	02.2		粗虚线	
	04.1	点画线	细点画线	
	04.2		粗点画线	
	05.1	细双点画线		
基本线型的变形	01.1	波浪线		
图线的组合	01.1	双折线		

2. 图线的尺寸

所有线型的宽度（d）应按图样的类型和尺寸在下列系数中选择。该系数的公比为 $1:\sqrt{2}$（$\approx 1:1.4$）：0.13mm、0.18mm、0.25mm、0.35mm、0.5mm、0.7mm、1mm、1.4mm、2mm。图线宽度组别见表1-3。

表1-3 图线宽度组别

线型组别	粗线	细线	线型组别	粗线	细线
0.25	0.25	0.13	1	1	0.5
0.35	0.35	0.18	1.4	1.4	0.7
0.5①	0.5	0.25	2	2	1
0.7①	0.7	0.35			

① 为优先选用的组别。

构成图线线素的长度见表1-4。

表1-4 线素长度

线素	线型	长度	示例
点	点画线、双点画线	≤0.5d	0.5d d 3d 24d 12d 3d
短间隔	虚线、点画线	3d	
画	虚线	12d	
长画	点画线、双点画线	24d	

注：d 为粗线的宽度。

3. 图线的画法及应用

（1）图线的画法

1）除非另有规定，两条平行线之间的最小间隙不得小于0.7mm。

2）虚线、点画线、双点画线应恰当交于画线出，而不是点或间隔处。当使用计算机绘图时，图线应尽量相交在线段处，如图1-12所示。

3）虚线圆弧与实线相切时，虚线圆弧应留出间隙。

4）画圆的中心线时，圆心应是画的交点，点画线两端应超出轮廓2~5mm；当圆心较小时，允许用细实线代替点画线，如图1-12所示。

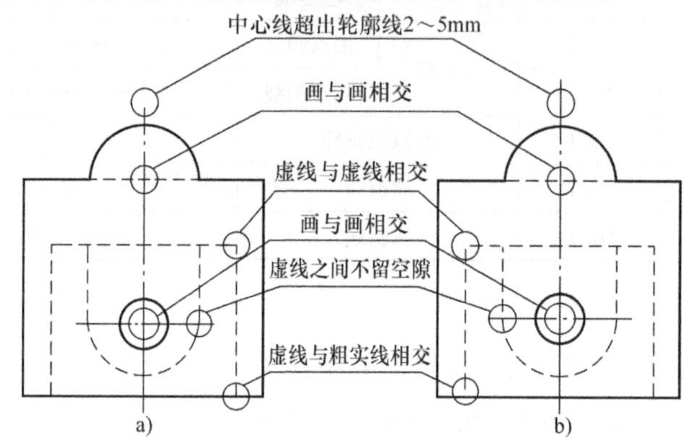

图1-12 图线的画法

a）正确 b）错误

（2）图线的应用 在GB/T 4457.4—2002中，详细图示了各种线型的应用，常见应用如图1-13所示。

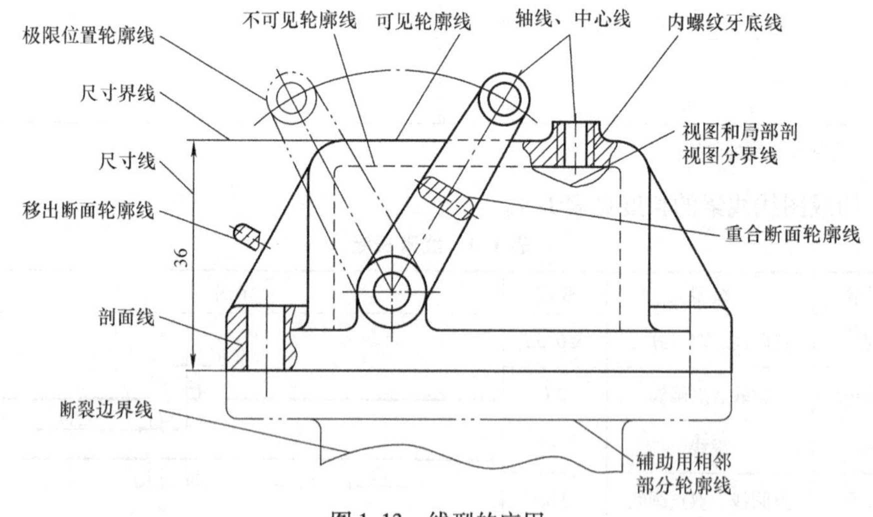

图1-13 线型的应用

GB/T 4457.4—2002《机械制图 图样画法 图线》取代 GB/T 4457.4—1984《机械制图 图线》，做了以下新规定。

1）GB/T 4457.4—2002 删除了 GB/T 4457.4—1984 中的第二章“图线画法”。因为在 GB/T 17450—1998 中明确了图线的画法，新标准不再重复。

2）GB/T 4457.4—2002 增加了粗虚线型及其应用示例。

3）GB/T 4457.4—2002 把粗线与细线比由 3∶1 改为 2∶1。

4）在新标准 GB/T 4457.4—2002 中，各线型增加了以下的应用及示例：细实线增加了绘制过渡线、短中心线、尺寸线的起止线、表示平面的对角线、锥形结构的基面表示线、叠片结构的位置线、投影线、网格线等应用及示例；粗实线增加了绘制相贯线、剖切符号用线等应用及示例；细点画线增加了绘制孔系分布的中心线、剖切线等应用及示例；细双点画线增加了绘制重心线、轨迹线、特定区域线、延伸公差带表示线等应用及示例。

从上述罗列的新增线型应用可以看出，有些线型在绘图时约定俗成地被赋予了某些应用，但在国家标准中没有明确的规定，在 GB/T 4457.4—2002 中，将线型的这些应用纳入标准中，使线型应用更加规范。GB/T 4457.4—2002 中新增的各线型应用见表 1-5。

表 1-5 线型新增应用示例

线型	图例	说明	线型	图例	说明
细实线	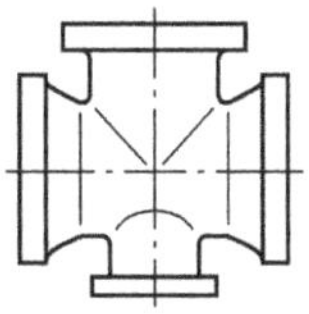	用细实线绘制过渡线	细实线	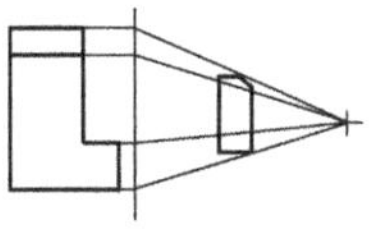	用细实线绘制投影线
细实线	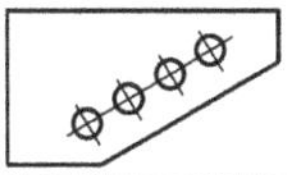	用细实线绘制短中心线	细实线	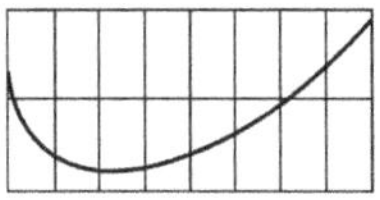	用细实线绘制网格线
细实线		用细实线绘制尺寸线的起止线	粗实线	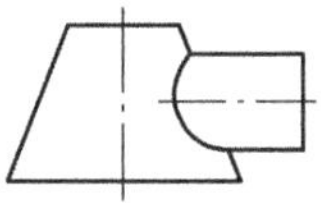	用粗实线绘制相贯线
细实线	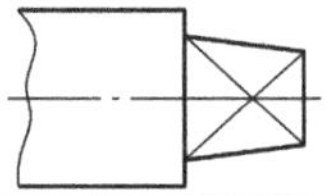	用细实线表示平面的对角线	粗实线	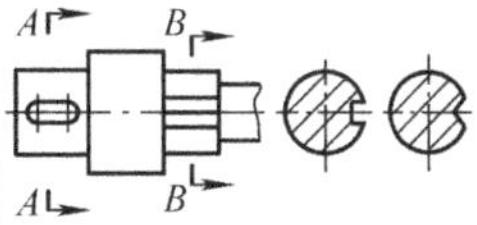	用粗实线绘制剖切符号
细实线	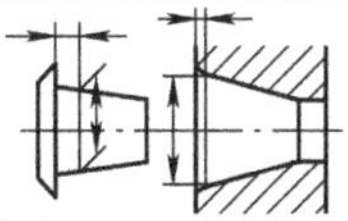	用细实线表示锥形结构的基面线	细点画线	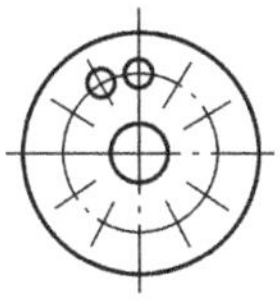	用细点画线表示孔系分布的中心线
细实线	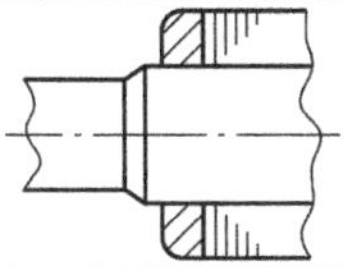	用细实线绘制叠片结构的位置线			

（续）

线型	图例	说明
细点画线		用细点画线表示剖切线
细双点画线		用细双点画线表示重心线
细双点画线		用细双点画线表示轨迹线
细双点画线		用细双点画线表示特定区域线
细双点画线		用细双点画线表示延伸公差带

1.2 图样画法

1.2.1 视图

1. 基本视图的形成及排列

当机件外形复杂时，可根据需要，在三投影面体系的基础上，增设三个相互垂直的投影面，形成六个基本投影面，好似一个空的透明“箱子”。画图时，将机件放入“箱子”中，如图1-14所示，画出机件在六个基本投影面上的投影，这样得到的六面视图就叫基本视图。

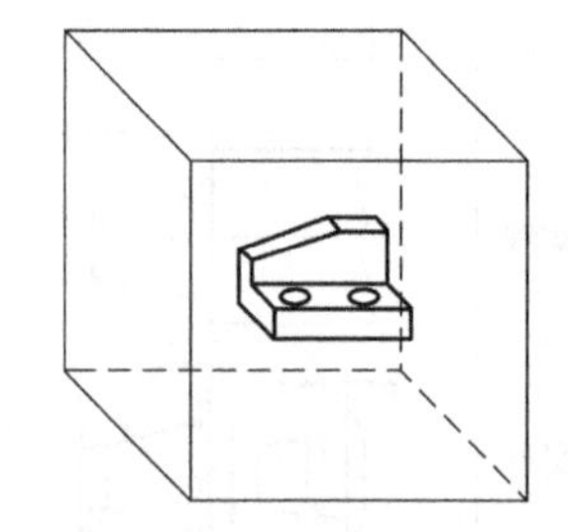
图1-14 机件在“箱子”中

六个基本投影面连同其上的基本视图也要展开摊平，按规定，展开时，主视图所在的投影面（V面）仍然不动，其他投影面都要像图1-15所示那样旋转到与V面取平。摊平后，六个基本视图的排列如图1-16所示。六个基本视图中，除了已介绍过的三个视图外，还有右视图（从物体右方向左方投射）、仰视图（从物体下方向上方投射）、后视图（从物体后方向前方投射）。在同一张图纸内按图1-16所示排列视图时，可不标注视图名称。

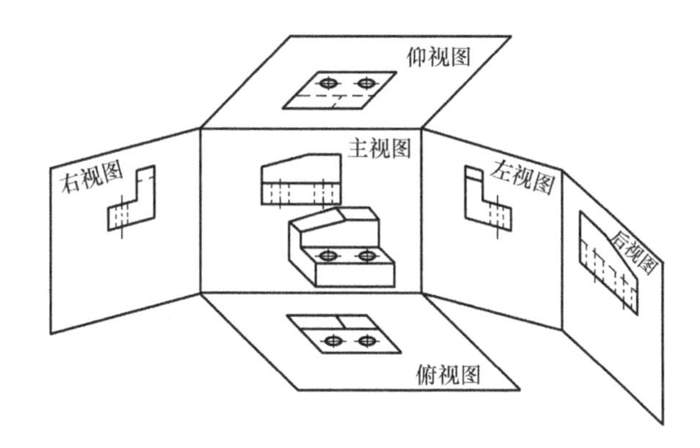

图 1-15 基本视图的展开

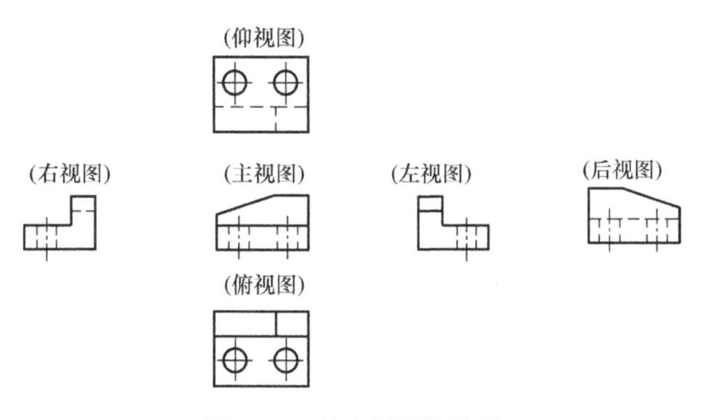

图 1-16 基本视图的排列

2. 基本视图的选择

从三个基本视图增加到六个基本视图，基本视图的表达能力增强了。究竟一个机体要画几个基本视图，应该由它的复杂程度来决定。原则是：一要画得清（将机件形状结构表达清楚），二要画得少（基本视图数目少）。下面举例分析基本视图的选择。

【例 1】 分析图 1-17a 所示机件的哪些基本视图是必要的。

分析：此机件主体是箱体，下有底板，箱体左右两侧壁上设凸台和孔，箱体前后两壁上内外两侧均设半圆凸台并加工有半圆槽。此件可取 *E* 向为主视图，为了解 *A*、*D* 方向上的凸台和孔的情况，左视图也是必要的，俯视图无新的表现内容，可以不要，如图 1-17b 所示。

【例 2】 分析图 1-18a 所示机件哪些基本视图是必要的。

分析：此机件由七部分组成：Ⅰ—圆筒；Ⅱ—凸台，设在圆筒顶盖之上和之下，并加工圆孔，为了显示其结构，立体图中将其剖开了一部分；Ⅲ—壳体，顶盖有两圆孔；Ⅳ—圆筒；Ⅴ—凸耳，开有 U 形槽；Ⅵ—底板；Ⅶ—凸耳，两个，

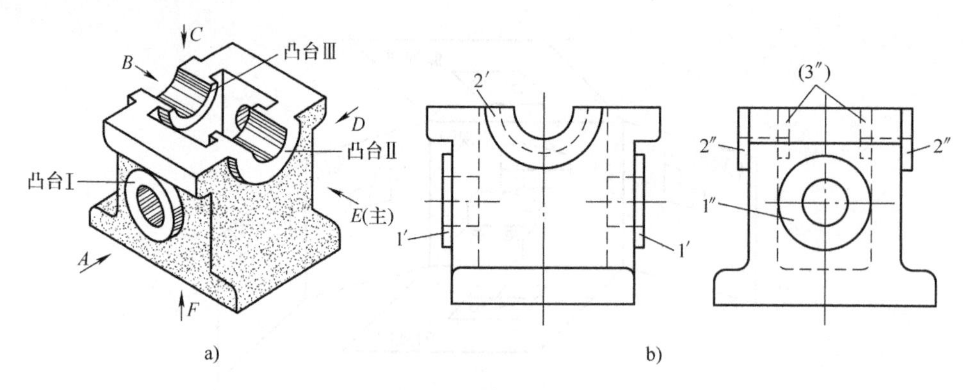

图 1-17　机件立体图和必要视图（一）

a）立体图　b）必要视图

对称配置，各开一圆孔。此机件可以 E 向为主视图，再加俯视图即可表达清楚，如图 1-18b 所示。

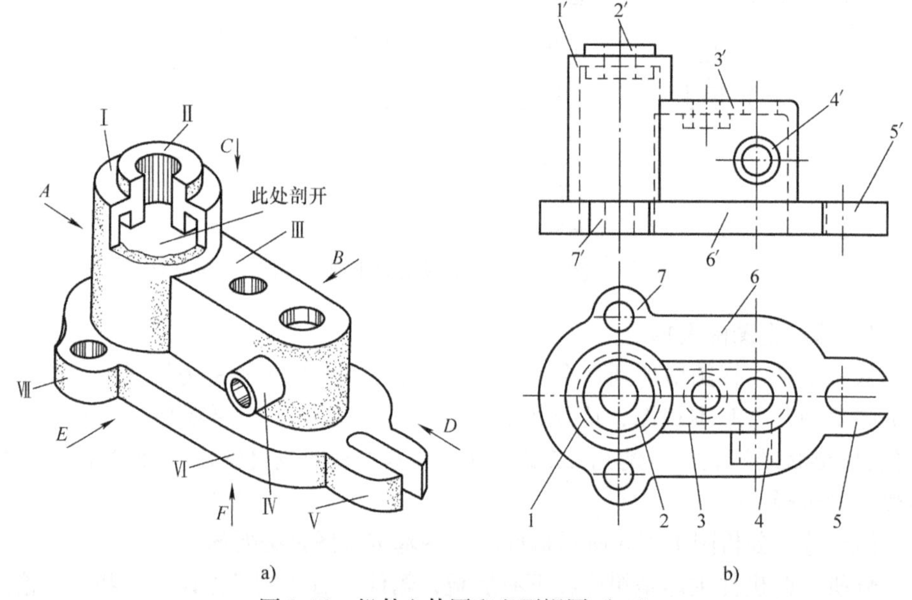

图 1-18　机件立体图和必要视图（二）

a）立体图　b）必要视图

1.2.2　剖视图

假想用剖切面剖开机件，将处于观察者和剖切面之间的部分移开，剩余部分向投影面投射，如图 1-19a 所示，得到剖开后的图形，并在剖切面与机件接触的断面区域内画上剖面符号（剖面线），这样绘制的视图称为剖视图，简称剖视。图 1-19b 所示的主视图即为剖视图。

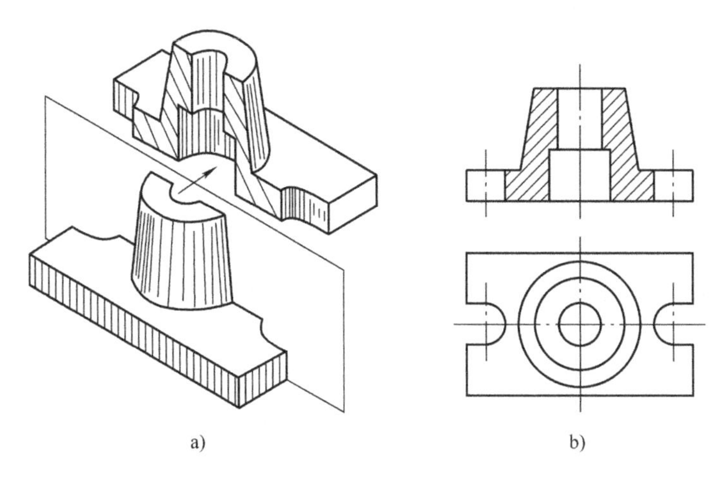

图 1-19 剖视

a）剖切 b）剖视图

应用剖视图能把机件内部的不可见轮廓转化为可见轮廓表达，可减少虚线，更明显地反映机件结构形状实与空的关系。

1. 剖切面的种类

根据物体结构形状的特点，用来假想剖切物体的剖切面可有下列几种：

（1）单一剖切面 用一个剖切面剖开物体后画剖视图，如图 1-19 及图 1-20 所示。

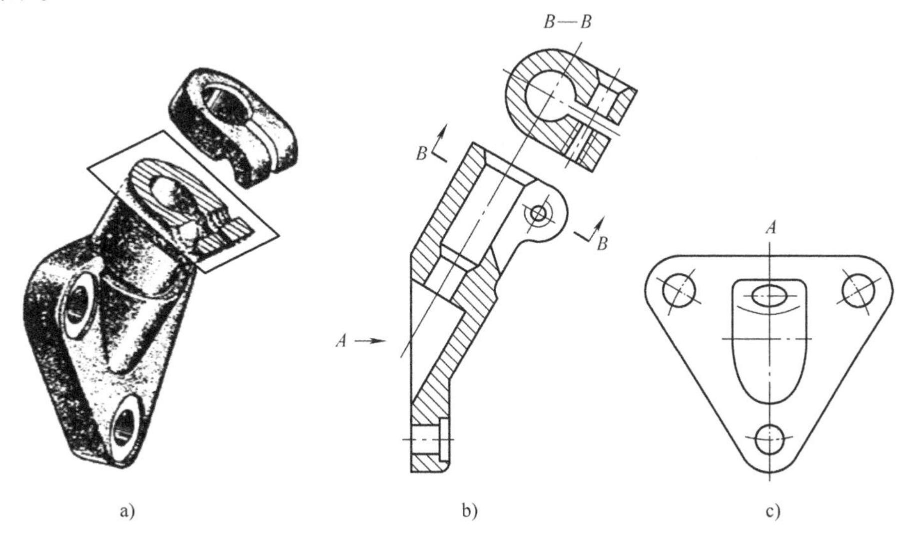

图 1-20 单一剖切面

a）剖切 b）主视图及 *B—B* 视图 c）*A* 视图

图 1-20 中所用的单一剖切面 *B—B* 与各基本投影面都不平行，但与基本投

影面 V 面是垂直关系。该图样中主视图和 $B—B$ 视图上的剖面线方向和间距应保持一致。

剖切面一般是平面，根据被剖切物体的形状需要，剖切面也可以是曲面（如柱面）。

（2）几个平行的剖切面　用两个或多个平行的剖切面剖开物体后画剖视图，如图 1-21 所示，从剖视图本身看不出是几个平面剖切的，需从剖视图的标注去分析，根据该图的标注可以看到是由两个平行剖切面剖切后所画的剖视图。

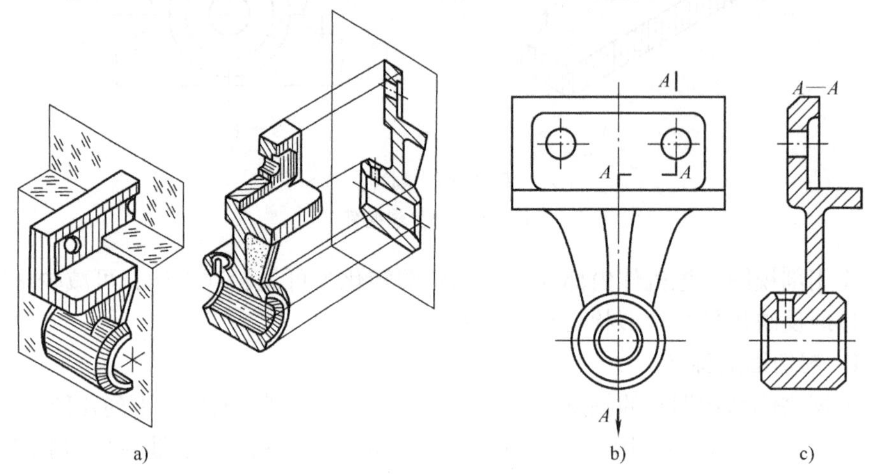

图 1-21　平行剖切面

a）剖切　b）标注　c）剖视图

（3）几个相交的剖切面　用几个相交的剖切面（其交线垂直于某一投影面）剖开物体后画剖视图，图 1-22 所示是由两个垂直于正面的相交剖切面剖切后所画的剖视图。

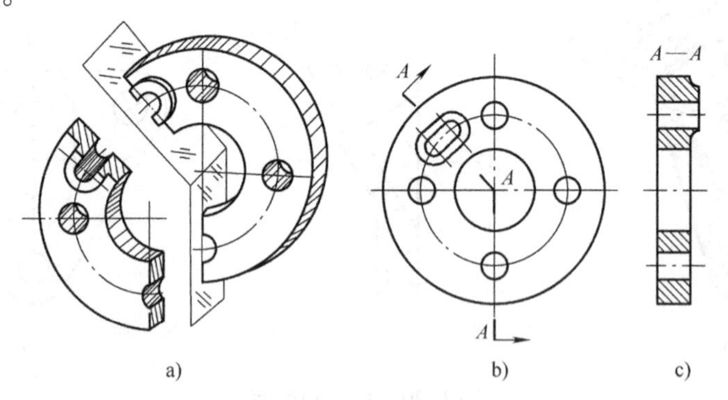

图 1-22　相交剖切面

a）剖切　b）标注　c）剖视图

上述三类剖切面，实质上是指绘制物体的剖视图时可供选择的几种剖切方法，既可单独应用，也可联合起来使用。在画断面图时，这些剖切面也都适用。

2. 剖视图的分类

根据图面的表现形式，剖视图可分为全剖视图、半剖视图和局部剖视图。

（1）全剖视图　用剖切面完全地剖开机件所得到的剖视图称为全剖视图。当机件某个方向的外形已在其他视图中表达清楚而内形尚未完全显示时，常将其画成全剖视图。图 1-19b 所示的主视图，图 1-20b 所示的主视图及 *B—B* 剖视图，图 1-21c 和图 1-22c 所示的左视图均为全剖视图，它们是采用不同剖切面剖开物体后画的全剖视图。

（2）半剖视图　当物体具有对称平面时，用剖切面剖开物体后，画成以对称中心线为分界，由半个剖视和半个视图合并而成的图形，称为半剖视图，图 1-23 所示的主视图和俯视图均为半剖视图。

半剖视图能在一个图形上同时表示物体的内、外部结构形状，可简化视图，但应当满足物体具有对称平面的条件。

当视图的对称中心线与轮廓线重合时，则不应画成半剖视图，而可用局部视图表示，如图 1-24 所示。

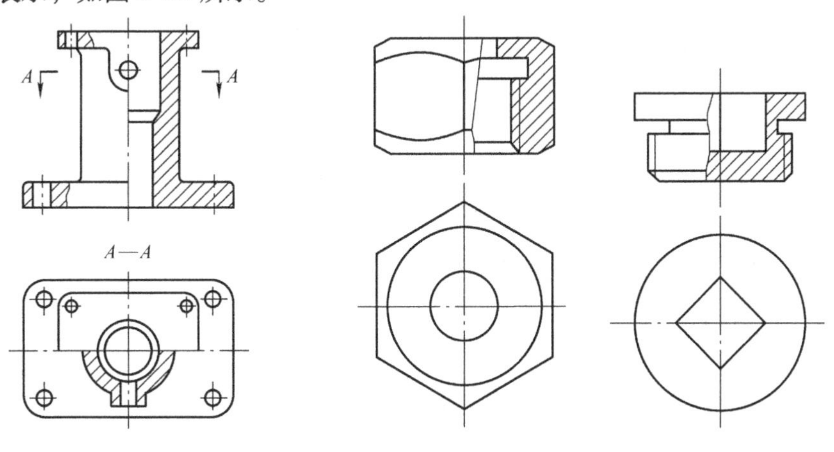

图 1-23　半剖视图　　图 1-24　对称中心线与轮廓线重合时的剖视图画法

（3）局部剖视图　用剖切面局部地剖开物体后所画的剖视图，称为局部剖视图，如图 1-25 所示。局部剖视图一般以波浪线或双折线作为被剖开部分与未剖开部分的分界，并且不能与其他图线重合。只有当被剖切的局部结构为回转体时，才允许以该结构的中心线作为局部剖视图与视图的分界线，图 1-26 所示的主视图为局部剖视图。

剖视图既可按基本视图的规定配置，例如图 1-27 所示的 *B—B* 剖视图配置在左视图的规定位置；剖视图也可按投射关系配置在与剖切符号相对应的位置上，例如图1-27所示的A—A剖视图。必要时，剖视图还允许配置在其他适当位置。

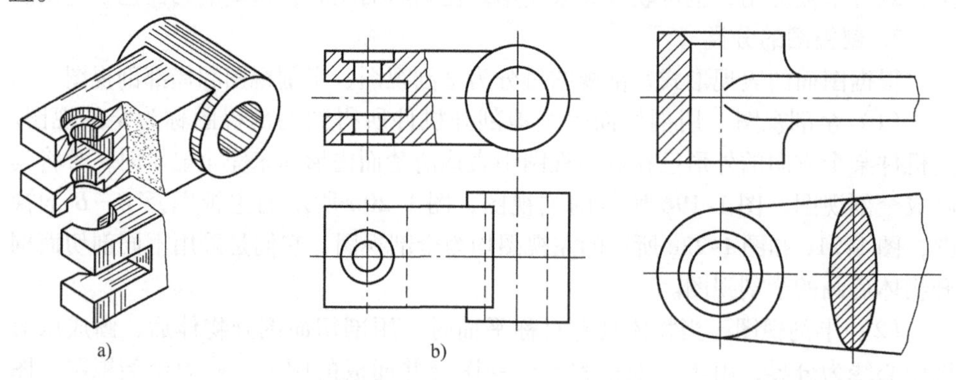

图1-25　局部剖视图

图1-26　局部结构为回转体时的局部剖视图

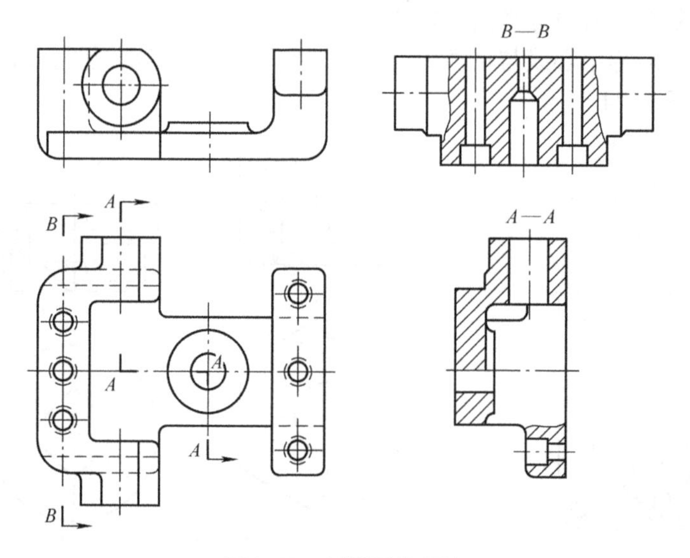

图1-27　剖视图的配置

3. 图例分析

【例3】 图1-28所示的图例有三个图形，主视图是单一剖切面剖开后画的全剖视图，因剖切面通过物体的对称平面，且主、俯视图之间无其他图形隔开，所以省略标注。俯视图未剖切。A—A为局部剖视图，表达局部结构在高度方向上与主体结构的相互关系。

【例4】 图1-29所示的图例有两个图形，主视图是几个相交剖切面剖开后经旋转画的全剖视图，表达主体内、外部关系以及和轴线垂直的侧面上的五个大圆孔及四个小圆孔均为通孔；此外，从主视图左端还能看到上、下、前、后有四个均匀分布且内外相通的小圆孔。

【例5】 图1-30所示的主视图有两个小局部剖视，表示了小孔的结构。俯视图是用两相交剖切面剖切后经旋转绘制的全剖视图，并且表示了剖切面后其他结构的处理方法。

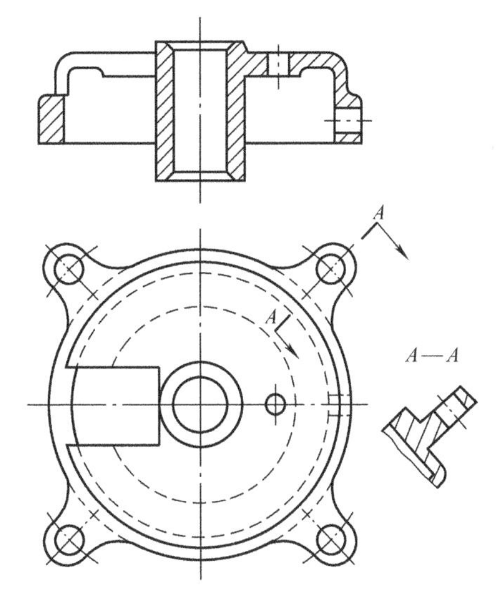

图1-28 剖视图识读（一）

1.2.3 断面图

1. 断面图的形成和分类

图1-31a所示是机件的一组图形，其左下角有一图形，图形上部注有名称*A—A*，这个图形就是该机件的断面图。

断面图的形成可以归纳为四个字：剖、移、画、标。现以断面图*A—A*为例加以说明。

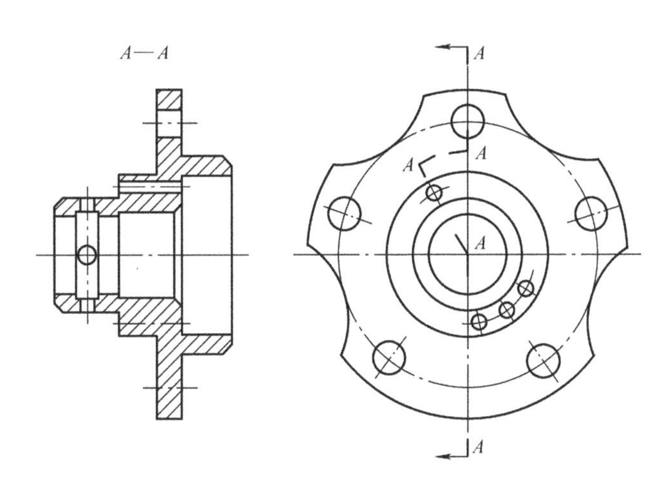

图1-29 剖视图识读（二）

（1）剖 假想用一剖切面将机件从需要显示其断面形状的地方切断。断面图*A—A*是用一个剖切面从键槽中间将机件切断的，剖切面平行于*W*面。断面形状也将画在*W*面上。

（2）移 将挡住画图者视线的部分机件移走。画断面图*A—A*时是将剖切符号以左部分机件移走。“移”也是假想的，它只对即将要画的断面图起作用，对其他图不产生影响，例如图1-31a中的机件主视图仍应完整画出。

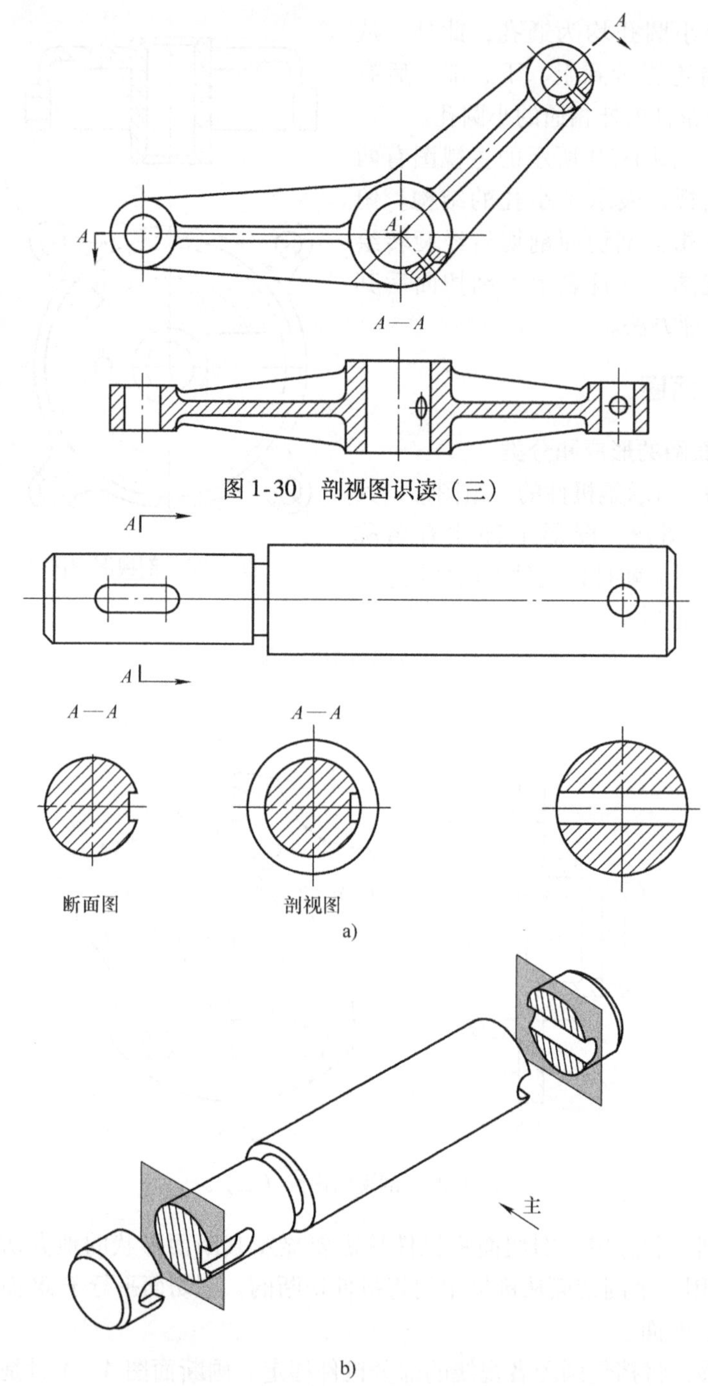

图 1-30　剖视图识读（三）

a)

b)

图 1-31　机件断面图、剖视图和立体图

a）断面图和剖视图　b）立体图

（3）画

1）在规定的投影面上（例如 *W* 面），只将机件的断面图形（也就是机件与剖切面相接触的部分）画出，而不像剖视图那样将机件“剩余”部分全部画出。在机件的断面图形中仍要画规定的剖面符号。试比较图 1-31a 中 *A*—*A* 断面图和 *A*—*A* 剖视图。

2）断面图独立地画在相应视图外叫移出断面图，移出断面图的轮廓线用粗实线绘制，如图 1-31a 所示。如果将断面图画在相应视图内部就叫重合断面图，重合断面图的轮廓线用细实线绘制，当相应视图中的轮廓线与重合断面的图形重叠时，视图轮廓线不可间断，如图 1-32 所示。图 1-32a 所示是将机件在 *W* 面上显现的断面图形直接画在主视图中。

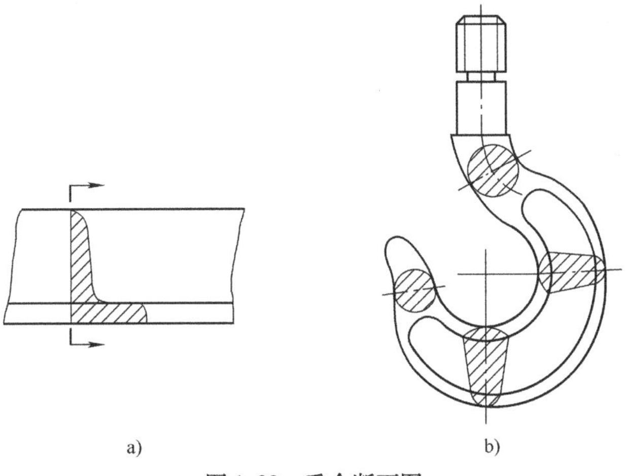

a)　　b)

图 1-32　重合断面图

a）不对称图形　b）对称图形

（4）标　画重合断面图时，若其图形对称，则只需画对称中心线，不作其他任何标注，如图 1-32b 所示；若其图形不对称，则需画剖切符号和箭头，但不标注字母，如图 1-32a 所示。

2. 断面图的识读

【例 6】　读图 1-33 所示机件各图。

1）分析。这组图包含主视图、局部视图（仰视，显示长圆槽）、三个断面图。两个断面图形不对称，一个断面图形对称，都按规定标注或不标注。另外，切到圆孔、锥孔的断面按剖视图绘制，三角槽和长圆形槽不能按剖视图绘制。

2）机件结构说明。此件由五段共轴线的圆柱组成：Ⅰ（1′、1″）—圆柱；Ⅱ（2′）—圆柱；Ⅲ（3′、3″）—圆柱，上有一圆孔，另有一长圆槽，跨圆柱Ⅱ、Ⅲ；Ⅳ（4′）—圆柱；Ⅴ（5′、5″）—圆柱，顺其轴线钻有一不通孔，另有一长圆槽和锥孔与之相通。

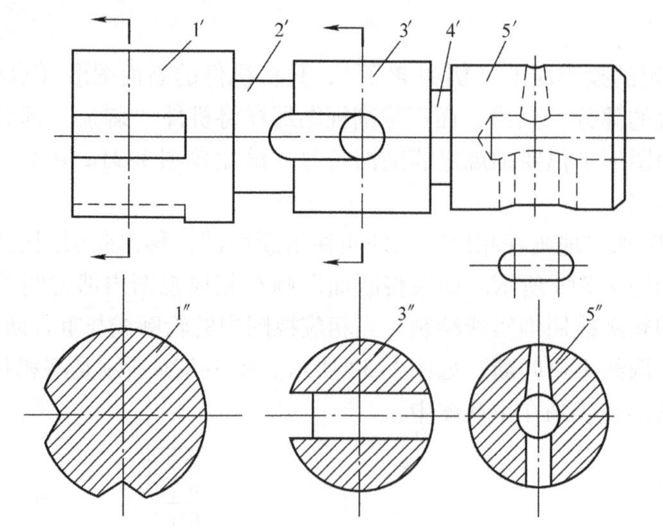

图 1-33　机件的一组图形（一）

【例 7】　读图 1-34a 所示机件各图。

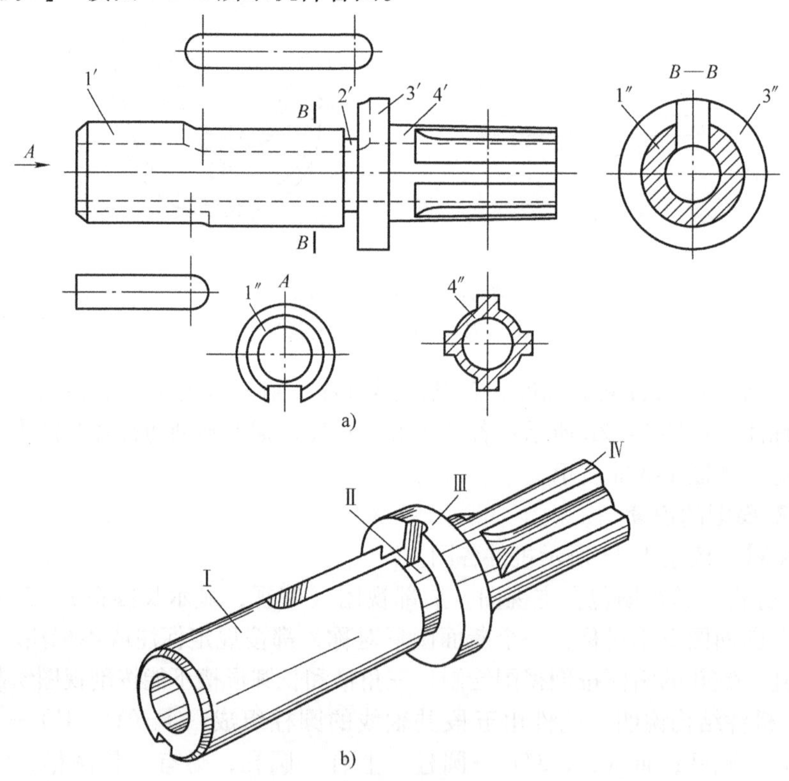

图 1-34　机件的一组图形（二）

a）视图　b）立体图

1）分析。图1-34a包含主视图、*B—B*剖视图、局部视图*A*、两条长圆槽局部视图（上为局部俯视，下为局部仰视，规定可不予标注）、一个移出断面图。对各图都按规定加了或不加标注。图1-34b所示是立体图。

2）机件结构说明。此件由四部分组成：Ⅰ（1′、1″）—圆筒，左端外圆倒角，上壁有一与内孔相通的长圆槽，此槽纵跨Ⅰ、Ⅱ、Ⅲ，下壁也有一槽，不通内孔；Ⅱ（2′）—圆筒，外圆直径较小；Ⅲ（3′、3″）—圆筒，外圆直径较大；Ⅳ（4′、4″）—圆筒，外圆上有四齿。

1.2.4　规定画法

GB/T 16675.1—2012《技术制图 简化表示法 第1部分：图样画法》规定了简化画法的基本规则和基本要求，并图示了规定画法和简化画法。

1）当剖切面通过圆柱孔、锥孔、锥坑等回转面结构的轴线时，这些结构应按剖视图绘制，图1-31中机件右端圆柱孔处的断面图就是按剖视图绘制的。图1-35中对圆孔的处理也是这样，如果按断面图绘制，反倒是错误的。

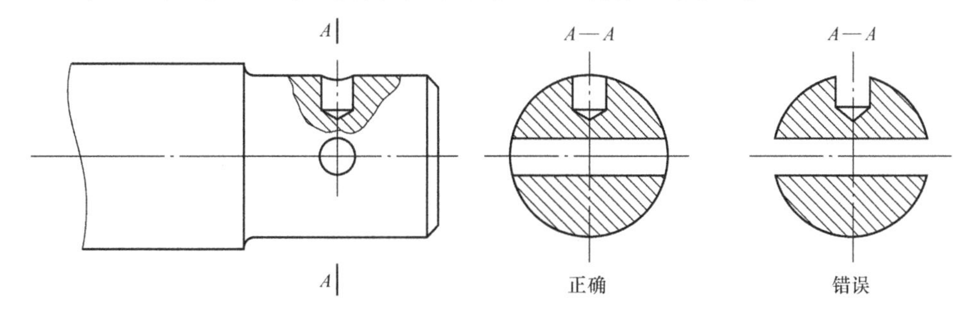

图1-35　剖切面通过圆孔、锥孔轴线时断面图的规定画法

2）当断面图形完全分离时，应按剖视图绘制，如图1-36所示。

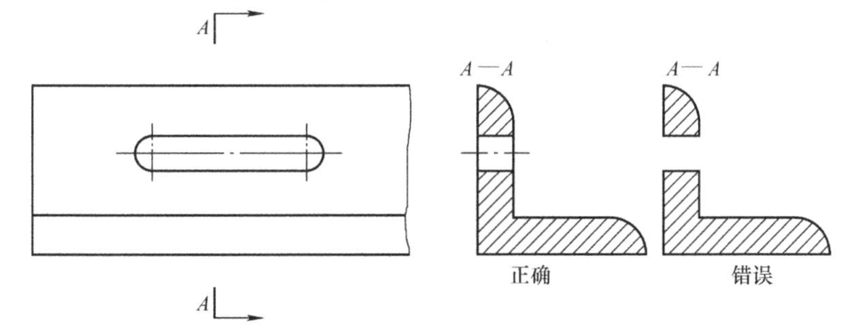

图1-36　断面图形分离时的规定画法

3）由两个或更多的相交剖切面剖得的移出断面，剖切面的积聚线应垂直于机件的主要轮廓，断面图形中间应断开，如图1-37所示。

4）倾斜的剖切面剖得的断面图，在不致引起误解时，允许将图形转正，但要在断面图上方按斜视图的方式加以标注。

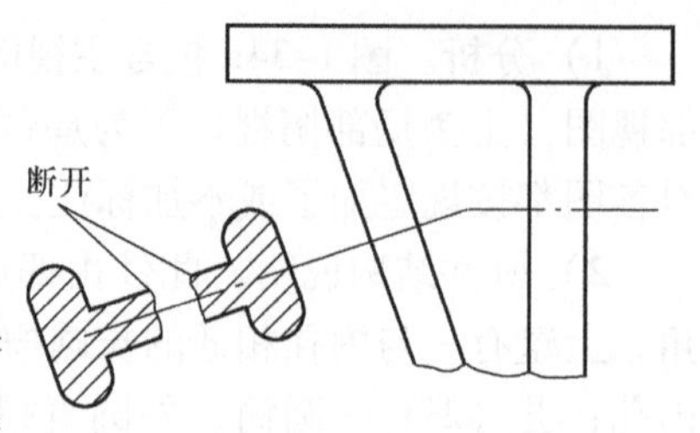

图 1-37　相交剖切面剖得的断面图的规定画法

1.2.5　简化画法

1. 肋板、轮辐等结构的简化画法

机件上的肋板、轮辐及薄壁等结构，如果从纵向剖切，规定不画剖面符号，并用粗实线将它们与其相邻结构分开，如图 1-38、图1-39 所示，肋板的端面形状可用移出断面或重合断面图表示，但一般只画出局部的断面图形，如图 1-40 所示。

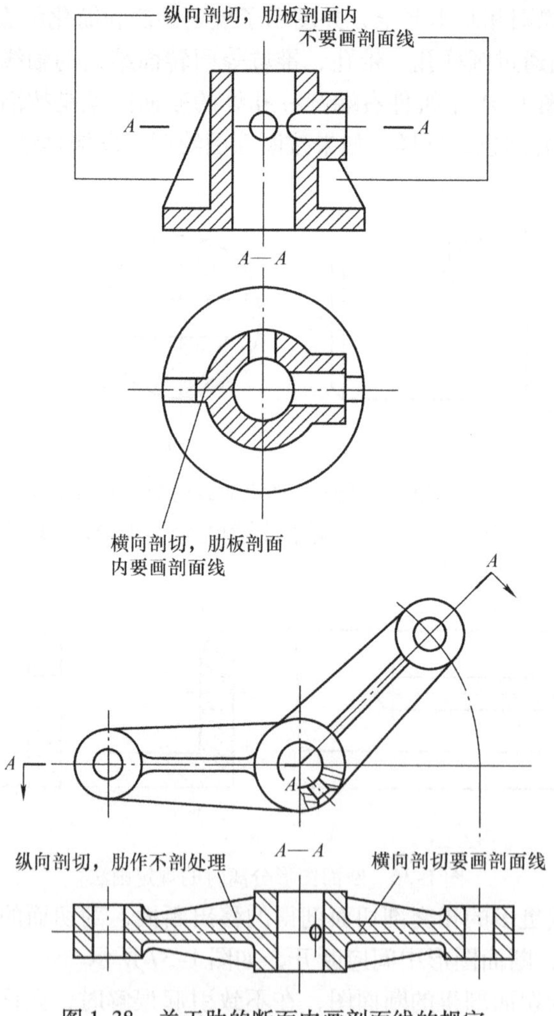

图 1-38　关于肋的断面内画剖面线的规定

机件回转体上均匀分布的肋、轮辐或孔等结构，不论其对称与否，剖视图上都要对称画出；不管孔是否被剖到，都应按剖到一个画出，另一个对称的只需画出轴线，如图1-39、图1-40所示。

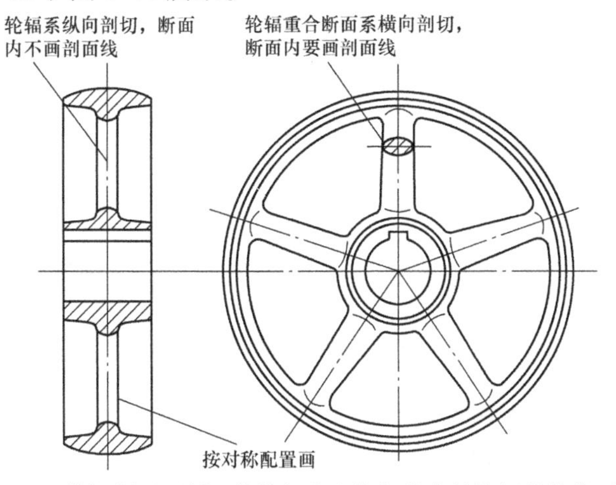

图1-39　轮辐断面画剖面线的规定和均匀分布的轮辐的简化画法

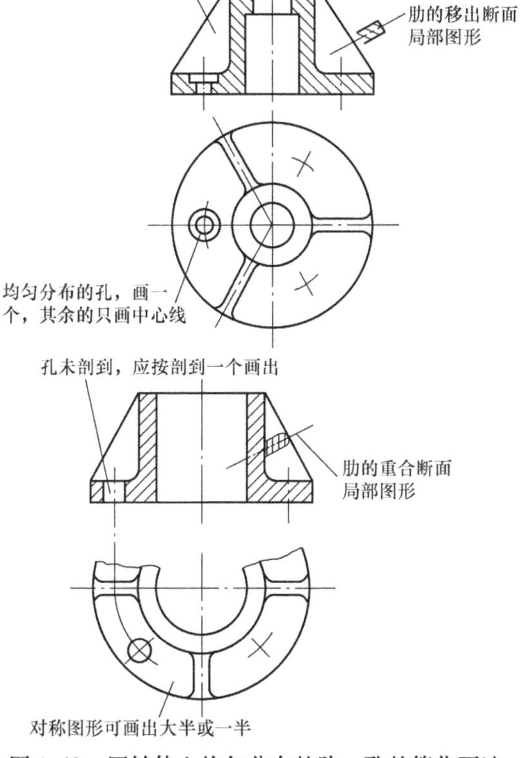

图1-40　回转体上均匀分布的肋、孔的简化画法

2. 相同结构的简化画法

机件上按规律分布的相同结构（如齿、槽、孔等），图中只需画出几个完整的该类结构，并用细实线标明该类结构的中心位置或范围，写出总数即可，如图1-41所示。

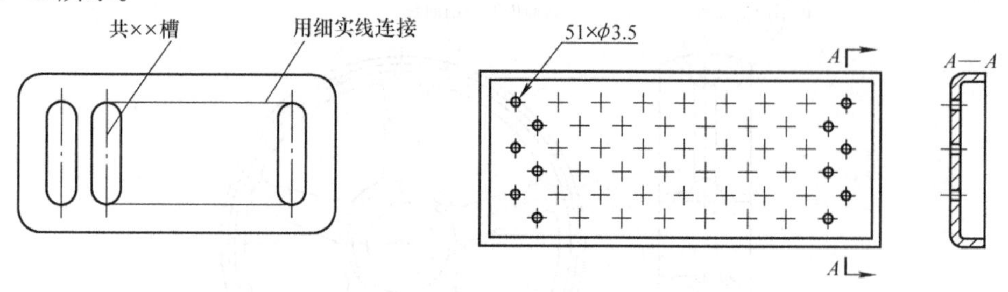

图1-41　相同结构的简化画法

3. 较小结构的简化画法

较小结构的简化画法见表1-6。

表1-6　较小结构的简化画法

简化前的图形	简化后的图形	说明
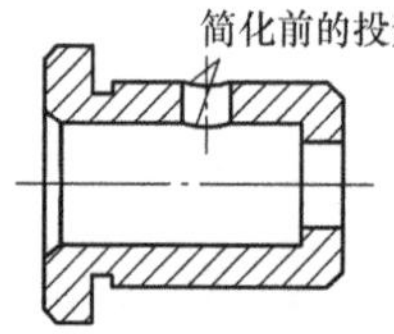 简化前的投影	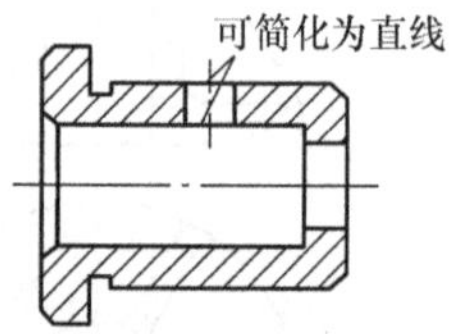 可简化为直线	在不致引起误解时，允许将相贯线简化为直线
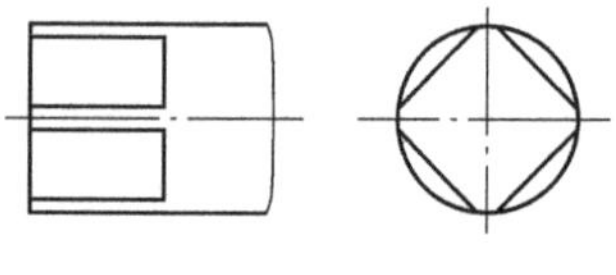	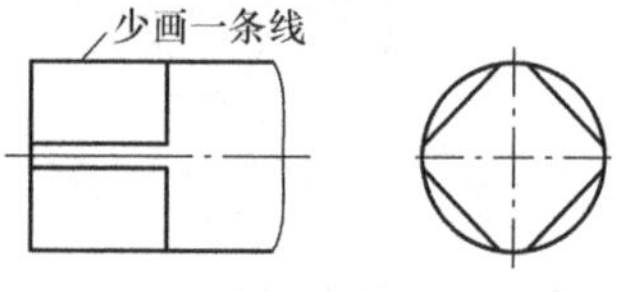 少画一条线	在一个图形中（例如左视）已表现清楚，在另外的图形中（例如主视）允许简化
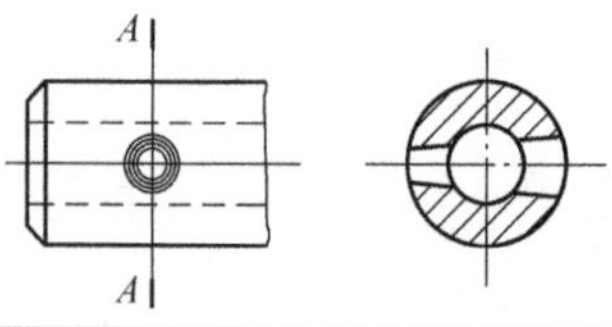 A A	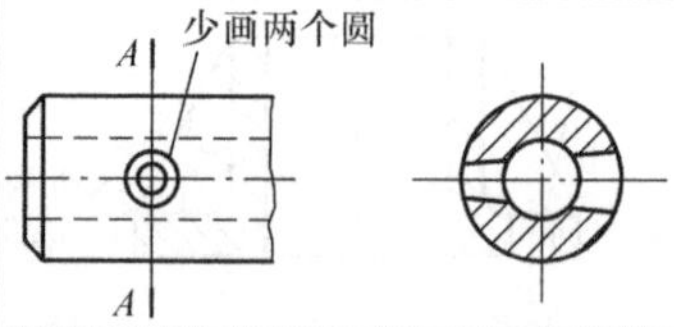 少画两个圆 A A	两个锥孔，在主视中应画同心圆四个，但因A—A剖视中已将锥孔显示清楚，故可简化为两个圆（分别为两孔的小端圆）
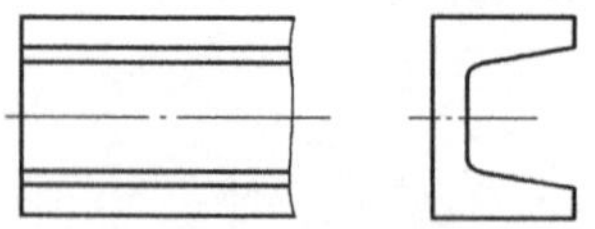	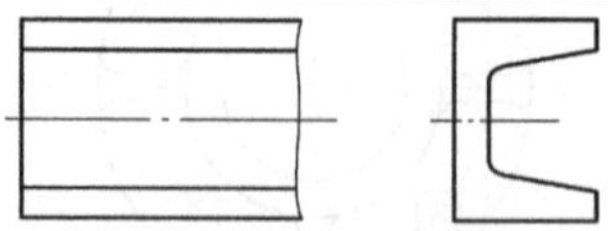	在主视中只画带斜度结构的小端轮廓线
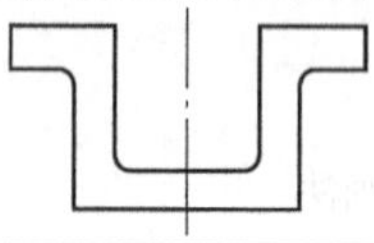	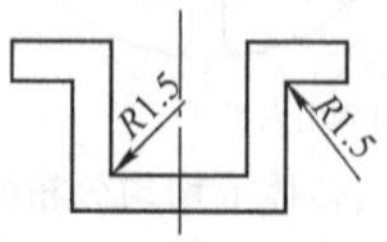 R1.5 R1.5	允许将小圆角省略，但要加以说明

（续）

简化前的图形	简化后的图形	说明
	锐边倒圆$R0.5$	允许将倒圆省略，但要加以说明
$C1$	$C1$	允许将小圆角省略，但要注明倒角尺寸。$C1$ 表示轴向尺寸为 1mm，与轴线成 45°角

4. 对称机件的简化画法

在不致引起误解的情况下，对于对称机件的视图可只画大半（见图 1-40），也可画一半（见图 1-42a），或四分之一（见图 1-42b），但要在对称中心线两端各画两段细实线（与中心线垂直）。

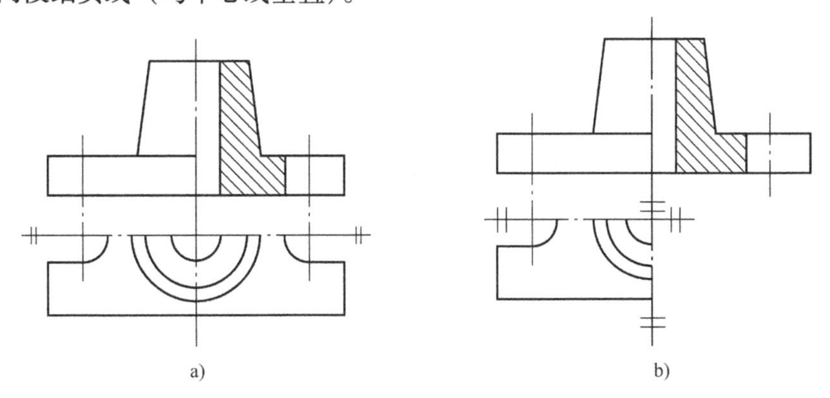

图 1-42　对称机件视图的简化

a）画一半　b）画四分之一

圆盘和类似零件上均匀分布的孔，可按图 1-43 那样表示，即从机件外向该圆盘端面方向投射，画出孔的分布图形（一半）。

5. 移出断面的简化画法

在不致引起误解时，机件的移出断面，允许省略剖面符号，但剖切符号、箭头和字母等仍要按规定标出，如图 1-44 所示。

6. 某些结构的示意画法

网状物、编织物或机件上的滚花，可在其轮廓线内用细实线示意地画出一小

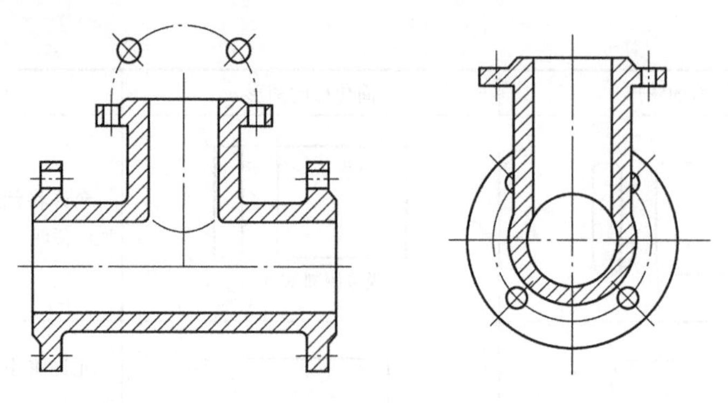

图 1-43　均匀分布的孔的简化画法

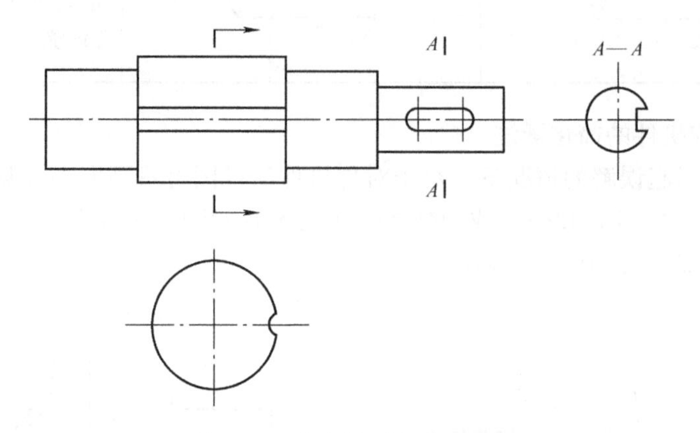

图 1-44　移出断面的简化画法

部分，并标明其具体要求，如图 1-45 所示。

当图形不能充分表达平面时，可用平面符号表示，平面符号就是在平面图形内画两条相交的细实线，如图 1-46 所示。

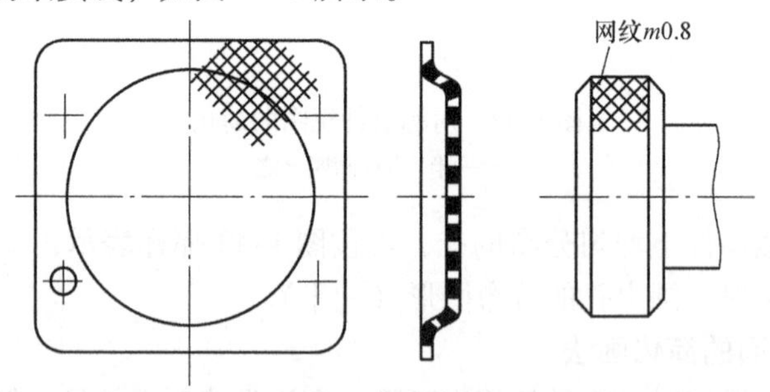

图 1-45　网状物、编织物、滚花的示意画法

7. 轴上键槽的表示法

轴上键槽的表示如图 1-47 所示。

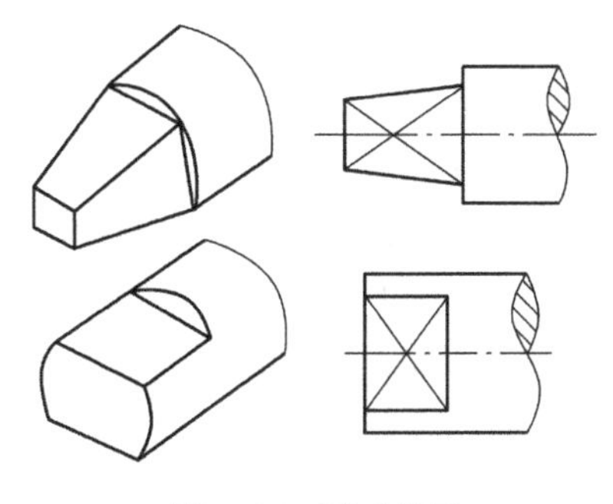

图 1-46　平面符号

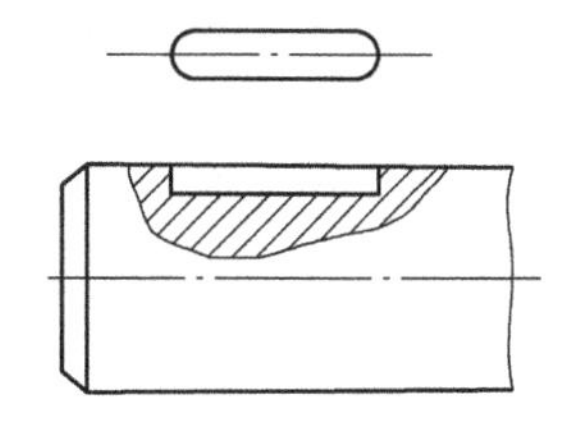

图 1-47　轴上键槽的表示法

8. 孔上键槽的表示法

孔上键槽的表示如图 1-48 所示。

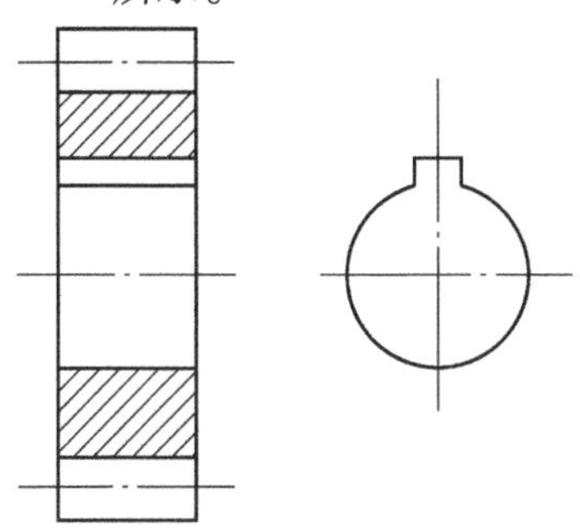

图 1-48　孔上键槽的表示法

1.3　图样标注

1.3.1　尺寸标注

1. 标注尺寸的基本规则

1）图样中所注尺寸的数值要与机件的真实大小一致，与图形所采用的比例和画图的准确度无关。

2）图样中的尺寸，以毫米（mm）为单位时，不需标注计量单位的代号或名称。若采用其他单位，则必须注明。

3）机件的每一尺寸，在图样中一般只标注一次，并应标注在能清晰地反映该尺寸的图形中。

4）图样中所有尺寸均为该图样所示机件的最后完工尺寸，否则应加以说明。

2. 基本体的尺寸标注

一个机件的尺寸必须完整，才便于加工制造。要保证机件的尺寸标注完整，首先要保证它的各个组成部分的尺寸标注完整。研究基本体的尺寸标注，使基本体的尺寸标注不出差错，就为标注组合体尺寸打下了良好的基础。最简单的立体也至少有长、宽、高三个方向的尺寸，但有些基本体由于自身的特点，只需标注两个尺寸甚至一个尺寸就够了，我们应该对各种基本体的尺寸组成进行认真的分析，见表1-7。

表1-7 基本体的尺寸组成

基本体名称	正确注法	错误注法	说明
三棱柱	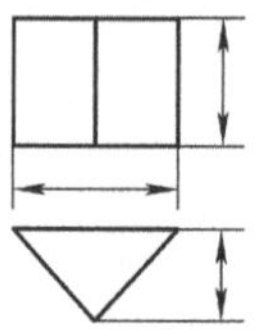	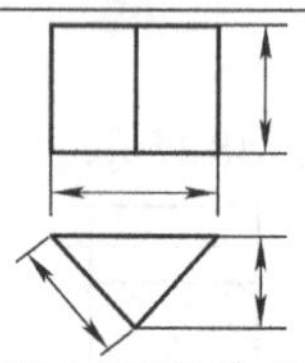	
四棱柱	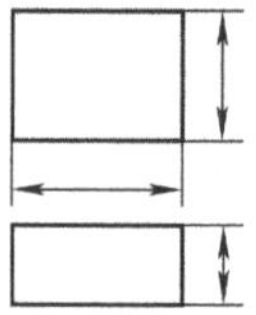		
正六棱柱	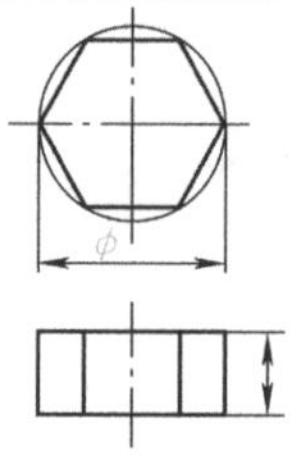 φ	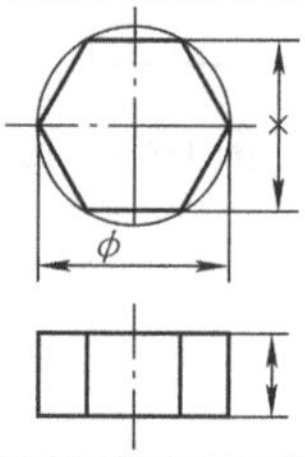 φ	如果正六棱柱外接圆直径已定，则其边长和对边距均可知
正六棱柱	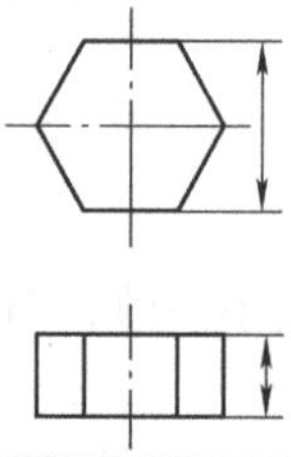	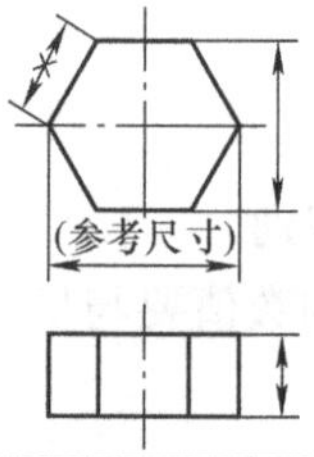 (参考尺寸)	如果正六边形对边距已定，则其边长可知
正三棱锥	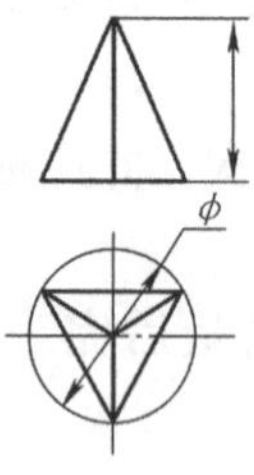 φ	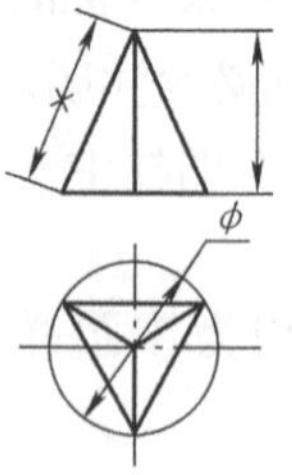 φ	只要注出正三棱锥的高度尺寸，其锥顶位置即可确定

（续）

基本体名称	正确注法	错误注法	说明
四棱锥	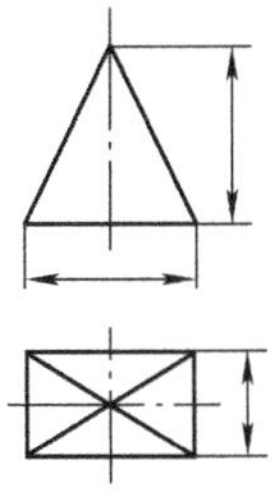	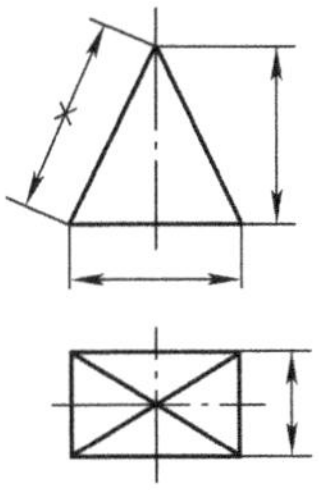	
四棱台	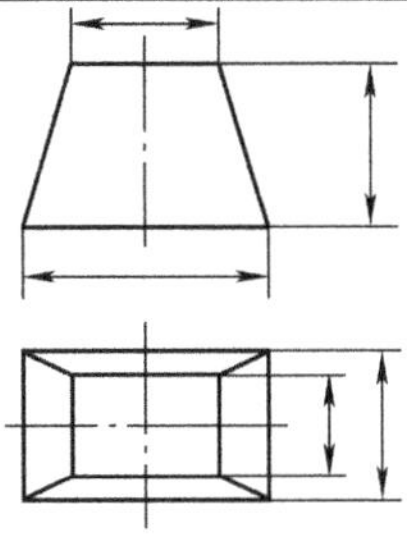		
正圆柱	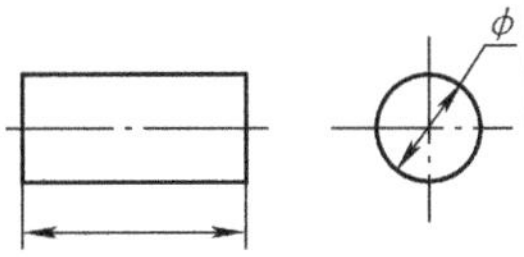 ϕ		
	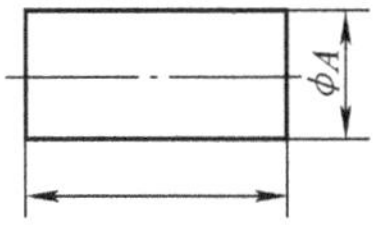 ϕA	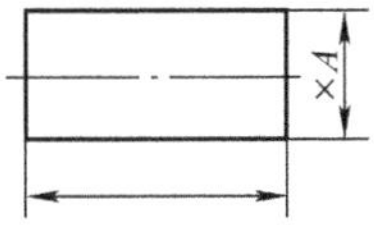 $\times A$	主视图中加注圆柱直径尺寸，可省画左视图。直径尺寸数字前不加符号“ϕ”是错误的
正圆锥	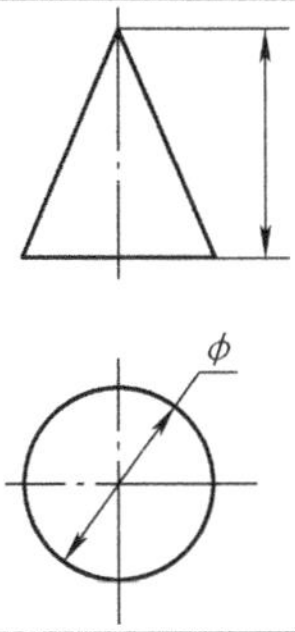 ϕ	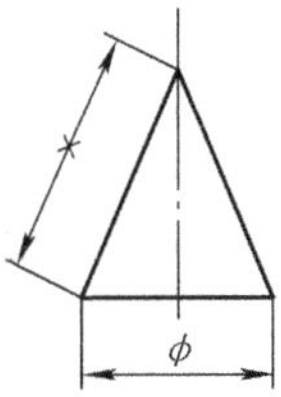 ϕ	
	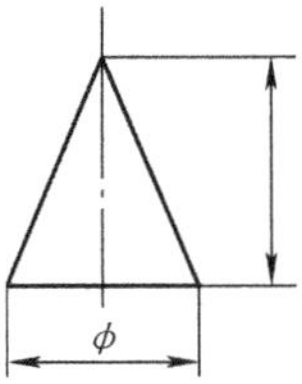 ϕ		

（续）

基本体名称	正确注法	错误注法	说明
正圆台	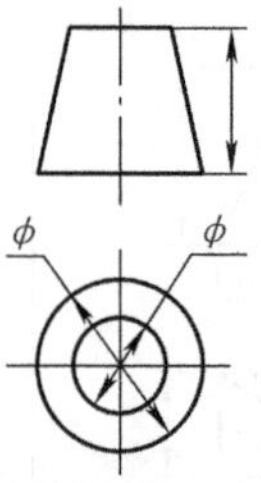 φ φ		
	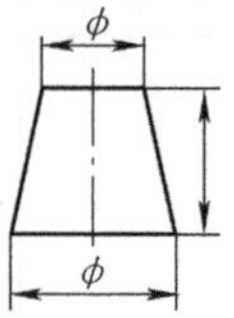 φ φ		可省去俯视图
圆球	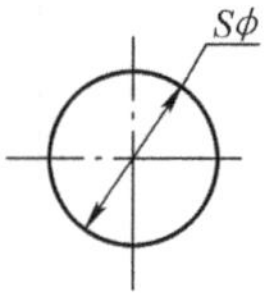 Sφ		如果在尺寸数字前加注球直径符号“Sφ”，则只用一个视图、一个尺寸即可表达圆球的形状和大小
圆环	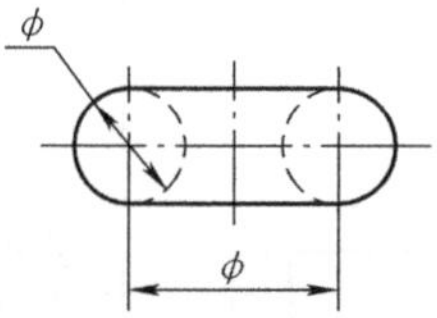 φ φ	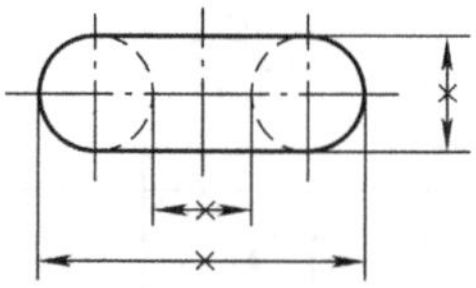 × × ×	圆环只需注出母线圆的直径和母线圆圆心的旋转轨迹圆的直径

注：画有“×”的尺寸系多余尺寸。

3. 组合体的尺寸标注

无论多么复杂的组合体，总可以分解成为若干基本体（孔、槽表面可视为虚的基本体）。组合体的尺寸，也就是在各组成部分尺寸的基础上，再加上必要的各组成部分间的相对位置尺寸。

（1）组合体尺寸标注的要求　要求做到正确、完整、清晰。

正确：标注尺寸必须遵守国家标准的有关规定。另外，尺寸基准必须明确而合理。

完整：各类尺寸齐全、不遗漏、不重复、不多余、不矛盾。

清晰：尺寸注写安排有序、层次清楚匀称、相对集中、不交叉、不凌乱。

（2）组合体视图尺寸的种类　现以轴承座的尺寸为例来说明尺寸的种类，如图 1-49 所示。

1）定形尺寸。定形尺寸是确定组合体各部分大小的尺寸。图 1-49 中有关底板的定形尺寸为 60mm、36mm、8mm、*R*10mm。

底板上两个圆孔的定形尺寸为 ϕ12mm。

支撑板的定形尺寸为 R18mm、14mm、33mm。

支撑板上圆孔的定形尺寸为 ϕ20mm。

肋板的定形尺寸为 7mm、14mm、10mm。以上是轴承座各组成部分的定形尺寸。

2）定位尺寸。定位尺寸是确定组合体各组成部分之间相对位置的尺寸，直接地表现为各组成部分与尺寸基准间的相对位置的尺寸，如图 1-49 中支撑板上圆孔与基准间的定位尺寸 33mm，底板上两圆孔与基准间的定位尺寸 40mm、24mm。

3）总体尺寸。总体尺寸是确定组合体总长、总宽、总高的尺寸。例如轴承座的总长为 60mm，总宽为 36mm，总高为 51mm。在这个例子中，总高不宜标注 51mm，但一般情况下应直接注出，总宽和总长与底板的定形尺寸一致，标注时不可重复。有个别尺寸可能既是定形尺寸，又是定位尺寸，如图 1-49 中的尺寸 33mm，既是支撑板中四棱柱体的高（定形尺寸，其实际高度为 25mm），又是圆孔轴线离底面（基准）的距离（定位尺寸）。

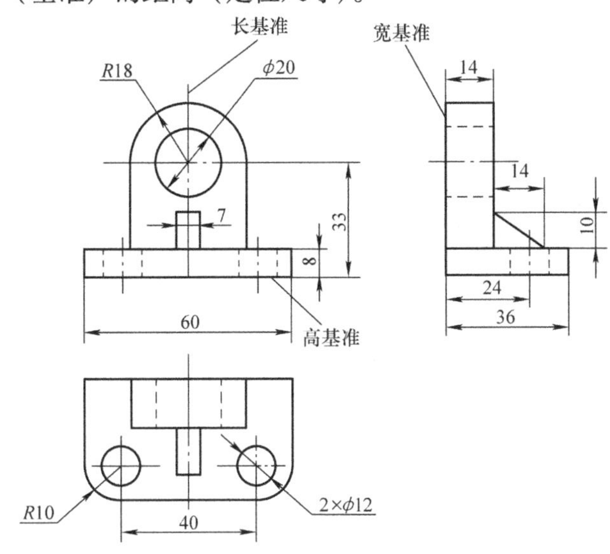

图 1-49　轴承座的尺寸标注

4. 尺寸标注举例

【例 8】 读图 1-50 所示法兰盘的尺寸标注。

分析：

1）此件的尺寸基准：长基准——机件左端面；宽和高基准——都是 ϕ14mm 孔的轴线。

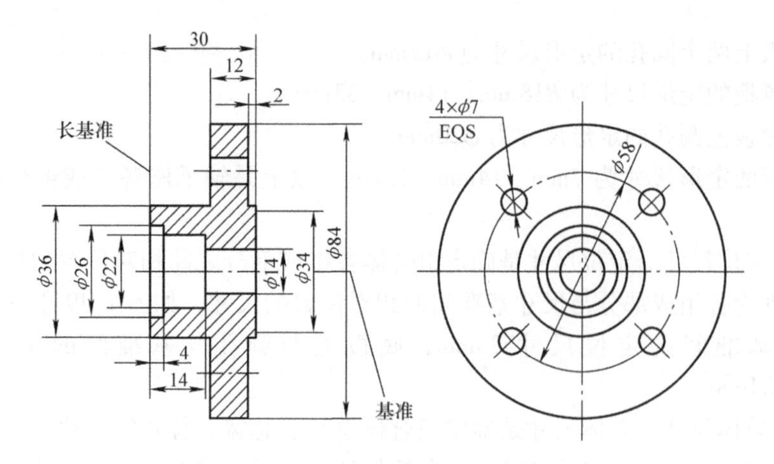

图 1-50　法兰盘的尺寸标注

2）共轴的圆柱面直径尺寸 ϕ14mm、ϕ22mm、ϕ26mm、ϕ34mm、ϕ36mm、ϕ84mm 都注在非圆视图（*V* 面剖视图）中。

3）圆盘周边均匀分布（代号为 EQS）的四个孔，没有剖到也要按剖到一个画出，其定形尺寸为 ϕ7mm，其定位尺寸为 ϕ58mm，标注在左视图中。

【例 9】　读图 1-51 所示阀盖的尺寸标注。

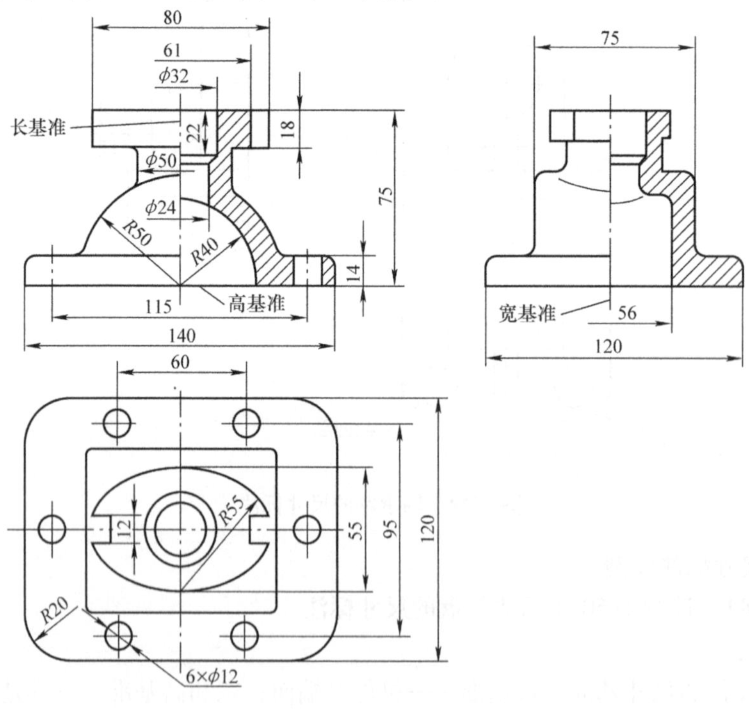

图 1-51　阀盖的尺寸标注

分析：

1）图1-51包含*V*面半剖视图、*W*面半剖视图和俯视图。因为两个半剖视符合省略标注的规定，所以未标剖切符号、箭头和字母。阀盖自上而下由四部分组成：Ⅰ—椭圆板，其左右各有一方槽，中央有孔；Ⅱ—圆筒，其外圆直径为50mm，内孔直径为24mm；Ⅲ—半圆柱壳体，其顶部有孔与Ⅰ、Ⅱ相通，Ⅱ、Ⅲ相贯，它们的外圆和内孔相贯线投射在*W*面半剖视中最明显；Ⅳ—板，它的四角为圆角，其周边有6个小孔。

2）基准：如图1-51所示。

3）此件的定位尺寸有115mm、61mm、60mm、95mm。其余为定形和总体尺寸。

4）*V*面和*W*面半剖视图中的尺寸61mm、ϕ32mm、ϕ24mm、ϕ50mm、56mm都按规定在尺寸线上画一个箭头。

5）自然形成的尺寸不予标注，如相贯线的长度和圆筒Ⅱ（其外径为ϕ50mm）的高度等。

1.3.2 极限与配合

1. 公差在图样中的标注

（1）尺寸公差在零件图中的注法　在零件图中标注尺寸公差有三种形式：标注公差带代号；标注极限偏差值；同时标注公差带代号和极限偏差值。这三种标注形式可根据具体需要选用。

1）标注公差带代号，如图1-52所示。公差带代号由基本偏差代号和标准公差等级代号组成，注在基本尺寸的右边，代号字体与尺寸数字字体的高度相同。这种注法一般用于大批量生产，用专用量具检验零件的尺寸。

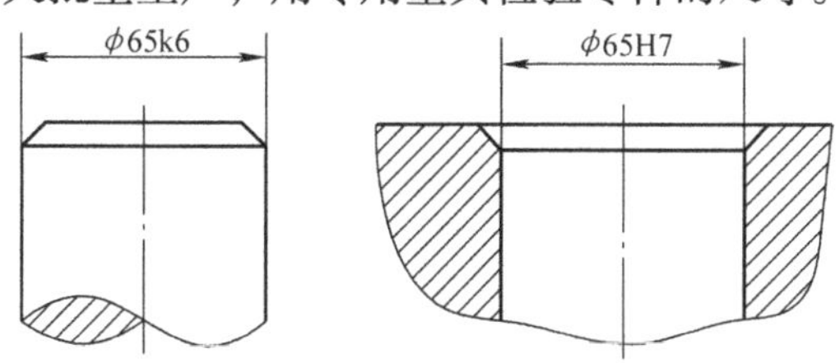

图1-52　注写公差带代号的公差注法

2）标注极限偏差值。上极限偏差注在基本尺寸的右上方，下极限偏差与基本尺寸注在同一底线上，上、下极限偏差的数字的字号应比基本尺寸的数字的字号小一号，小数点必须对齐，小数点后的位数也必须相同。当某一极限偏差为零时，用数字“0”标出，并与上极限偏差或下极限偏差的小数点前的个位数对齐，如图1-53a所示。这种注法用于小量或单件生产。

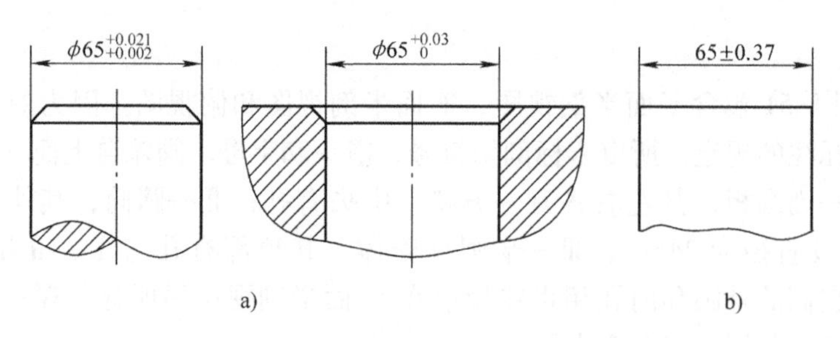

图 1-53　注写极限偏差的公差标注

a）上、下极限偏差不相同　b）上、下极限偏差相同

当上、下极限偏差相同时，偏差值只需注一次，并在偏差值与基本尺寸之间注出“±”符号，偏差数值的字体高度与尺寸数字的字体高度相同，如图 1-53b 所示。

3）同时标注公差带代号和极限偏差值，如图 1-54 所示。极限偏差数值注在尺寸公差带代号之后，并加圆括号。这种注法因便于审图，所以在设计中使用较多。

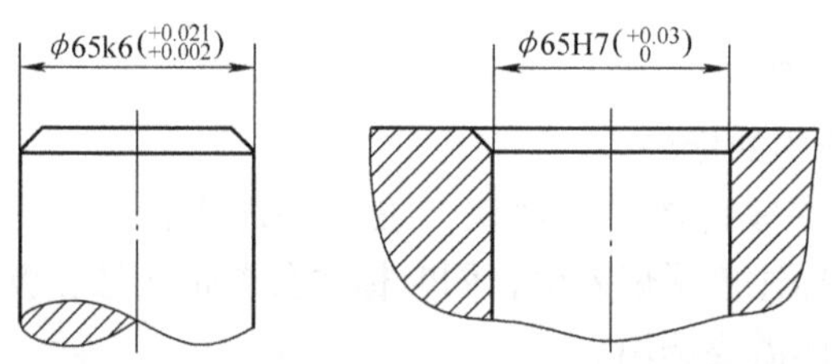

图 1-54　同时标注公差带代号和极限偏差值

（2）线性尺寸公差的附加符号注法

1）当尺寸仅需要限制单方向的极限尺寸时，应在该极限尺寸的右边加注符号“max”或“min”，如图 1-55 所示。

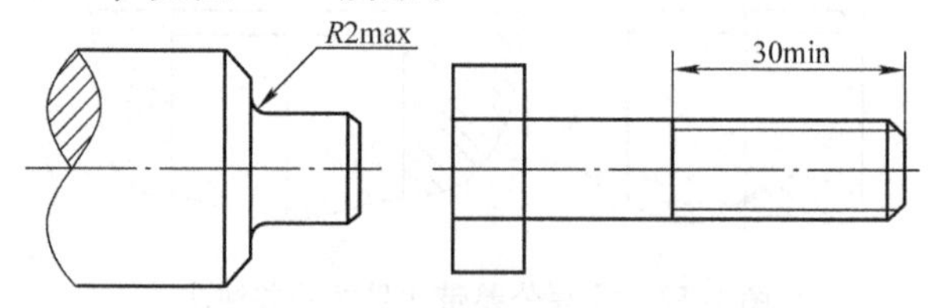

图 1-55　单方向极限尺寸的注法

2）同一基本尺寸的表面若有不同公差要求时，应用细实线分开，并按规定的形式分别标注其公差，如图 1-56 所示。

（3）一般公差的标注　图样中未注公差的线性尺寸和角度尺寸的公差，在 GB/T 1804—2000《一般公差 未注公差的线性和角度尺寸的公差》中选取，表

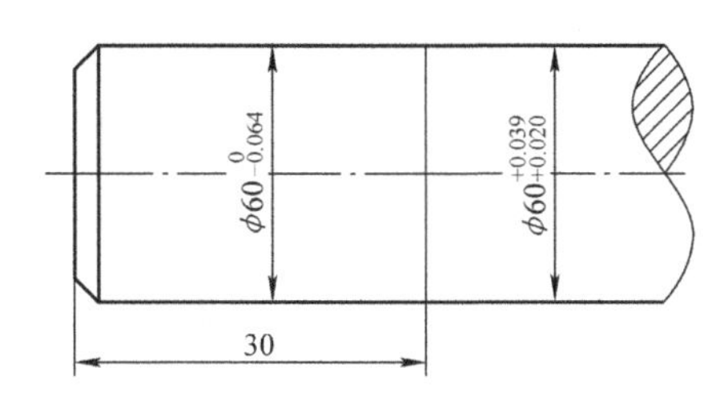

图1-56　同一基本尺寸的表面有不同公差要求时的注法

1-8 给出了线性尺寸的极限偏差数值；表1-9 给出了倒圆半径和倒角高度尺寸的极限偏差数值；表1-10 给出了角度尺寸的极限偏差数值。

表1-8　线性尺寸的极限偏差数值

公差等级	基本尺寸分段/mm							
	0.5~3	>3~6	>6~30	>30~120	>120~400	>400~1000	>1000~2000	>2000~4000
精密 f	±0.05	±0.05	±0.1	±0.15	±0.2	±0.3	±0.5	—
中等 m	±0.1	±0.1	±0.2	±0.3	±0.5	±0.8	±1.2	±2
粗糙 c	±0.2	±0.3	±0.5	±0.8	±1.2	±2	±3	±4
最粗 v	—	±0.5	±1	±1.5	±2.5	±4	±6	±8

表1-9　倒圆半径和倒角高度尺寸的极限偏差数值

公差等级	基本尺寸分段/mm			
	0.5~3	>3~6	>6~30	>30
精密 f 中等 m	±0.2	±0.5	±1	±2
粗糙 c 最粗 v	±0.4	±1	±2	±4

表1-10　角度尺寸的极限偏差数值

公差等级	长度分段/mm				
	~10	>10~50	>50~120	>120~400	>400
精密 f 中等 m	±1°	±30′	±20′	±10′	±5′
粗糙 c	±1°30′	±1°	±30′	±15′	±10′
最粗 v	±3°	±2°	±1°	±30′	±20′

一般公差的精度分精密 f、中等 m、粗糙 c、最粗 v 共四个公差等级，按基本

尺寸的大小给出了各公差等级的极限偏差的数值。当采用标准规定的一般公差时，应在图样标题栏附近或技术要求、技术文件中注出标准号及公差等级代号，例如选取中等级时，标注为 GB/T 1804—m。

2. 配合在图样中的标注

在装配图中标注两个零件的配合关系有两种形式：标注配合代号；标注孔和轴的极限偏差值。

（1）标注配合代号　如图 1-57 所示，在装配图中标注线性尺寸的配合代号时，可在尺寸线的上方用分数的形式标出，分子为孔的公差带代号，分母为轴的公差带代号；也可将基本尺寸和配合代号标注在尺寸线的中断处；或将配合代号写成分子与分母用斜线隔开的形式注在尺寸线的上方。

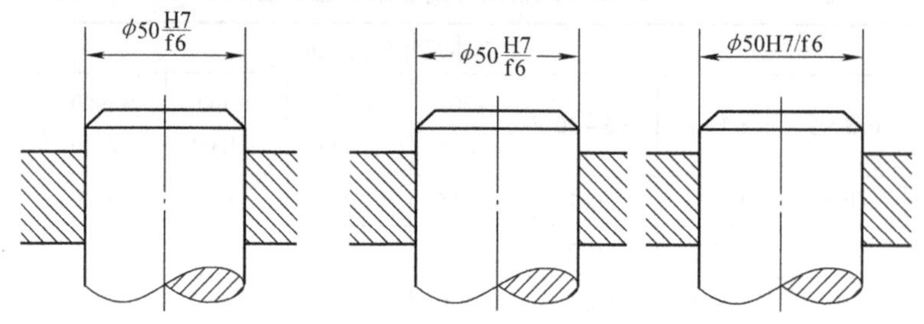

图 1-57　配合代号在装配图中的注法

当标注与标准件配合的零件（轴或孔）的配合要求时，可以仅标注该零件的公差带代号，如图 1-58 所示。

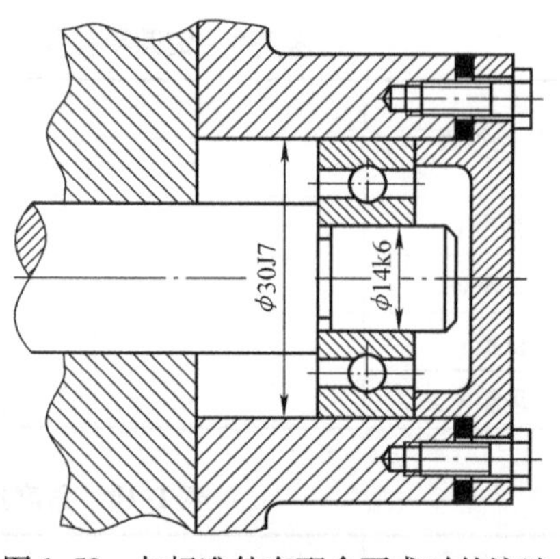

图 1-58　与标准件有配合要求时的注法

（2）标注孔和轴的极限偏差值　如图 1-59 所示。在装配图中标注相配合零件的极限偏差时，一般将孔的基本尺寸和极限偏差注写在尺寸线的上方，轴的基本尺寸和极限偏差注在尺寸线的下方，也允许基本尺寸只注写一次的标注。

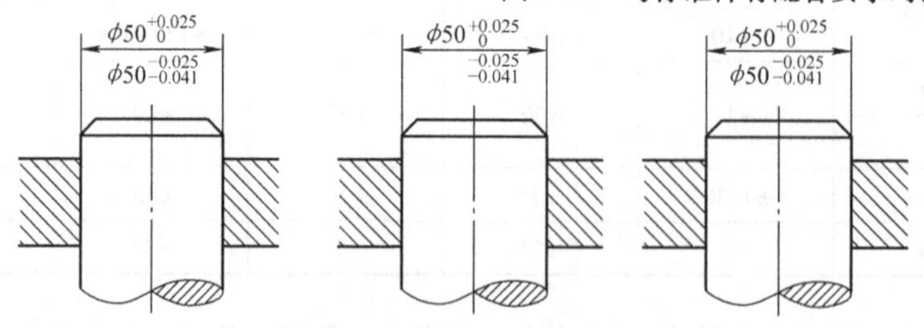

图 1-59　极限偏差在装配图中的注法

3. 角度公差的标注

如图 1-60 所示，角度公差的标注基本规则与线性尺寸公差的标注相同。

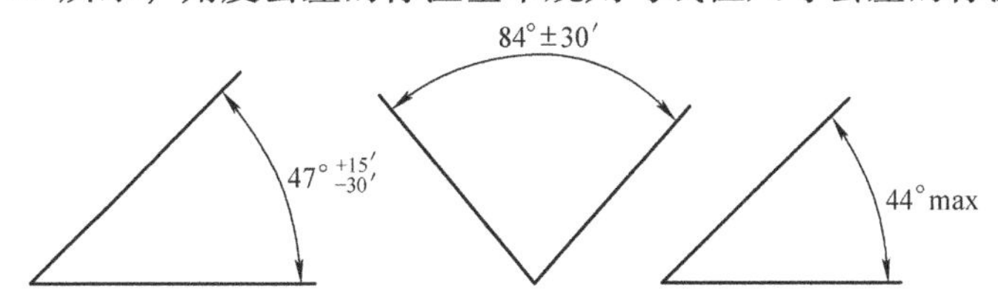

图 1-60 角度公差的标注

1.3.3 表面结构的表示法

1. 标注表面结构的图形符号及含义

（1）基本图形符号 由两条不等长的与标注表面成 60°角的直线构成，如图 1-61a 所示，仅用于简化代号标注，无补充说明时不能单独使用。

（2）扩展图形符号 对表面结构有去除材料或不去除材料的指定要求的图形符号，简称扩展符号。图 1-61b 所示为要求去除材料的扩展符号，图 1-61c 所示为要求不去除材料的扩展符号。

（3）完整图形符号 要求标注表面结构特征的补充信息时，在图 1-61 所示的三个图形符号的长边上分别加一横线，成为完整图形符号，如图 1-62 所示，图 1-62a 所示为允许采用任何工艺，图 1-62b 所示为要求去除材料，图 1-62c 所示为要求不去除材料。

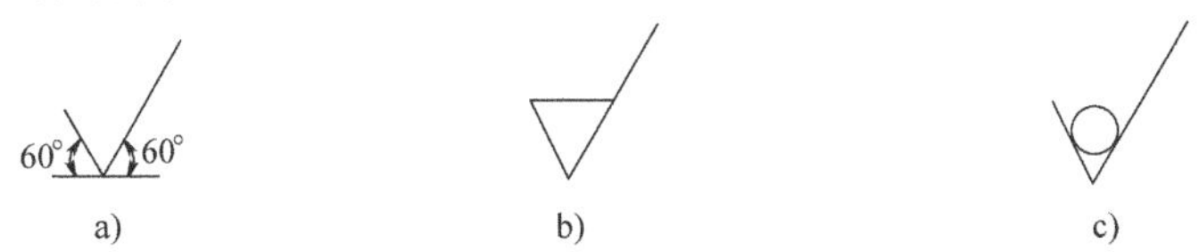

图 1-61 标注表面结构的图形符号

a）基本图形符号 b）要求去除材料的扩展符号 c）要求不去除材料的扩展符号

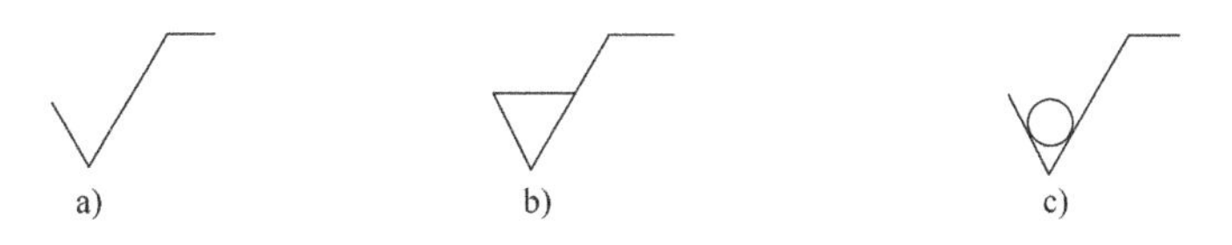

图 1-62 标注表面结构的完整符号

a）基本图形符号 b）要求去除材料的扩展符号 c）要求不去除材料的扩展符号

在完整图形符号中，表面结构参数代号和数值，以及加工方法、表面纹理和方向、加工余量等补充要求应注写在图 1-63 所示的规定位置。

1）位置 a：注写表面结构的单一要求，或注写第一个表面结构要求。

2）位置b：注写第二个表面结构要求，若要注写第三个或更多个表面结构要求时，图形符号应在垂直方向扩大，留出足够的注写空间。

3）位置c：注写指定的加工方法（如车、铣、磨等）、表面处理、涂层和其他加工工艺要求等。

4）位置d：注写要求的表面纹理和纹理的方向符号。

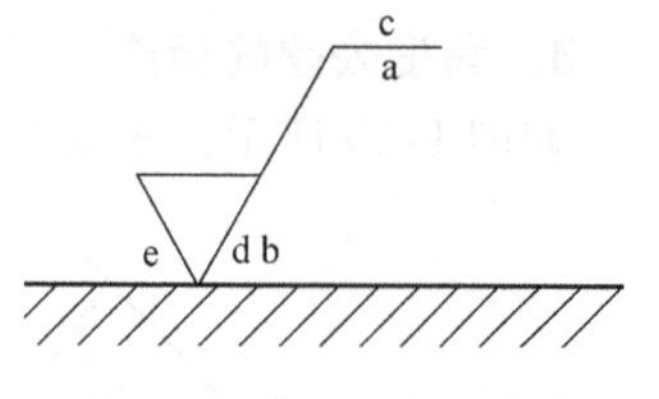

图1-63　补充要求在完整图形符号中的标注位置

5）位置e：注写要求的加工余量，数值以毫米为单位。

2. 表面结构符号、代号的标注位置和方法

1）表面结构的注写和读取方向应与尺寸的注写和读取方向一致，如图1-64所示。

2）表面结构要求可标注在轮廓线上，符号尖端必须从材料外指向材料表面，既不准脱开，也不得超出。必要时，表面结构符号也可以标注在用箭头或黑点的指引线引出后的基准线上，如图1-65所示。

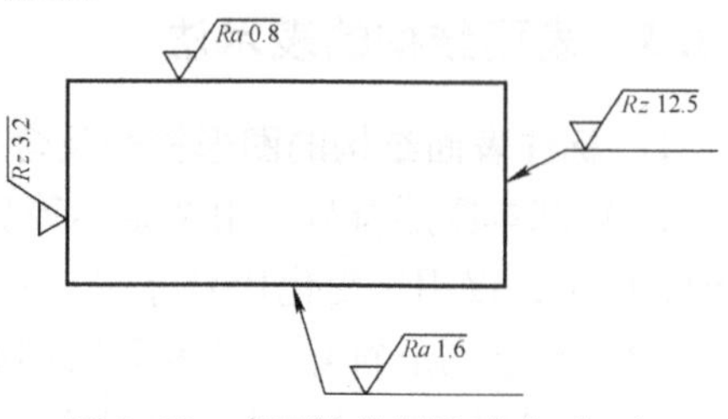

图1-64　表面结构标注形式（一）

3）在不会引起误解时，表面结构要求也可以标注在相关尺寸线上所标尺寸的后面，如图1-66所示。

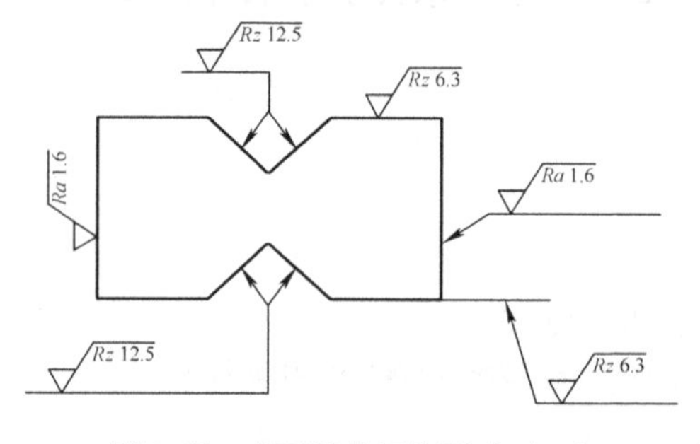

图1-65　表面结构标注形式（二）

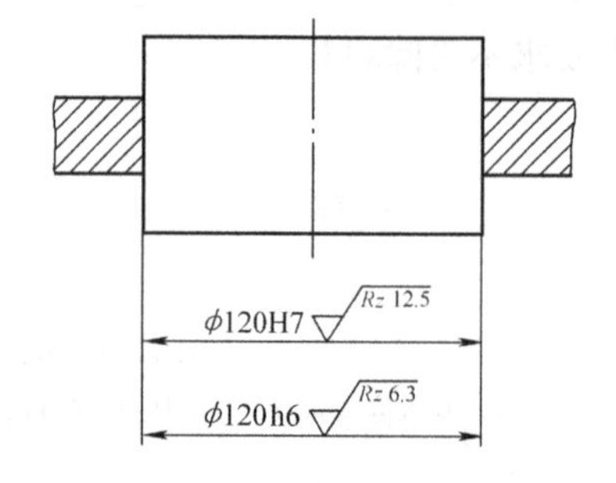

图1-66　表面结构标注形式（三）

4）表面结构要求还可以注在标注几何公差的框格上方，如图1-67所示。

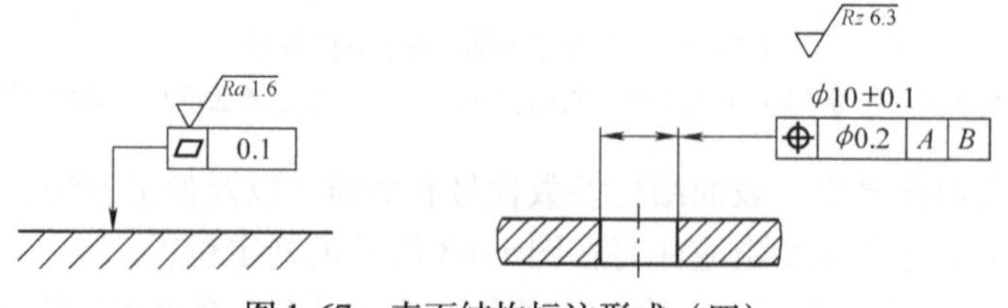

图1-67　表面结构标注形式（四）

5）表面结构要求可标注在零件表面的延长线上，也可用带箭头的指引线引出标注，但需注意图形符号仍应保持从材料外指向材料表面，如图 1-68 所示。

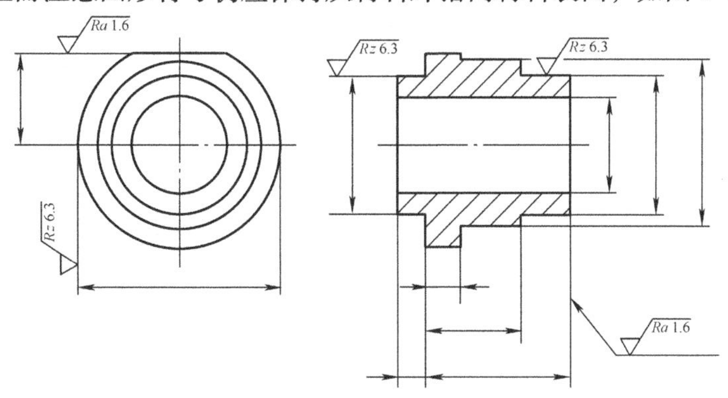

图 1-68 表面结构标注形式（五）

6）棱柱各表面结构要求相同时，和圆柱一样只需标注一次。但若棱柱各表面有不同表面结构要求时，则应分别标注，如图 1-69 所示。

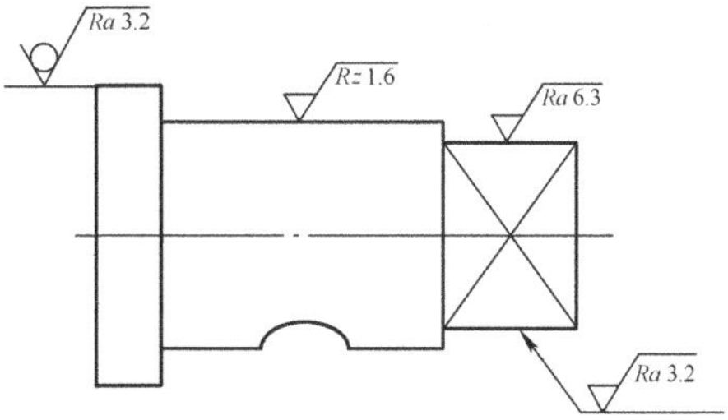

图 1-69 表面结构标注形式（六）

1.3.4 几何公差

为了保证合格完工零件之间的可装配性，除了要对零件上某些关键要素给出尺寸公差外，还需要对一些要素给出几何公差。

（1）几何公差的分类和符号 几何公差特征项目共 14 项，分属形状公差、方向公差、位置公差和跳动公差，见表 1-11。

表 1-11 几何公差的分类和符号（双线）

几何特征	形状公差						方向公差		
	直线度	平面度	圆度	圆柱度	线轮廓度	面轮廓度	平行度	垂直度	倾斜度
符号	—	⏥	○	⌭	⌒	⌓	//	⊥	∠

几何特征	位置公差			跳动公差	
	位置度	同轴度（同心度）	对称度	圆跳动	全跳动
符号	⌖	◎	⌯	↗	⌰

（2）公差框格 几何公差应标注在矩形框格内，如图 1-70 所示。

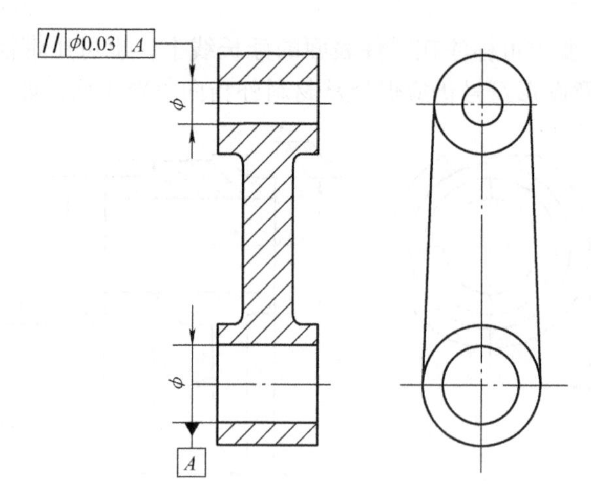

图 1-70　几何公差的标注

矩形公差框格由两格和多格组成，框格自左至右填写，各格内容如图 1-71 所示。

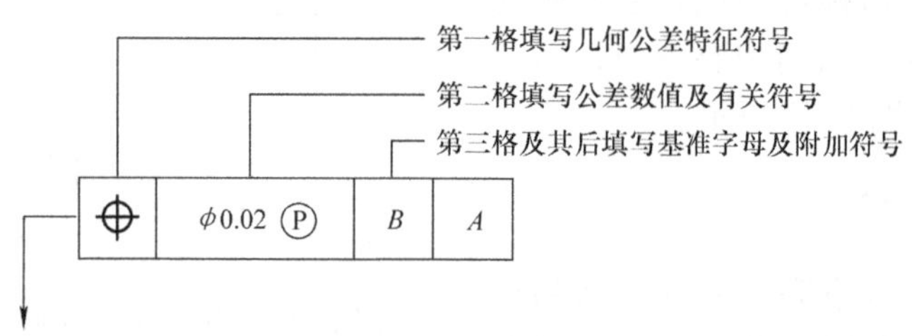

图 1-71　几何公差框格内容

(3) 几何公差的标注方法

1) 对同一个要素有一个以上的公差特征项目要求时，可将一个框格放在另一个框格的下面，如图 1-72 所示。

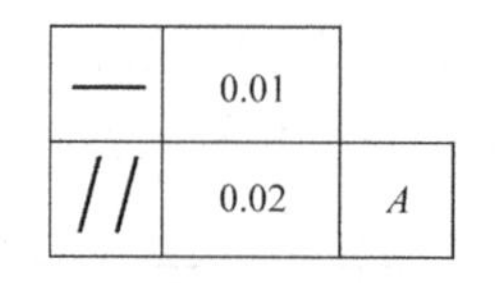

图 1-72　两个框格的画法

2) 当公差涉及轮廓线或表面时，将箭头置于要素的轮廓线或轮廓线的延长线上（但必须与尺寸线明显地分开），如图 1-73 所示。

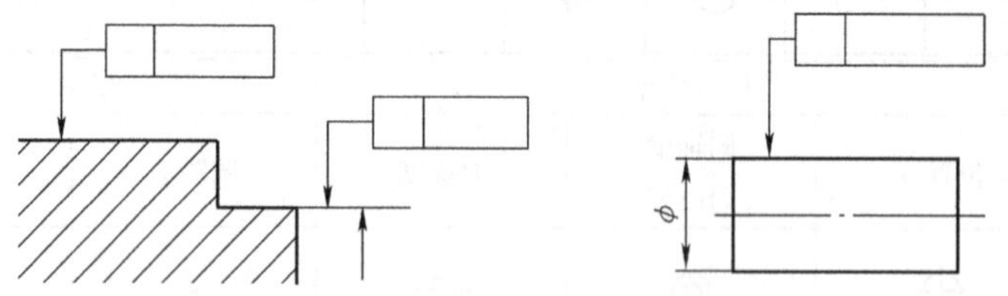

图 1-73　被测要素是轮廓线或表面

3）当指向实际表面时，箭头可置于带点的参考线上，该点指在实际表面上，如图 1-74 所示。

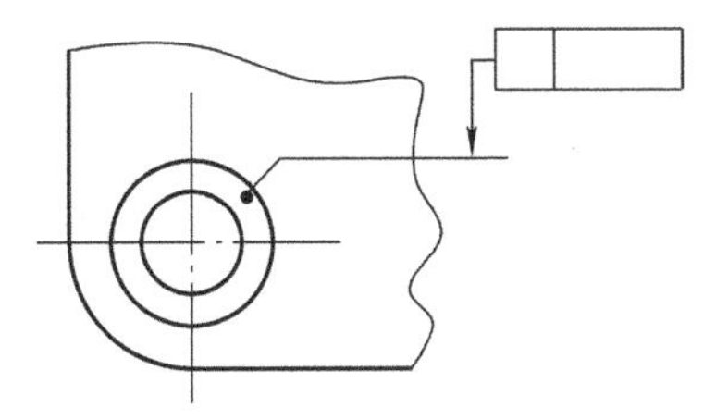

图 1-74　指向实际表面

4）当公差涉及中心线、中心面或中心点时，则带箭头的指引线应与尺寸线的延长线重合，如图 1-75 所示。

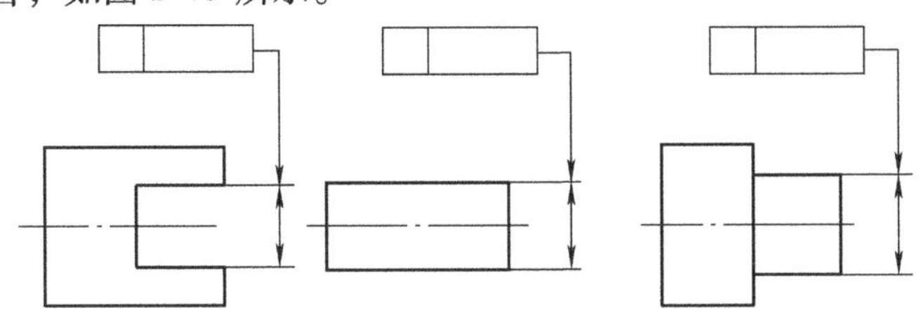

图 1-75　被测要素为中心线、中心面

5）当一个以上要素作为被测要素时，应在框格上方注明，如图 1-76 所示。

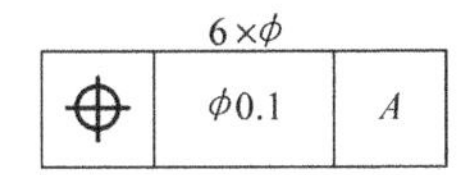

图 1-76　相同的多个被测要素的注法

6）几何公差标注示例，见表 1-12。

表 1-12　几何公差标注示例

示例	说明
A A	采用任选基准时，基准部位必须画出基准符号，并在框格中注出基准字母
A	基准符号可置于用圆点指向实际表面的参考线上

（续）

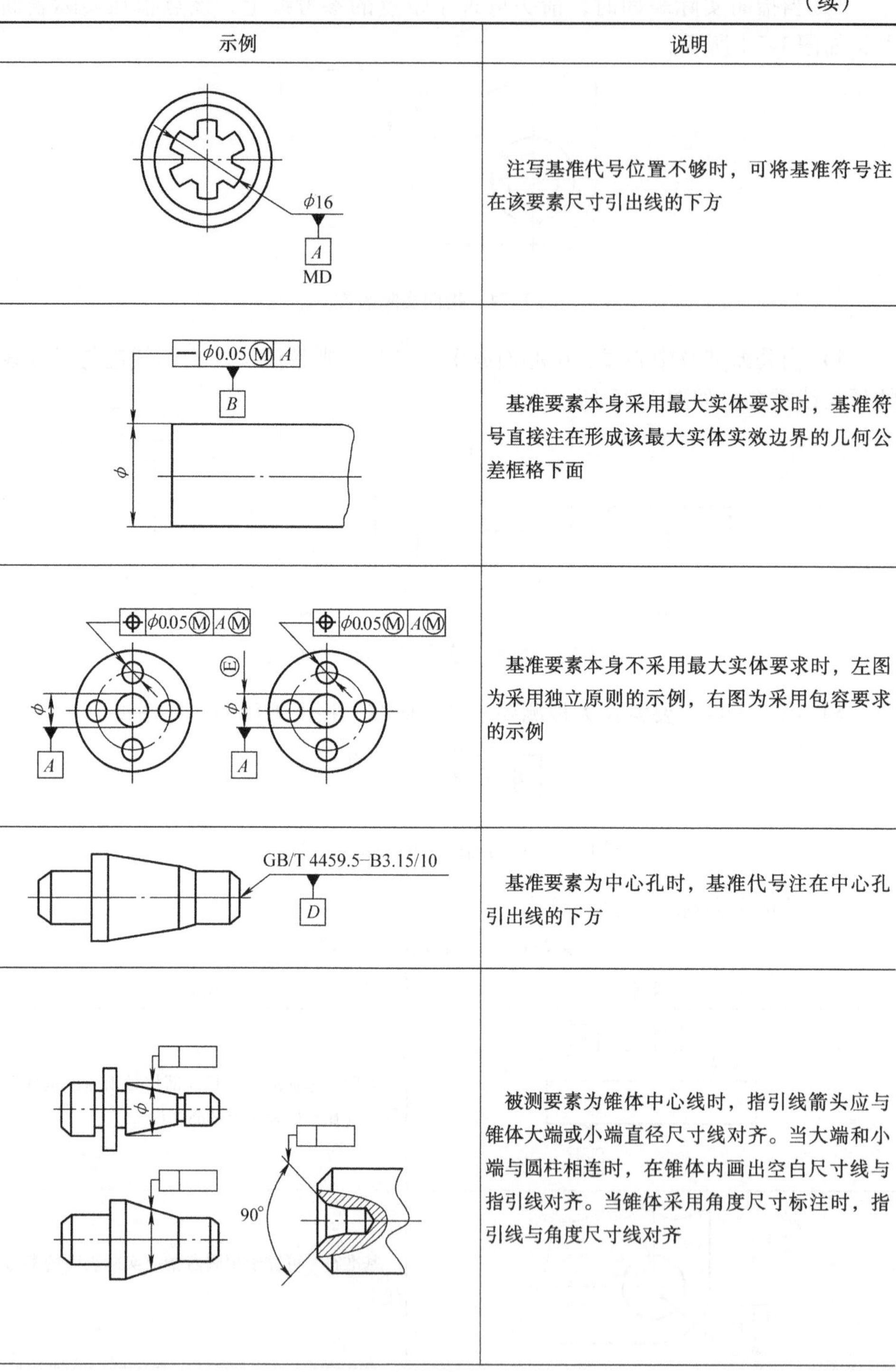

示例	说明
	注写基准代号位置不够时，可将基准符号注在该要素尺寸引出线的下方
	基准要素本身采用最大实体要求时，基准符号直接注在形成该最大实体实效边界的几何公差框格下面
	基准要素本身不采用最大实体要求时，左图为采用独立原则的示例，右图为采用包容要求的示例
	基准要素为中心孔时，基准代号注在中心孔引出线的下方
	被测要素为锥体中心线时，指引线箭头应与锥体大端或小端直径尺寸线对齐。当大端和小端与圆柱相连时，在锥体内画出空白尺寸线与指引线对齐。当锥体采用角度尺寸标注时，指引线与角度尺寸线对齐

（续）

示例	说明
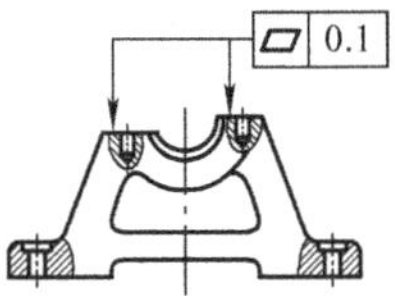	几个表面有同一数值的公差带要求时，可在同一引线上画出多个箭头分别与各被测要素相连
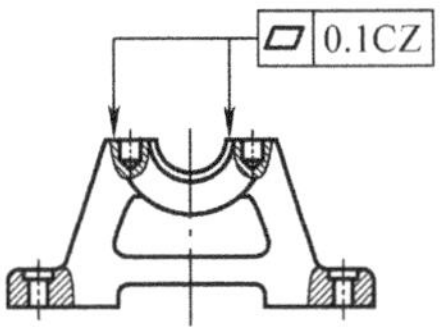	同一公差带控制几个被测要素时，应在公差框格内公差值的后面加注公共公差带的符号 CZ
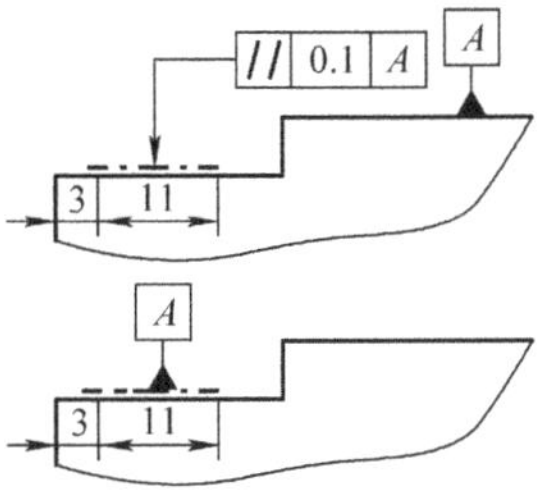	仅要求要素某一部分的公差值，该部分用粗点画线表示其范围，并加注尺寸 仅要求要素的某一部分作为基准，则该部分用粗点画线表示，并加注尺寸

1.4　识图的要求及步骤

在机械行业中，设计和技术人员要绘制机械图，以表达产品的设计意图；施工人员要读机械图，根据机械图加工、装配和检验产品。一名机械领域的工作者，应当做到能够完整、详细、准确地对机械图纸进行识读，具体步骤如下：

1）看标题栏：通过标题栏，可以知道零件的名称、材料、绘图比例、设计者、审核者、绘制日期等信息。

2）分析图形：先看主视图，再联系其他视图，通过对图形的分析，想象出零件的结构形状。

3）分析尺寸：对零件的结构了解清楚后，分析零件的尺寸，先确定零件各部分结构形状的大小尺寸，再确定各部分结构间的位置尺寸，最后分析零件的总体尺寸。

4）看技术要求：从技术要求可以看出尺寸公差、几何公差、材料热处理和表面处理、零件的特殊加工要求等。

标准件和常用件的识读

2.1　标准件和常用件的识读步骤

标准件和常用件的识读步骤如下：

1）根据装配图或零件图，识别标准件类型。

2）识读标准件的代号，了解代号的内容及含义。

3）识读标准件不同视图的表达方式，获得标准件基本尺寸、公差、技术要求，并查表获得标准件的全部特征尺寸。

4）识读标准件与其他零件的关系及功用。

2.2　螺纹

2.2.1　螺纹识读的注意事项

1. 螺纹图的识读

GB/T 4459.1—1995《机械制图　螺纹及螺纹紧固件表示法》规定了内、外螺纹及其连接的表示方法。

（1）外螺纹的画法　螺纹的牙顶和螺纹终止线用粗实线表示，牙底用细实线表示，并画到倒角处。在垂直螺杆轴线投影的视图中，表示牙底的细实线只画约3/4圈，同时，表示倒角的粗实线圆省略不画，如图2-1所示。

（2）内螺纹的画法　在螺孔剖视图中，牙顶和螺纹终止线用粗实线表示，牙底用细实线表示。在垂直螺孔轴线的视图中，表示牙底的细实线只画约3/4圈，同时，表示倒角的粗实线圆省略不画，如图2-2所示。

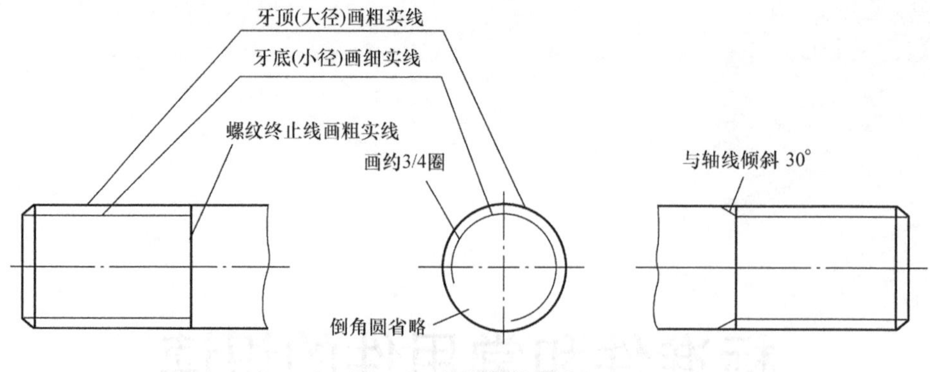

图 2-1　外螺纹的画法

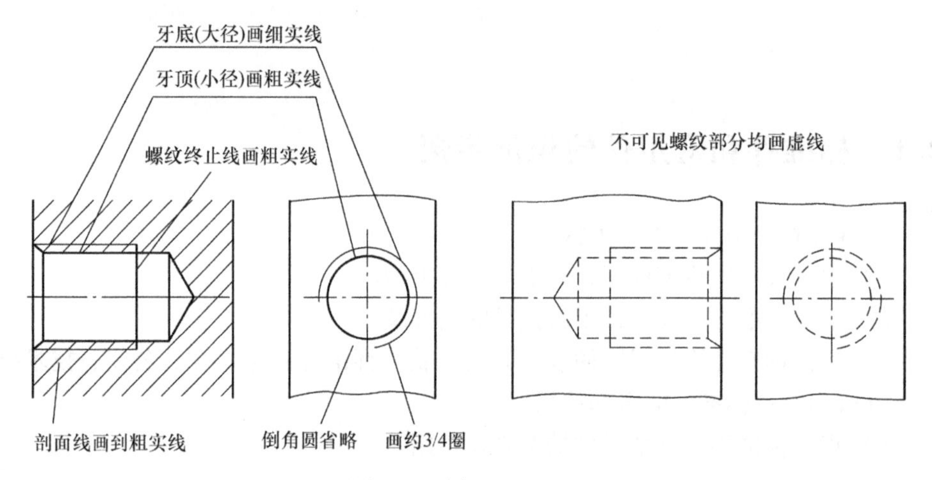

图 2-2　内螺纹的画法

（3）内、外螺纹的连接画法　在用剖视画法表示内、外螺纹的连接时，其旋合部分应按外螺纹的画法绘制，如图 2-3 所示。

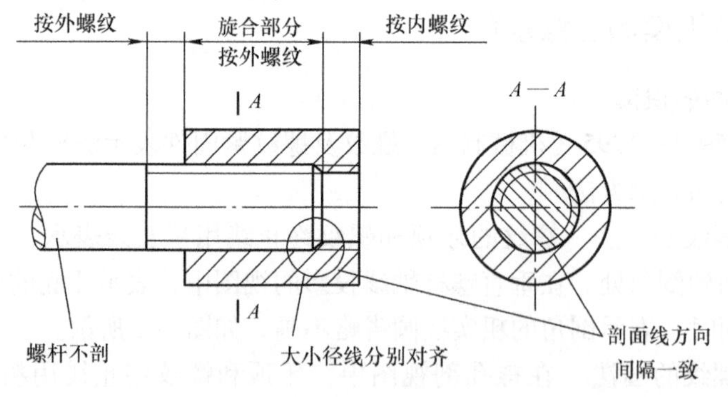

图 2-3　螺纹的连接画法

（4）螺纹牙型的识读　对于标准螺纹，图中一般不表示牙型，若需要表示牙型，可在局部剖视图、全剖视图中画几个牙型轮廓，对于非标准螺纹，应用局部放大图画出牙型，如图 2-4 所示。

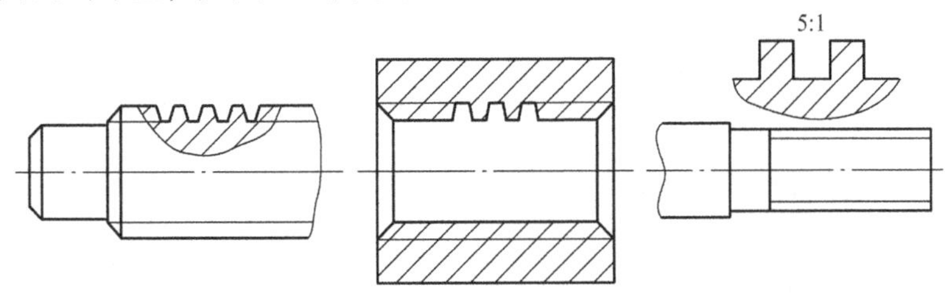

图 2-4　牙型表示法

（5）螺纹紧固件装配图及其简化图形的识读

1）螺栓连接。螺栓用来连接两个不太厚并能钻成通孔的零件。使用时，先将螺栓杆穿过两个零件的通孔，再套上垫圈，然后套上螺母旋紧即可。为了便于画图，螺纹紧固件各部分均根据其公称直径（d）按规定的比例计算确定，并不需要查出其各部的实际尺寸，如图 2-5 所示。

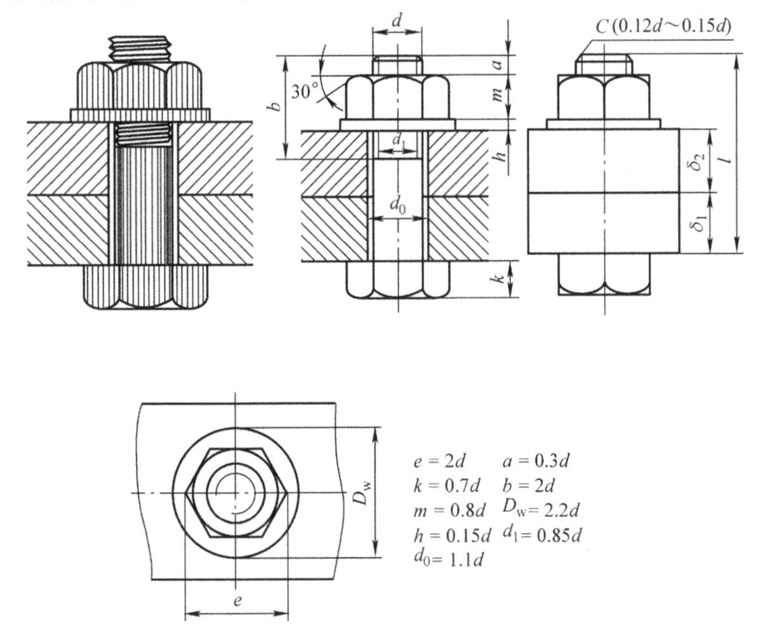

图 2-5　螺栓连接

2）双头螺柱。当两个被连接件中，一个较厚不适宜钻通孔时，应该用双头螺柱连接。使用时，将螺柱旋入端（旋入螺孔的一端称旋入端，另一端称紧固端）穿过较薄零件上的光孔旋入较厚零件的螺孔中，再套垫圈，最后在螺柱紧固端旋上螺母并拧紧即可，如图 2-6 所示。

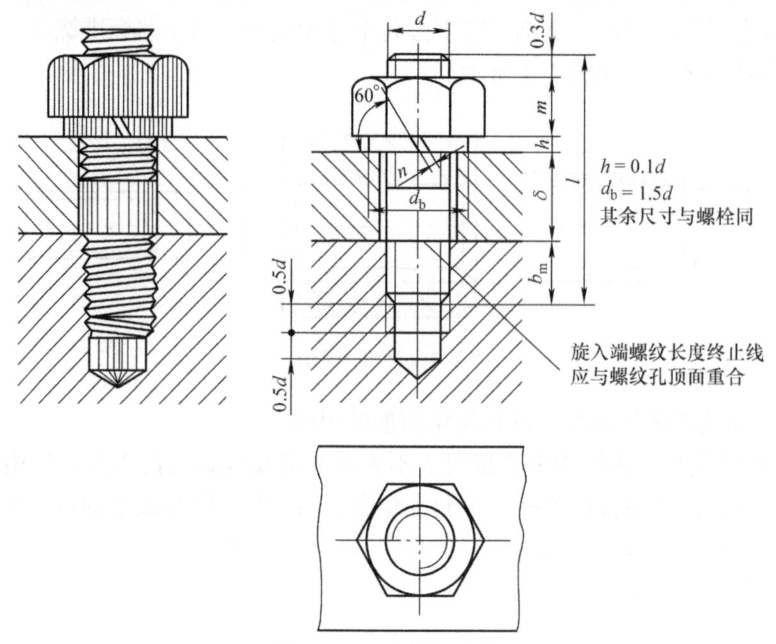

图 2-6　双头螺柱连接

3）螺钉连接。当被连接件之一较厚或不允许钻成通孔，且受力较小又不经常拆卸时采用螺钉连接。螺钉按其用途可分为连接螺钉与紧定螺钉两类。

连接螺钉不需要与螺母配合使用。在投影为圆的视图上，开槽螺钉槽口（也可只画一条粗实线）应与水平方向倾斜 45°，如图 2-7 右图所示。

紧定螺钉一般用于轴与轴上传动件的连接，它可防止传动件轴向与周向位移，如图 2-8 所示。

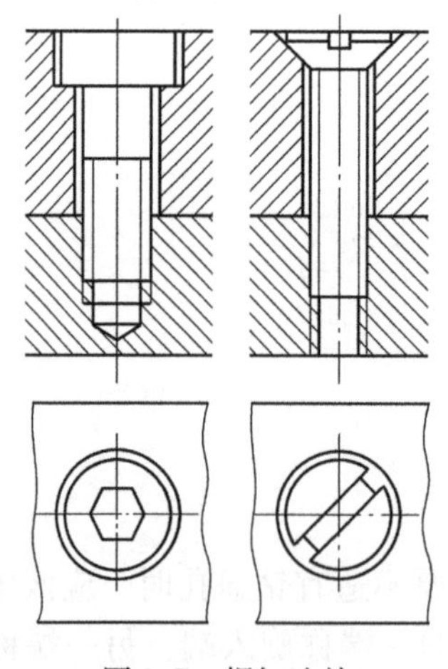

图 2-7　螺钉连接

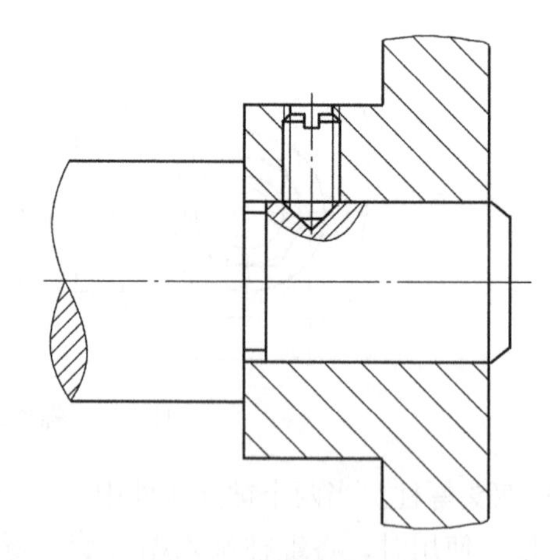

图 2-8　紧定螺钉连接

4）装配图中螺纹紧固件的简化画法。在装配图中，对于螺栓、双头螺柱连接，也可采用简化画法，如图 2-9 所示。

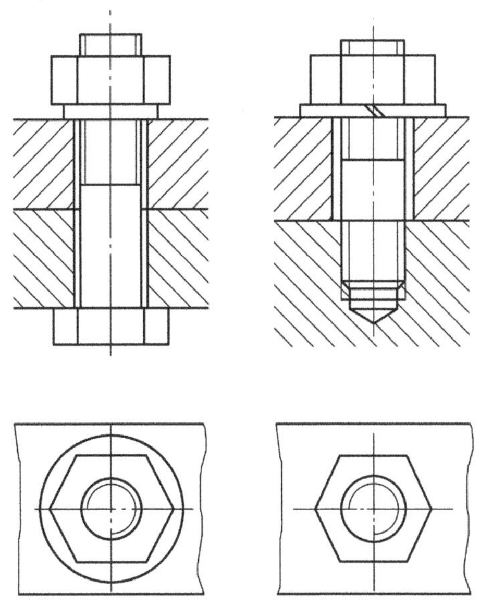

图 2-9　螺栓、双头螺柱连接的简化画法

2. 螺纹标记的识读

（1）普通螺纹　普通螺纹标记的规定如下：

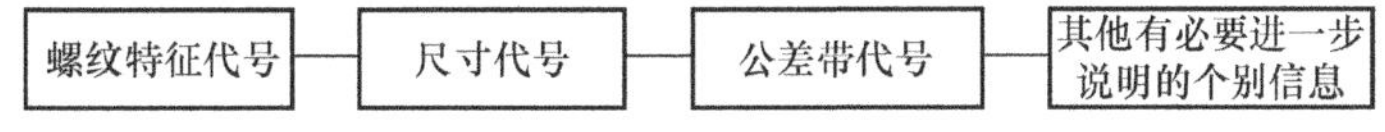

上述内容在图样中均标注在螺纹的大径尺寸处。

普通螺纹的特征代号用“M”表示；单线螺纹的尺寸代号用“公称直径×螺距”表示，粗牙螺纹可省略其螺距标注。当螺纹为左旋时，要加注“LH”，右旋不注。

螺纹公差带代号包含“中径公差带代号”和“顶径公差带代号”两项。公差带代号是由表示公差等级的数值和表示公差带位置的字母组合而成（外螺纹用小写字母表示，内螺纹用大写字母表示）。若中径与顶径的公差带代号相同，则只标注一个公差带代号。

其他有必要进一步说明的个别信息包括旋合长度组别和旋向。对旋合长度为短组和长组的螺纹，宜在公差带代号后分别标注 S 和 L 代号，公差带和旋合长度组别代号间用“－”号分开。对旋合长度为中等组的螺纹，不标注其旋合长度组代号（N）。

（2）梯形螺纹　梯形螺纹标记的规定如下：

梯形螺纹特征代号为“Tr”，尺寸规格用“公称直径×导程（螺距）”表示，即单线螺纹为“公称直径×螺距”；多线螺纹为“公称直径×导程（P螺距）”。

当螺纹为左旋时，需在尺寸规格之后加注“LH”，当为右旋时，则不必标注。

（3）锯齿形螺纹　锯齿形螺纹的特征代号为“B”，尺寸规格用“公称直径×导程（螺距）”表示，即单线螺纹为“公称直径×螺距”；多线螺纹为“公称直径×导程（P螺距）”。

当螺纹为左旋时，需在尺寸规格之后加注“LH”，当为右旋时，则不必标注。

（4）管螺纹　管螺纹标记的规定如下：

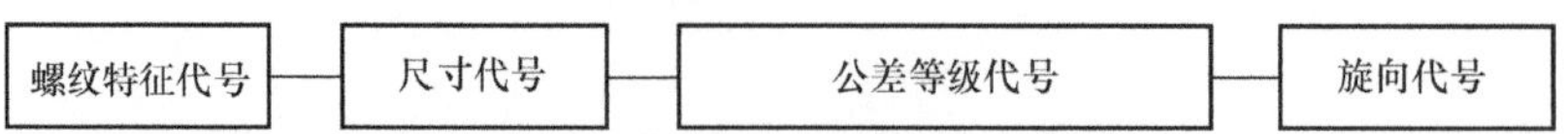

55°非密封管螺纹特征代号为G，55°密封管螺纹特征代号R_p、R_c、R_1、R_2分别为55°密封圆柱内螺纹、55°密封圆锥内螺纹、55°密封与圆柱内螺纹配合的圆锥外螺纹、55°密封与圆锥内螺纹配合的圆锥外螺纹。

2.2.2　螺纹识读实例

以图2-10所示的丝杠零件图的识读为例，讲解螺纹类零件的识读过程。

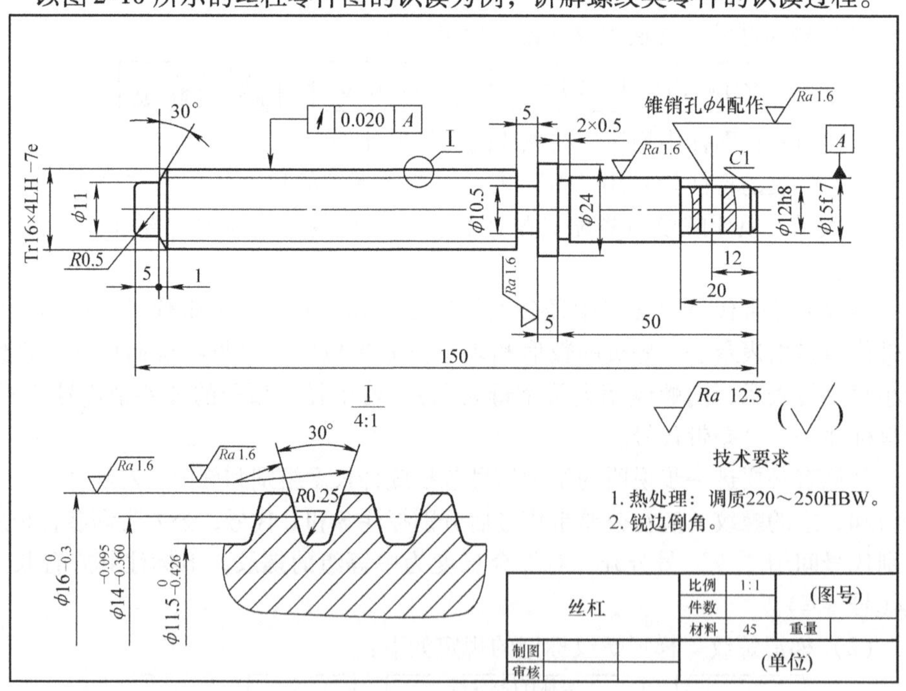

图2-10　丝杠零件图

1. 读形状

丝杠的形状很简单，由五个同轴圆柱体组成。沿轴向分布的结构主要有梯形螺纹、螺纹退刀槽、砂轮越程槽、锥销孔、倒角和圆角。整个丝杠用一个基本视图和一个局部放大图表达，放大部位是梯形螺纹的牙型。

2. 读尺寸标注

1）轴向尺寸基准是右端面，径向尺寸基准是轴线。

2）Tr16 ×4LH -7e 的解释：Tr 是梯形螺纹的特征符号；16 为公称直径，单位为 mm；4 为螺距，单位为 mm；LH 表示左旋；7e 为中径公差带代号，它的上、下极限偏差标注在局部放大图中，es = -95mm，ei = -0.360mm（es 为轴的上极限偏差，ei 为轴的下极限偏差）。

3. 读技术要求

（1）尺寸公差

1）ϕ12h8mm 和 ϕ15f7mm 的上、下极限偏差在公称尺寸至 500mm 轴的极限偏差表（GB/T 1800.2—2009）中可查到，分别是 $\phi 12_{-0.027}^{\ 0}$mm 和 $\phi 15_{-0.034}^{-0.016}$mm。

2）梯形螺纹中径、大径、小径的尺寸公差在 GB/T 5796.4—2005 中可以查到。

（2）几何公差

1）径向圆跳动。被测要素：梯形螺纹的圆柱面；基准要素：ϕ15f7mm 的轴线；公差带：在垂直于 ϕ15f7mm 轴线，制有梯形螺纹的任一测量平面内，半径差为 0.020mm 且圆心在基准轴线上的两同心圆之间的区域，如图 2-11a 所示。

2）圆跳动误差的检测。将 ϕ15f7mm 圆柱面置于 V 形架上，左端以球头顶尖限制丝杠轴向移动。调整 Tr16 ×4LH -7e 轴线与平板平面平行。转动工件一周时，指示器的最大、最小读数差即为该截面内的径向圆跳动误差。可在几个不同的截面上测量，取跳动差的最大值为测量结果，如图 2-11b 所示。

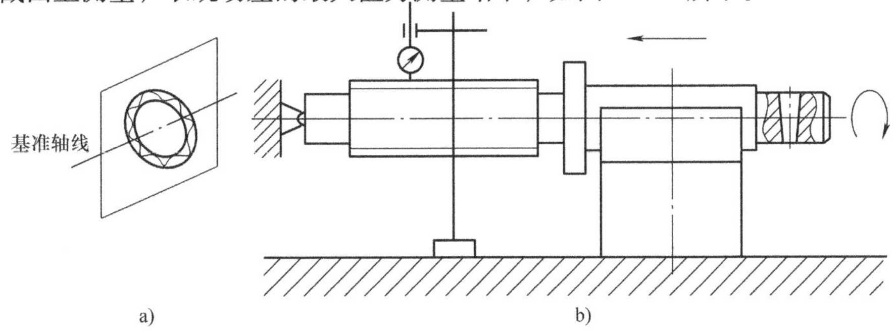

图 2-11　径向圆跳动的公差带与误差检测

a）公差带　b）误差检测

3）热处理。淬火 + 高温回火称为调质处理。它可使零件得到强度、塑性、韧性都较好的力学性能，广泛地用于较重要的机械零件，特别是在交变载荷作用下的连杆、齿轮、轴、螺栓的最终处理。调质处理后的硬度为 220 ~ 250HBW。

4. 工艺过程

1）自定心卡盘装夹，车一端面，钻中心孔；车另一端面，钻中心孔，保证总长 150mm。

2）双顶尖定位装夹，粗车外圆至 ϕ24mm；粗车、半精车外圆至 ϕ17.8mm，粗车外圆至 ϕ11mm，保证尺寸 5mm，倒圆 0.5mm，倒 30° 角；切 5mm × ϕ10.5mm 槽，保证尺寸 95mm。

3）调头，双顶尖定位装夹，粗车、半精车、精车外圆至 ϕ15f7mm，粗车、半精车、精车外圆至 ϕ12h8mm，并保证轴向尺寸 20mm；切 2mm × 0.5mm 槽，保证尺寸 50mm；倒角 C1mm。

4）调头，双顶尖定位装夹，粗车、半精车、精车梯形螺纹至要求尺寸。

5）热处理调质，硬度达 220 ~ 250HBW。

6）调直，清理，清洗，检验。

2.3 键、销

2.3.1 键、销识读的注意事项

1. 键及其连接

键是标准件，常用键的国家标准编号见表 2-1。

表 2-1 常用键的种类、形式、尺寸、标记和连接画法

名称及标准	形式、尺寸与标记	连接画法
普通平键 GB/T 1096—2003	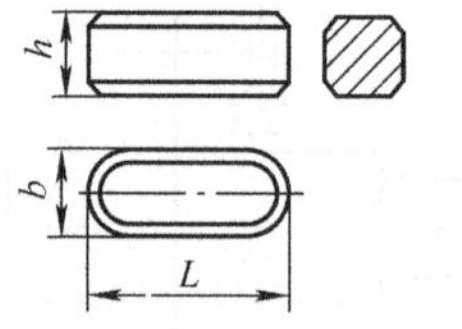 GB/T 1096 键 $b \times h \times L$	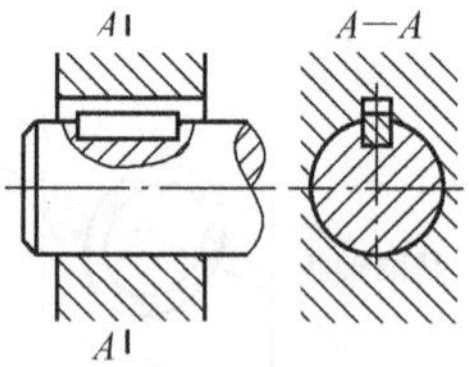 A—A
半圆键 GB/T 1099.1—2003	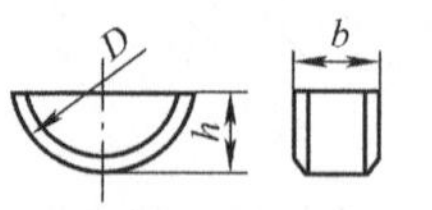 GB/T 1099.1 键 $b \times h \times D$	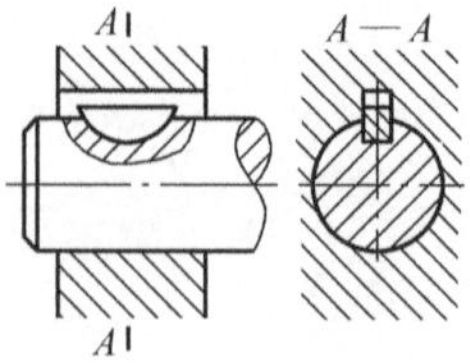 A—A

（续）

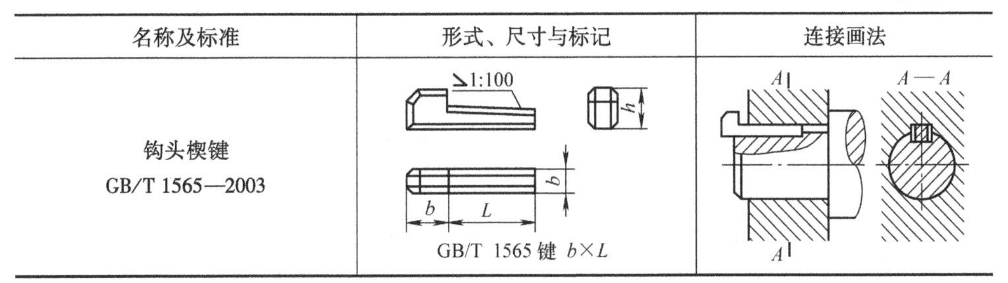

名称及标准	形式、尺寸与标记	连接画法
钩头楔键 GB/T 1565—2003	⊿1:100　h　b　b　L GB/T 1565 键 $b \times L$	A　$A—A$　A

（1）键的作用　键一般用于连接轴和轴上的传动件，以传递转矩或旋转运动。

（2）键的形式、标记和连接画法

1）键的种类。键的种类很多，除花键以外，常见形式有普通平键、半圆键、钩头楔键等，普通平键又分 A 型、B 型、C 型三种，如图 2-12 所示。其种类、形式、尺寸、标记和连接画法见表 2-1。

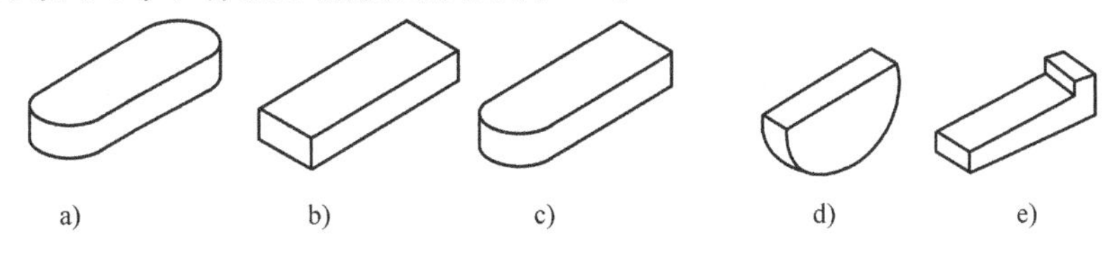

a)　b)　c)　d)　e)

图 2-12　常用键的种类

a）平键 A 型　b）平键 B 型　c）平键 C 型　d）半圆键　e）钩头楔键

2）普通平键与半圆键的连接画法。普通平键和半圆键都是以两侧面为工作面，起传递转矩作用。在键连接画法中，键的两个侧面与轴和轮毂接触，键的底面与轴接触，均画一条线；键的顶面为非工作面，与轮毂有间隙，应画成两条线，见表 2-1。

3）钩头楔键的连接画法。顶面为 1∶100 的斜面，用于静连接，利用键的顶面与底面使轴上零件固定，同时传递转矩和承受轴向力。在连接画法中，钩头楔键的顶面和底面分别与轮毂和轴接触，均应画成一条线；而两个侧面有间隙，应画成两条线，见表 2-1。

（3）轴和轮毂上键槽的画法和尺寸标注　如图 2-13 所示，键和键槽的尺寸可根据轴的直径在国家标准规定的相应表中查得。

（4）花键

1）矩形花键的画法及标注。

① 矩形外花键的画法。如图 2-14 所示，在平行于和垂直于花键轴线的投影面的视图中，外花键的大径 D 用粗实线绘制，小径 d 用细实线画出。工作长度 L 的终止线和尾部末端用细实线画出。尾部一般用倾斜于轴线 30° 的细实线画出，

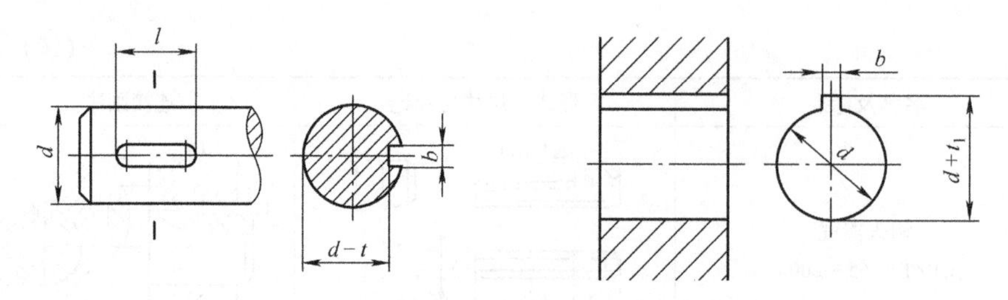

图 2-13　轴和轮毂上键槽的画法和尺寸注法

必要时，可按实际情况画出。在断面图中可剖出部分或全部齿形。在包含轴线的局部剖视图中，小径 d 用粗实线画出，但大径和小径之间不画剖面线。

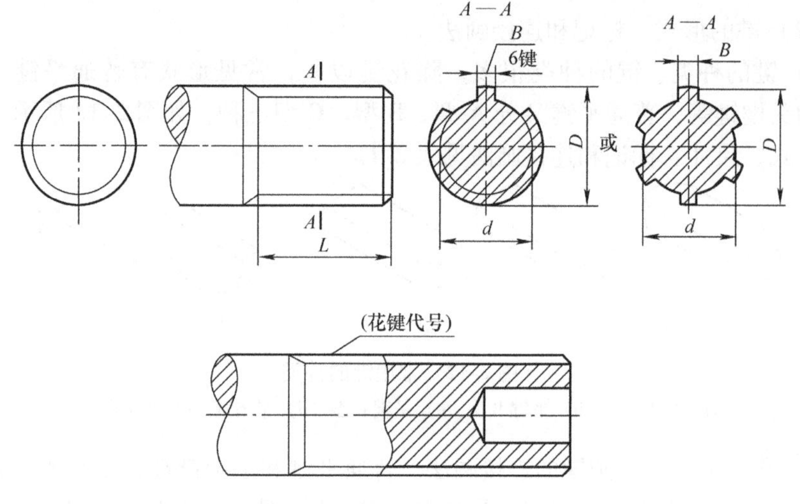

图 2-14　矩形外花键的画法

② 矩形内花键的画法。如图 2-15 所示，在内花键的剖视图中，大径 D、小径 d 均用粗实线绘制。在垂直于轴线的剖视图中，可画出部分齿形，未画齿处，大径用细实线圆表示，小径用粗实线圆表示；也可画出全部齿形。

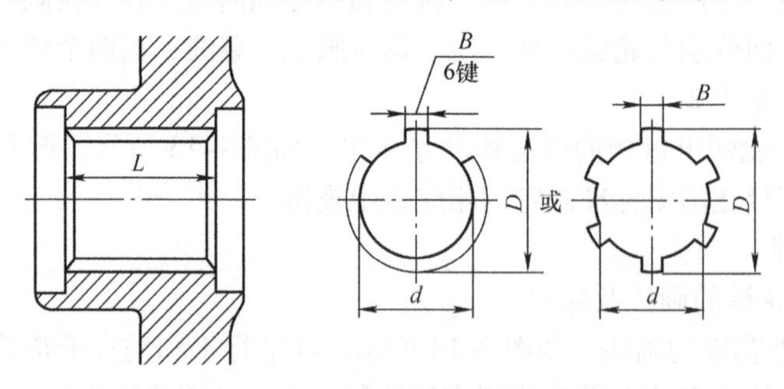

图 2-15　矩形内花键的画法

③ 矩形花键的标注。内外花键的大径 D、小径 d、键宽 B 可采用一般尺寸的注法，如图 2-14、图 2-15 所示。也可以采用由大径处引线，并写出花键代号的方式。代号的写法为⎍$N \times d \times D \times B$，⎍为矩形花键符号，$N$ 为键数，d、D、B 的数字后均应加注公差带代号，例如⎍6 × 23H7 × 26H10 × 6H11，如图 2-16 所示。

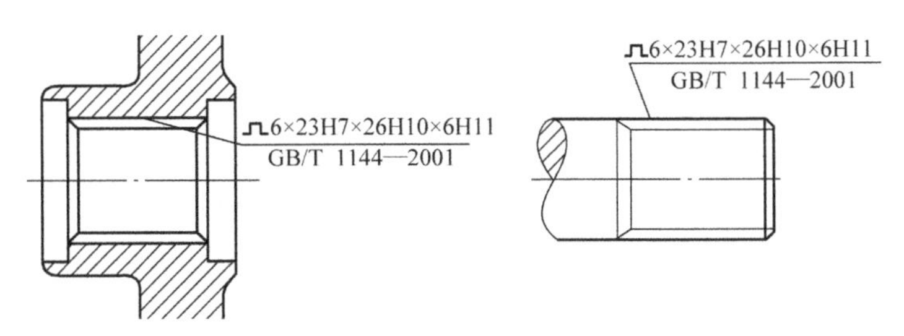

图 2-16　矩形花键的标注方法

外花键长度 L 的注法有三种：只注写工作长度 L；注写工作长度 L 和尾部长度；注写工作长度 L 和全长，如图 2-17 所示。

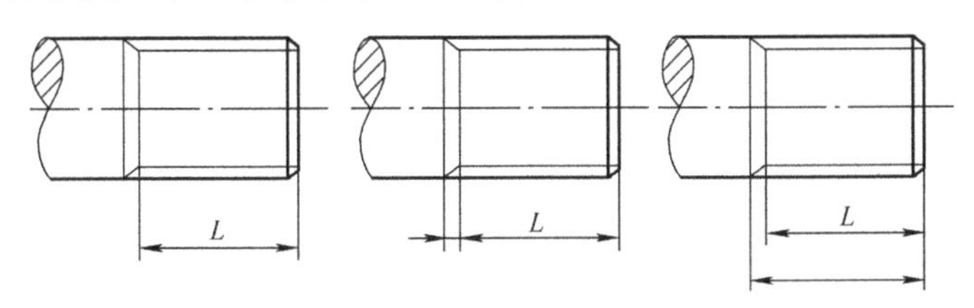

图 2-17　矩形外花键长度的标注

④ 矩形花键连接画法及标注。花键连接用剖视图表示，其连接部分按外花键的画法画出，其标注如图 2-18 所示。

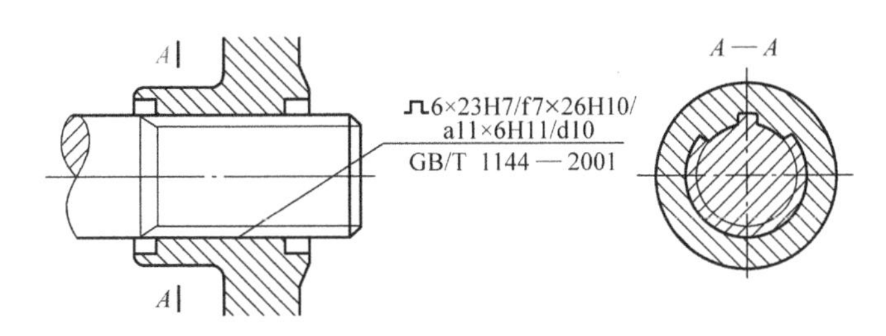

图 2-18　矩形花键的连接画法及标注

2）渐开线花键的画法及标注。

① 渐开线花键的画法。渐开线花键的画法如图 2-19 所示，其中分度圆和分度线用细点画线画出，其他均与矩形花键的画法相同。

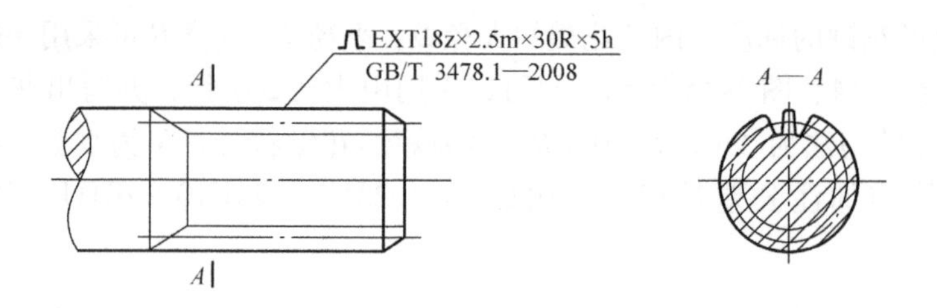

图 2-19　渐开线花键的画法

图 2-20 所示为渐开线花键的连接画法，其连接部位按外花键的画法画出。

② 渐开线花键的标注。渐开线花键按齿形角和齿根分为四种：30°平齿根，代号为 30P；30°圆齿根，代号为 30R；37. 5°圆齿根，代号为 37. 5；45°圆齿根，代号为 45。

渐开线花键的公差等级：当压力角为 30°时，有 4、5、6、7 四个等级；当压力角为 45°时，有 6、7 两个等级。

渐开线花键代号的标注示例：

⎍EXT18z ×2. 5m ×30R ×5h GB/T 3478. 1—2008，⎍表示渐开线花键；EXT 表示外花键（内花键用 INT 表示）；18z 表示 18 个齿；2. 5m 表示模数为 2. 5；30R 表示 30°圆齿根；5h 表示公差等级和配合类别，在图样上的标注如图 2-19 所示。

⎍INT/EXT18z ×2. 5m ×30R ×5H/5h GB/T 3478. 1—2008，INT/EXT 表示花键副；5H/5h 表示公差等级和配合类别，在图样上的标注如图 2-20 所示。

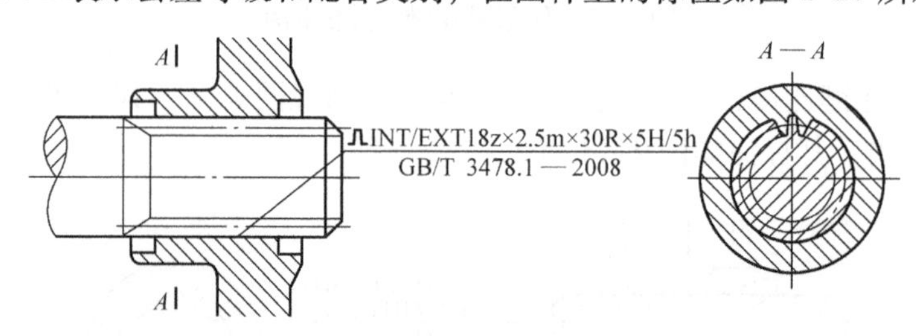

图 2-20　渐开线花键的连接画法

2. 销及其连接

销是标准件，各种销的国家标准编号见表 2-2。

1）销的作用：销的种类很多，通常用于零件间的连接、定位，并能起到防松作用。

2）销的种类、标记及连接画法见表 2-2。

表 2-2　销的种类、标记和连接画法

名称及标准	主要尺寸与标记	连接画法
圆柱销 GB/T 119.1—2000	销 GB/T 119.1　$d\times l$	
圆锥销 GB/T 117—2000	1:50 销 GB/T 117　$d\times l$	
开口销 GB/T 91—2000	销 GB/T 91　$d\times l$	

3）销孔标注注意事项：

① 由于用销连接的两个零件上的销孔通常需一起加工，如图 2-21 所示，因此，在图样中标注销孔尺寸时一般要注写“配作”，如图 2-22 所示。

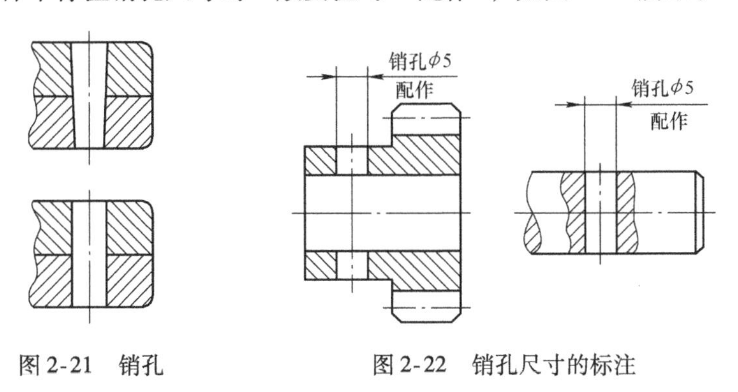

图 2-21　销孔　　　　图 2-22　销孔尺寸的标注

② 圆锥销的公称直径是小端直径，在圆锥销孔上需用引线标注尺寸，如图 2-23所示。

2.3.2　键、销识读实例

识读图 2-24 所示的标准件。

1）根据装配图或零件图，识别标准件类型。

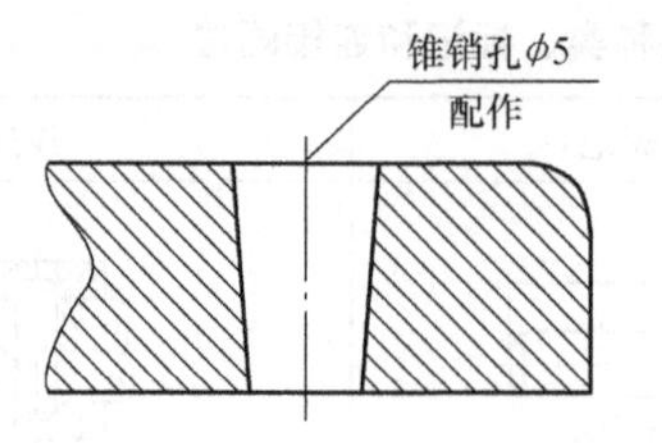

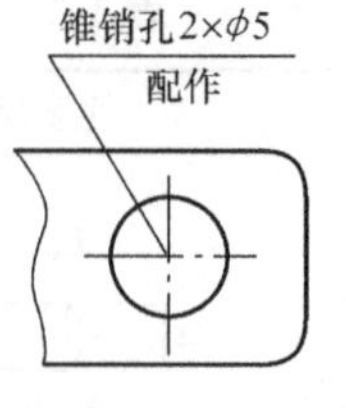

图 2-23　圆锥销孔尺寸的标注

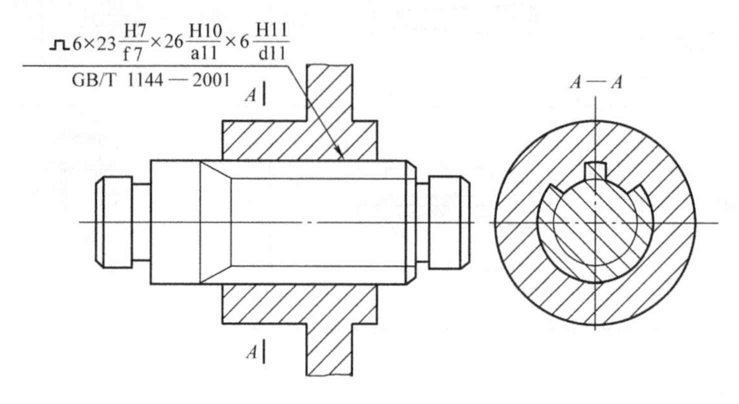

图 2-24　标准件的识读

从图 2-24 中可以看出，该图为矩形花键与零件的连接图，其中矩形花键位于中央，与矩形花键连接的工件包裹着矩形花键。

2）识读标准件的代号，了解代号的内容及含义。

图 2-24 中矩形花键连接的标注为⎍6 × 23H7/f7 × 26H10/a11 × 6H11/d11，采用国家标准为 GB/T 1144—2001，其中，⎍代表矩形花键，6 代表键数为 6，23 代表小径尺寸为 23mm，H7/f7 代表小径配合公差带代号，26 代表大径尺寸为 26mm，H10/a11 代表大径配合公差带代号，6 代表键宽为 6mm，H11/d11 代表键宽配合公差带代号。

3）识读标准件不同视图的表达方式，获得标准件基本尺寸、公差、技术要求，并查表获得标准件的全部特征尺寸。

通过识图，获得花键的键数为 6，花键小径尺寸为 ϕ23f7mm，与其配合的尺寸为 ϕ23H7mm。花键大径尺寸为 ϕ26a11mm，与其配合的外径尺寸为 ϕ26H10mm。花键宽度为 6d11，与其配合的尺寸为 6H11mm。

4）识读标准件与其他零件的关系及功用。

通过花键连接，实现转矩的传递。

2.4　齿轮、链轮

2.4.1　齿轮、链轮识读的注意事项

1. 齿轮的画法

齿轮是传动零件，它可以把运动从一根轴传递到另一根轴上，也可以改变转速的大小及运动的方向。

按齿轮副传动轴线的相互位置分类，常用的齿轮传动可以分为三类：

圆柱齿轮传动——用于两平行轴的传动，如图 2-25a 所示。

锥齿轮传动——用于两相交轴（一般为相互垂直）的传动，如图 2-25b 所示。

蜗杆传动——用于两空间交错轴的传动，如图 2-25c 所示。

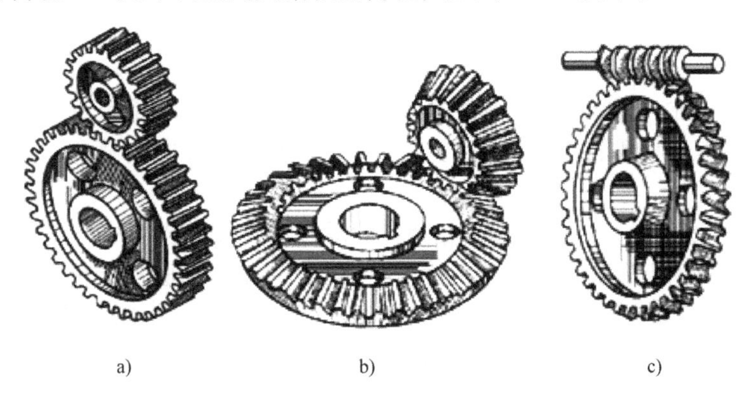

a)　　b)　　c)

图 2-25　常用的齿轮传动

a）圆柱齿轮传动　b）锥齿轮传动　c）蜗杆传动

本节以圆柱齿轮为例，讲解齿轮零件的识读注意事项。

圆柱齿轮按其轮齿线与轴线的相对位置，可分为直齿圆柱齿轮、斜齿圆柱齿轮和人字齿圆柱齿轮三种；直齿圆柱齿轮根据其啮合情况，又可分为外啮合、内啮合、齿轮齿条传动三种。齿条相当于一个直径为无穷大的圆柱齿轮。下面主要讨论外啮合齿轮。

1）各部分名称及代号（见图 2-26）。

① 分度圆（d）：是一个假想圆柱面与端平面的交线所形成的圆，它是设计、制造齿轮时进行部分尺寸计算的基准圆，该圆在图样上用细点画线表示。一对相互啮合的标准齿轮正确安装时，两个齿轮的分度圆是相切的，此时分度圆也称节圆，切点也称节点。

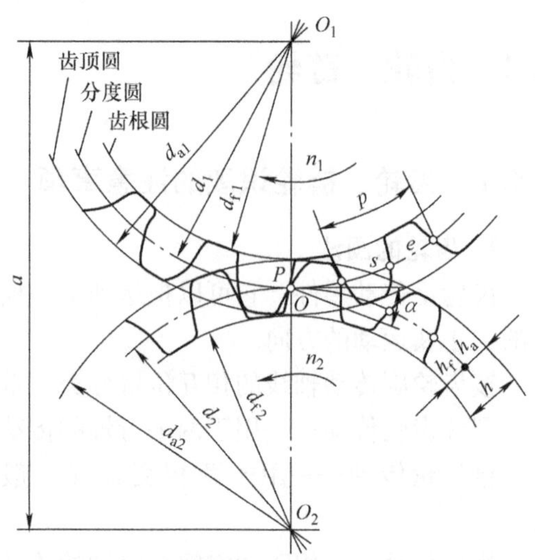

图 2-26　直齿圆柱齿轮各部分名称及代号

② 齿距（p）：分度圆上两个相邻同侧的端面齿廓之间的弧长称为齿距。一对相互啮合的齿轮的齿距应相等。

③ 齿厚（s）和齿槽宽（e）：在端平面上，一个齿的两侧面齿廓之间的分度圆弧长称齿厚；两个齿的齿槽齿廓之间的分度圆弧长称为齿槽宽，在标准齿轮的分度圆上 $s=e$，$p=s+e$。

④ 模数（m）：它是人为设置的一个参数。当以 z 表示齿轮齿数时，分度圆的周长 $=\pi d=pz$，由此可推导出分度圆直径 $d=pz/\pi$，如令 $m=p/\pi$，则 $d=mz$，$m=d/z$，m 就被称为齿轮的模数。模数并不是齿轮的一个具体结构尺寸，但它是设计和制造齿轮的一个重要参数。模数越大，齿轮的尺寸就越大，齿轮承载能力就越大，要使一对直齿圆柱齿轮相互啮合，它们的模数必须相等。

⑤ 齿形角（α）：在节点处，相啮合的两齿廓曲线的公法线与两节圆的公切线所夹的锐角称为齿形角。对于一对正确安装的标准直齿圆柱齿轮而言，齿形角等于压力角（齿廓受力方向与节点 P 处瞬时运动的方向之间所夹锐角，为压力角）。要使一对直齿圆柱齿轮正确啮合，必须确保模数、压力角分别相等。

⑥ 齿顶圆（d_a）：齿顶圆柱面与端平面的交线称为齿顶圆。

⑦ 齿根圆（d_f）：齿根圆柱面与端平面的交线称为齿根圆。

⑧ 齿顶高（h_a）：轮齿在分度圆与齿顶圆之间的径向尺寸称为齿顶高。

⑨ 齿根高（h_f）：轮齿在分度圆与齿根圆之间的径向尺寸称为齿根高。

⑩ 齿高（h）：轮齿在齿顶圆与齿根圆之间的径向尺寸称为齿高，$h=h_a+h_f$。

⑪ 传动比（i）：主动齿轮的转速 n_1（r/min）与从动齿轮的转速 n_2（r/min）之比称为传动比。由于节点处两啮合齿轮速度（$v=\pi dn$）相等，以及前面所述 $d=mz$，故有

$$i=n_1/n_2=d_2/d_1=z_2/z_1$$

⑫ 中心距（a）两啮合齿轮轴线之间的距离称为中心距，即

$$a=(d_1+d_2)/2=m(z_1+z_2)/2$$

2）一对外啮合的标准直齿圆柱齿轮基本尺寸的计算公式（见表 2-3）。

表 2-3　一对外啮合的标准直齿圆柱齿轮基本尺寸的计算公式

（单位：mm）

名称	符号	计算公式
齿距	p	$p=\pi m$
齿顶高	h_a	$h_a=m$
齿根高	h_f	$h_f=1.25m$
齿高	h	$h=2.25m$
分度圆直径	d_1	$d_1=mz_1$
	d_2	$d_2=mz_2$
齿顶圆直径	d_{a1}	$d_{a1}=d_1+2m$
	d_{a2}	$d_{a2}=d_2+2m$
齿根圆直径	d_{f1}	$d_{f1}=d_1-2.5m$
	d_{f2}	$d_{f2}=d_1-2.5m$
中心距	a	$a=m(z_1+z_2)/2$

3）圆柱齿轮图的识读。

① 单个齿轮图的识读。

单个圆柱齿轮图如图 2-27 所示，齿顶圆、齿顶线用粗实线表示；分度圆、分度线用细点画线表示；齿根圆、齿根线在视图中用细实线表示，也可省略不画，在剖视图中，轮齿部分按不剖切处理，齿根线用粗实线表示。如果是斜齿或人字齿圆柱齿轮，则它们的非圆图形应画成半剖视或局部剖视，并用三条互相平行的细实线表示轮齿方向。

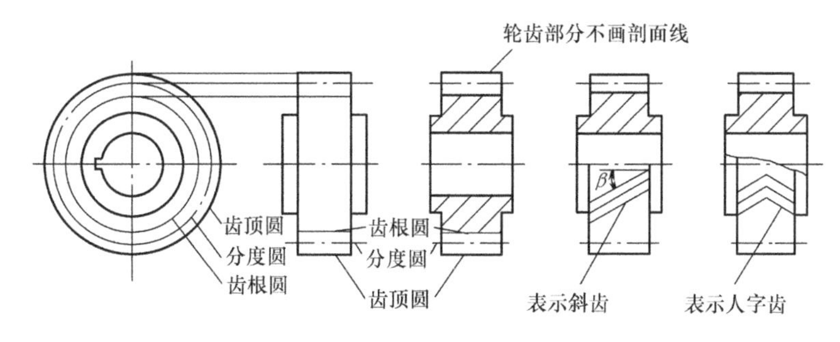

图 2-27　单个圆柱齿轮视图

② 齿轮啮合图的识读。

识读齿轮啮合图，主要是识读它们在啮合区里的图形。习惯将齿轮的非圆图形画在 V 面上，而且一般画成剖视图，当剖切面通过两啮合齿轮的轴线时，在啮合区里将一齿轮的轮齿用粗实线表示，另一个轮齿的齿顶线被遮挡的部分用细虚线表示，也可省略不画，如图 2-28a 所示。在垂直于齿轮轴线的投影面视图中，两个齿轮的分度圆相切，啮合区的齿顶圆均用粗实线表示，也可省略不画，齿根圆省略，如图 2-28b、c 所示。在平行于齿轮轴线的投影面视图中，则啮合区只画一条用粗实线表示的分度线，如图 2-28d、e、f 所示。

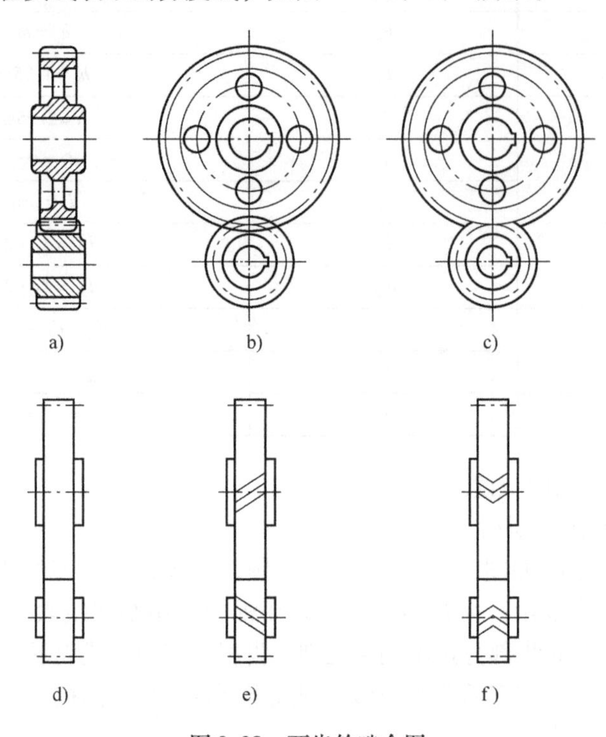

图 2-28　两齿轮啮合图

a）剖视图　b）、c）垂直于齿轮轴线的投影面视图　d）、e）、f）平行于齿轮轴线的投影面视图

齿轮齿条啮合图如图 2-29 所示。

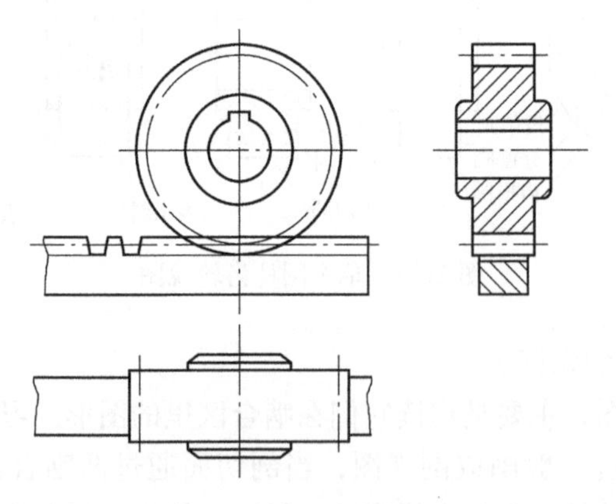

图 2-29　齿轮齿条啮合图

2. 链轮的画法

链轮的有关参数可从相应的国家标准中查得。标准齿形链轮的画法与齿轮的规定画法相同，如图 2-30 所示。

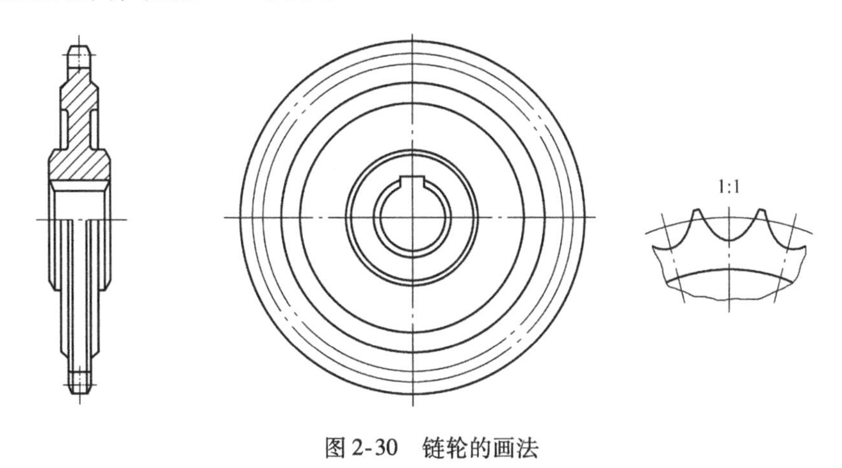

图 2-30　链轮的画法

链轮传动图可采用简化画法，用细点画线表示链条，如图 2-31 所示。

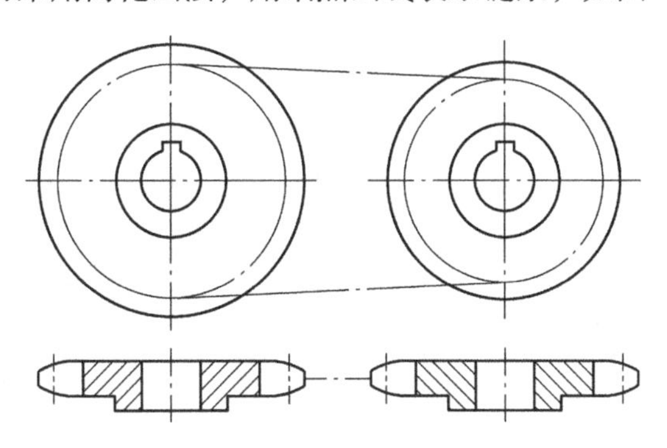

图 2-31　链轮传动的简化画法

2.4.2　齿轮、链轮识读实例

识读图 2-32 所示齿轮零件图。

（1）读形状　圆柱齿轮用全剖视的主视图和一个局部视图表达其结构形状，如图 2-32 所示。它的基本形状是两个同轴圆柱体，它们的直径分别为 ϕ94mm 和 ϕ55mm，在 ϕ94mm 圆柱体上加工出模数为 2mm 的 45 个轮齿，还有与两圆柱体同轴的 ϕ35mm 通孔，在孔上插出一个宽度为 10mm 的键槽，深度为 3.3（=38.3 −35）mm。

（2）尺寸标准　轴向基准为左端面，它是尺寸 15mm 和 35mm 的起点；径向

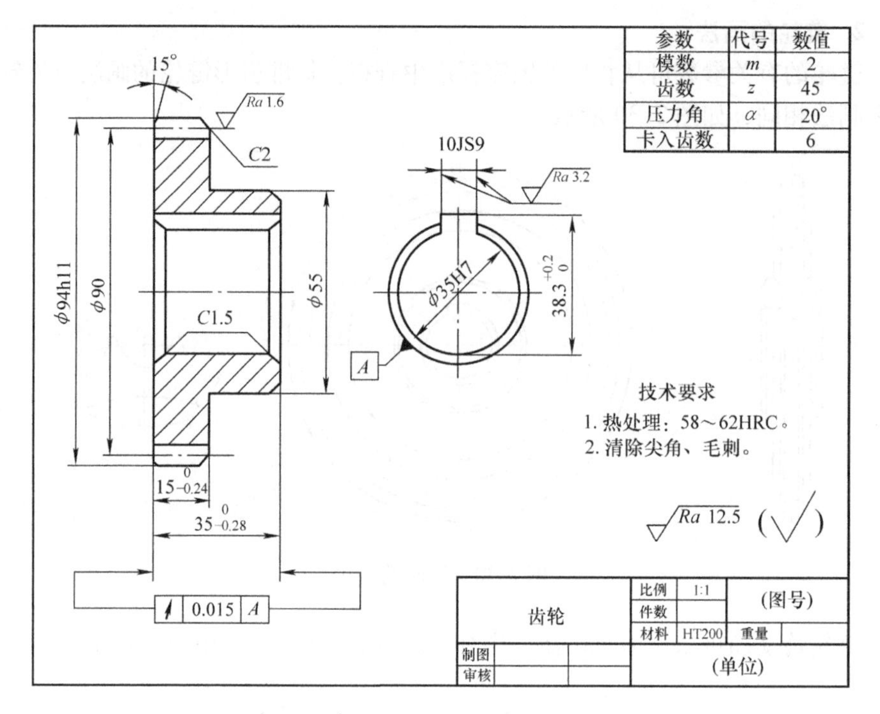

图 2-32　齿轮零件图

基准是中心线；确定键槽深度尺寸 38. 3mm 的基准是圆孔的最下素线。

齿轮的分度圆直径 d 是依据公式 $d = mz = 2\text{mm} \times 45 = 90\text{mm}$ 计算出来的；齿顶圆直径是依据 $d_a = m(z+2) = 2\text{mm} \times 47 = 94\text{mm}$ 计算出来的；齿根圆直径是依据 $d_f = m(z-2.5) = 2\text{mm} \times 42.5 = 85\text{mm}$ 计算出来的。

（3）技术要求

1）卡入齿数。卡入齿数 6 是测量跨齿数，它根据 $k = z/9 + 0.5$ 计算出来。式中，k 为测量跨齿数；z 为齿数。

2）几何公差。| ↗ | 0.015 | A |被测要素为齿轮的左端面和右端面；基准要素为 φ35H7mm 中心线；公差带是与 φ35H7mm 轴线同轴的左、右端面的任一直径位置的测量圆上沿素线方向宽度为 0. 015mm 的圆柱体，如图 2-33 所示。

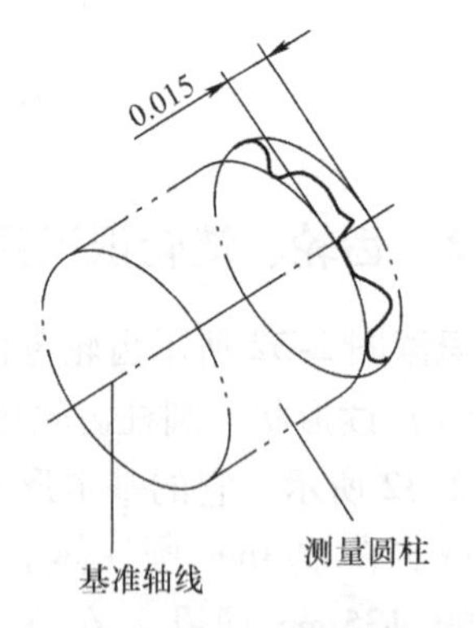

图 2-33　轴向圆跳动公差带与误差检测技能

测量方法：在 φ35H7mm 孔内装一心轴，心轴与孔为无间隙配合，然后将心轴在两个等高 V 形块上定位，并限制其轴向移动。将指示表触及左端面，工件在旋转一周过程中，指示表示出的最大、最小值之差即为测量圆上的轴向圆跳动误差。在不同的圆上分别进行测量，取其最大值为左端面的轴向圆跳动误差。右端面轴向圆跳动误差的测量方法和左端面相同。

3）表面粗糙度。分度线上标注的表面粗糙度是轮齿表面的表面粗糙度，因为在表面粗糙度代号在图样上的标注方法中规定：齿轮、渐开线花键、螺纹工作表面没有画出齿（牙）型时，其表面粗糙度代号可按图 2-34 所示标注。

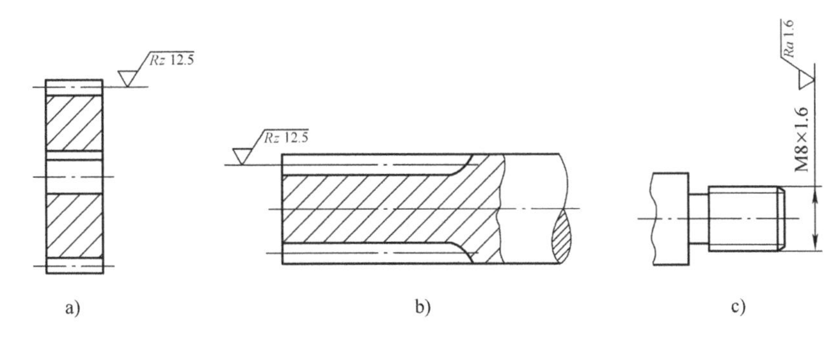

图 2-34　齿轮、渐开线花键、螺纹工作表面粗糙度的标注

a）齿轮　b）渐开线花键　c）螺纹

（4）工艺过程

1）自定心卡盘装夹，粗车、半精车右端面；车削 ϕ55mm 外圆至要求；钻孔、扩孔至 ϕ34mm，倒右端内、外倒角。

2）调头装夹，车削 ϕ94h11mm 至要求尺寸；粗车、半精车、精车左端面；精车 ϕ35H7mm 孔至要求尺寸；倒内角、外角。

3）插齿。

4）画线。

5）插键槽，保证 10JS9mm、$38.3^{+0.2}_{0}$mm。

6）齿部表面淬火，硬度为 58～62HRC。

7）平面磨削，在左端面定位磨削右端面至要求尺寸；以右端面定位，磨削左端面至要求尺寸。

8）去毛刺、检验。

2.5　弹簧

2.5.1　弹簧识读的注意事项

弹簧主要用于缓冲、吸振、夹紧、测力、储存和输出能量，它的种类很多，常用的弹簧如图 2-35 所示。

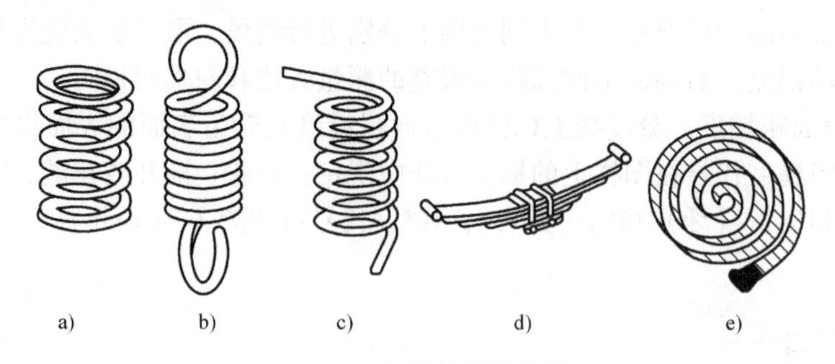

图 2-35　常用的弹簧种类

a）压缩弹簧　b）拉伸弹簧　c）扭转弹簧　d）板（片）弹簧　e）平面涡卷弹簧

国家标准 GB/T4459.4—2003 对弹簧的画法进行了规定，见表 2-4、表 2-5。

表 2-4　弹簧的视图、剖视图及示意图

名称	视图	剖视图	示意图
圆柱螺旋压缩弹簧			
截锥螺旋压缩弹簧			
圆柱螺旋拉伸弹簧			
圆柱螺旋扭转弹簧			
截锥涡卷弹簧			
碟形弹簧			

（续）

名称	视图	剖视图	示意图
平面涡卷弹簧	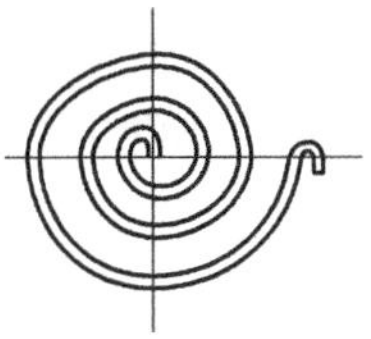		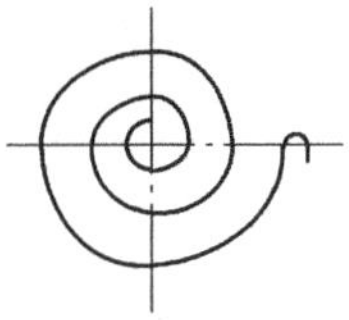

表 2-5　装配图中弹簧的画法

图示	画法
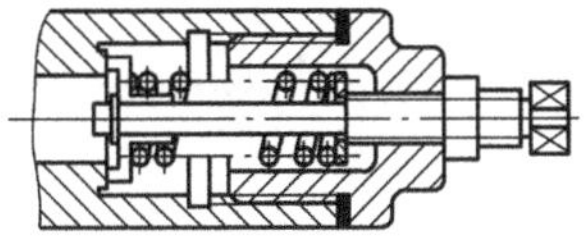	被弹簧挡住的结构一般不画出，可见部分应从弹簧的外轮廓线或从弹簧钢丝剖面的中心线画起
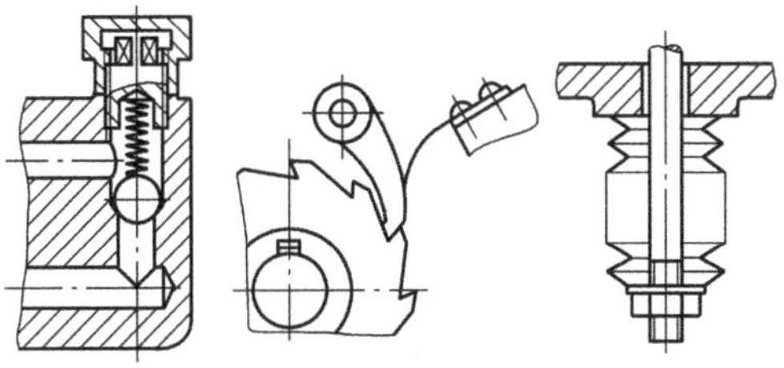	型材尺寸较小（直径或厚度在图形上等于或小于 2mm）的螺旋弹簧、碟形弹簧、片弹簧允许用示意图表示 四束以上的碟形弹簧，中间部分省略后用细实线画出轮廓范围
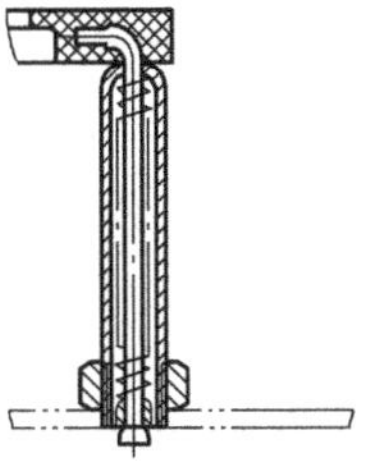	被剖切弹簧的截面尺寸在图形上等于或小于 2mm，并且弹簧内部还有零件，为了便于表达，可采用左图所示示意图形式表示
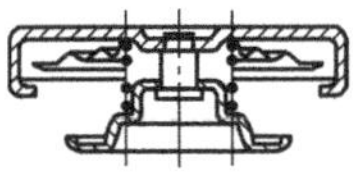	当弹簧被剖切时，也可用涂黑表示
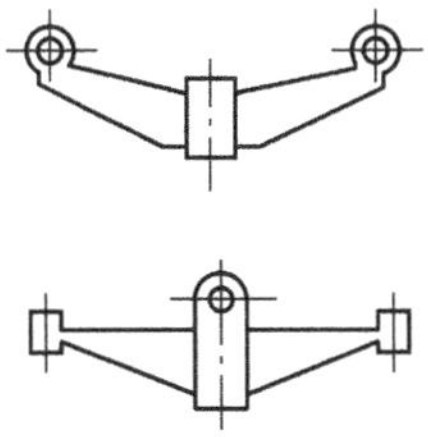	板弹簧允许只画出外形轮廓

（续）

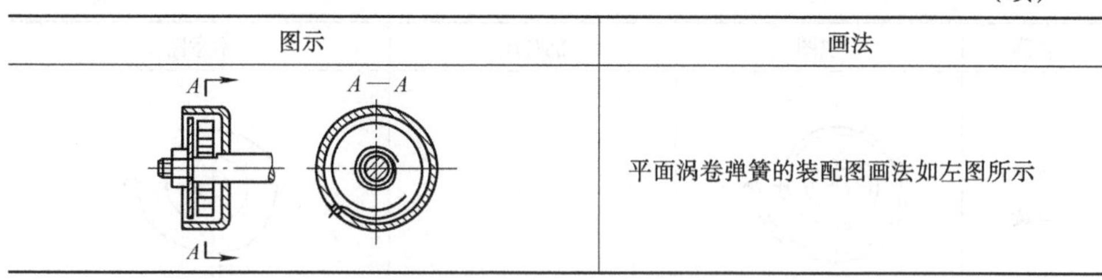

图示	画法
	平面涡卷弹簧的装配图画法如左图所示

圆柱螺旋弹簧应用最广。这种弹簧有三种基本形式：圆柱螺旋压缩弹簧、圆柱螺旋拉伸弹簧、圆柱螺旋扭转弹簧。下面主要介绍圆柱螺旋压缩弹簧的画法。

1. 圆柱螺旋压缩弹簧各部分尺寸及几何关系如图 2-36 所示

1）弹簧外径（D）：弹簧的最大直径。

2）弹簧内径（D_1）：弹簧的最小直径。

3）弹簧中径（D_2）：弹簧的平均直径，$D_2 = (D + D_1)/2 = D_1 + d = D - d$。

4）簧丝直径（d）：制造弹簧的金属丝直径。

5）支撑圈数（n_0）：为了保证压缩弹簧工作时受力均匀和弹簧轴线垂直于支撑面，制造时要将弹簧两端并紧和磨平，这部分就称支撑圈。压缩弹簧的支撑圈多数为 2.5 圈，也有的是 1.5 圈和 2 圈。

6）有效圈数（n）：压缩弹簧中间段保持相等节距的圈数称为有效圈数。

7）总圈数（n_1）：有效圈数与支撑圈数之和，即 $n_1 = n + n_0$。

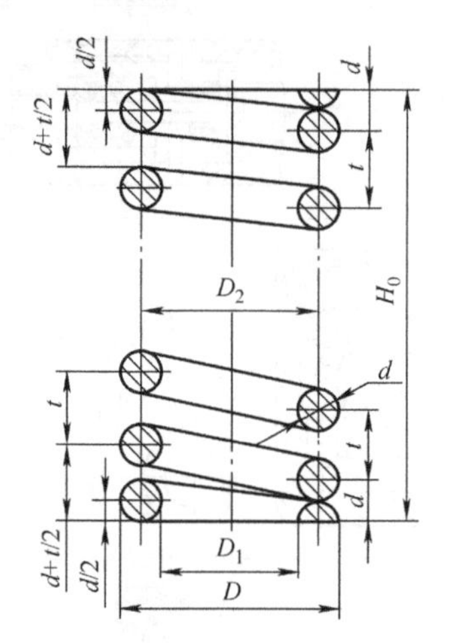

图 2-36 圆柱螺旋压缩弹簧各部分尺寸及几何关系

8）节距（t）：除磨平压紧的支撑圈外，相邻两圈间的轴向距离。

9）自由高度（或长度）（H_0）：弹簧不受外力作用时的高度（或长度），称为自由高度（或长度），$H_0 = nt + (n_0 - 0.5)d$。

10）簧丝展开长度（L）：制造弹簧时的坯料长度，亦即螺旋线的展开长度，$L = n_1\sqrt{(\pi D_2)^2 + t^2}$。

11）旋向：弹簧的螺旋方向，分左、右两种旋向，没有特殊说明，都视为右旋。

2. 圆柱螺旋压缩弹簧图的识读

图 2-36 所示为圆柱螺旋压缩弹簧的剖视图。

1）在剖切平面通过弹簧轴线的剖视图中，弹簧各圈的轮廓用直线代替螺旋线。

2）有效圈数在四圈以上的螺旋弹簧，只在两端画 1 ~ 2 圈（不包括支撑圈），中间各圈可省略，再用通过簧丝断面中心的细点画线连起来。省略后，视图上弹簧的高度（或长度）不再一定是真实尺寸了，但在图里要注明弹簧的自由高度。

3）螺旋弹簧不论左旋、右旋均可图示为右旋，但左旋螺旋弹簧要标注“左”字。

2.5.2　弹簧识读实例

识读图 2-37 所示圆柱螺旋压缩弹簧零件图。

1. 读形状

圆柱螺旋压缩弹簧由两个基本视图表达，如图 2-37 所示。主视全剖图是按弹簧的规定画法画出的。画在主视图上方的图叫特性曲线图。从该图可以看出该弹簧的自由长度（没受到外力作用时的长度）是（58 ± 1.5）mm，当其受到沿轴线方向的压缩力 F_1 = 100N 时，其长度为 45.8mm；当其沿轴线方向受到 F_2 = 200N 外力作用时，其长度为 33.6mm；当 F_n = 270N 时，其长度缩短为 25mm。从左视图可以看出，圆柱螺旋压缩弹簧的两端是磨平的，磨平部分最小圆周角为 270°。磨平的目的是为了增加弹簧支撑的稳定性。把两个视图结合起来看，弹簧的两个端面均要求磨平而且要并紧。

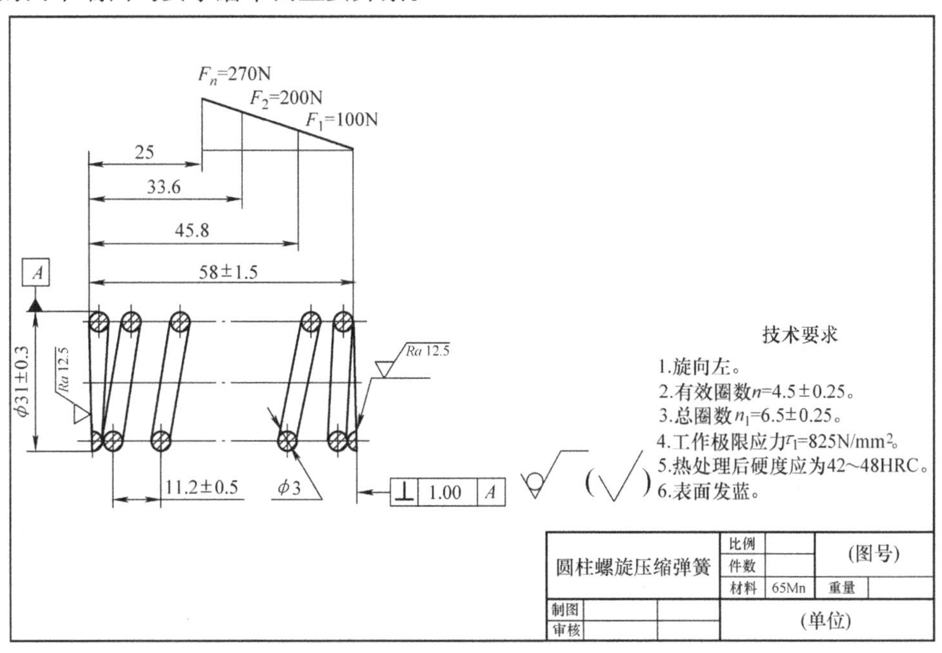

图 2-37　圆柱螺旋压缩弹簧零件图

2. 读尺寸标注

自由高度：(58 ± 1.5) mm；弹簧外径：ϕ (31 ± 0.3) mm；弹簧节距：(11.2 ±0.5) mm。

弹簧内径 $=\phi(31-2d)\text{mm}=\phi(31-6)\text{mm}=\phi25\text{mm}$。

弹簧中径 $=\phi(31-d)\text{mm}=\phi(31-3)\text{mm}=\phi28\text{mm}$。

螺旋角 α，$\tan\alpha = t/(\pi D_2) = 11.2/(3.14\times28) = 0.1274, \alpha = 7°18'$

展开长 $L = n_1\sqrt{(\pi D_2)^2+t^2} = \pi D_2 n_1/\cos\alpha = 3.14\times28\times6.5/\cos7°18'\text{mm} = 576\text{mm}$

3. 读技术要求

1）旋向左，即弹簧的螺旋线方向是左旋。

2）有效圈，又叫工作圈。具有相等节距的圈数，即节距等于 11.2mm 的圈数。

3）总圈数，即有效圈数与支撑圈数之和。支撑圈有 1.5 圈、2 圈和 2.5 圈三种。2.5 圈用得最多，该零件的支撑圈为 2 圈，也即该零件两端并紧和磨平各一圈。

弹簧两端有垂直度要求，目的是要求弹簧支撑后，端面与弹簧轴线的垂直度误差不大于 1.0mm，以保证弹簧的稳定性。

2.6 滚动轴承

2.6.1 滚动轴承识读的注意事项

滚动轴承作为标准部件，由于它具有摩擦力小、结构紧凑等优点，被广泛应用于各种机械、仪表和设备中。

1. 滚动轴承的结构、分类和代号

滚动轴承的种类很多，但结构大体相同，一般由外圈、内圈、滚动体和保持架组成，如图 2-38 所示。

轴承代号由基本代号、前置代号和后置代号构成，其排列如图 2-39 所示。基本代号表示轴承的基本类型、结构和尺寸，是轴承代号的基础。前置、后置代号是轴承在结构形状、尺寸、公差、技术要求等有变化时，在其基本代号左右添加的补充代号，在一般情况下，可不必标注。

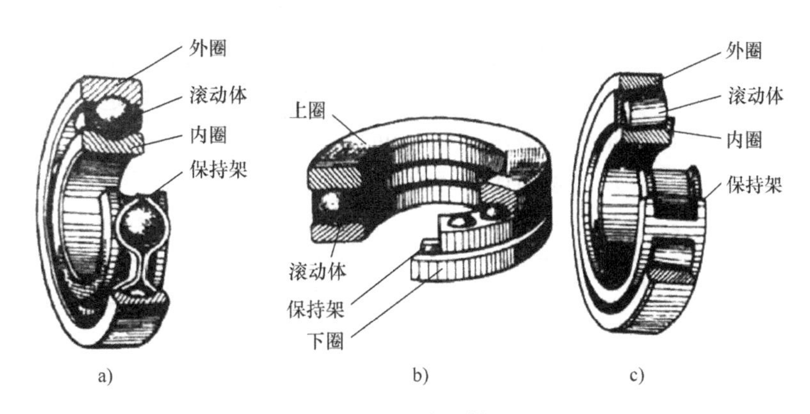

图 2-38　滚动轴承

a）深沟球轴承　b）单向推力球轴承　c）单列圆锥滚子轴承

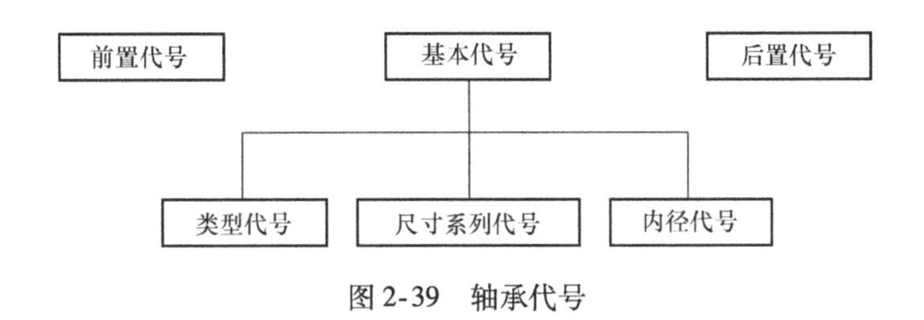

图 2-39　轴承代号

2. 滚动轴承标记

滚动轴承标记示例如下：

深沟球轴承

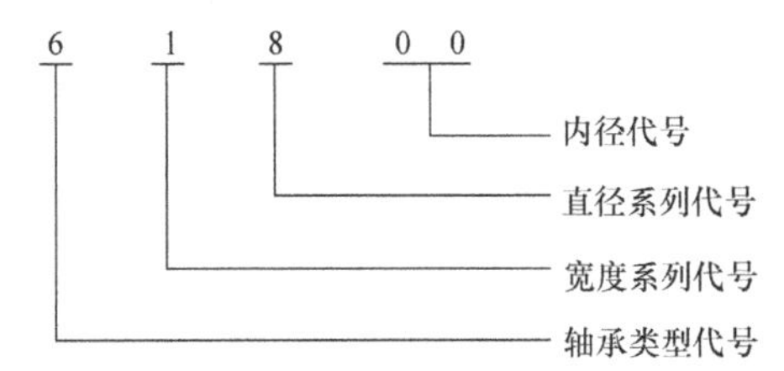

规定标记为：滚动轴承　61800 GB/T 276—2013

推力圆柱滚子轴承

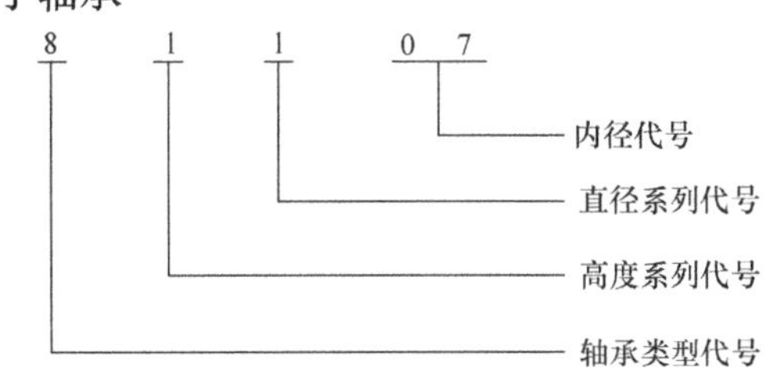

规定标记为：滚动轴承 81107 GB/T 4663—2017

在轴承标记中，表示内径的两位数字从“04”开始用这个数字乘以5，即为轴承的内径尺寸。表示内径的两位数字在“04”以下时，标准规定：00 表示$d=10$mm；01 表示 $d=12$mm；02 表示 $d=15$mm；03 表示 $d=17$mm。

常用轴承的类型、尺寸系列代号及组合代号见表 2-6。

表 2-6　常用轴承的类型、尺寸系列代号及组合代号

轴承类型	简图	类型代号	尺寸系列代号	组合代号
深沟球轴承		6 6 16 6	18 19 (0) 0 (1) 0	618 619 160 60
圆锥滚子轴承		3 3 3 3	13 20 22 23	213 320 322 323
圆柱滚子轴承		N N N N	(0) 2 22 (0) 3 10	N2 N22 N3 N10
推力球轴承		5 5 5 5	11 12 13 14	511 512 513 514

3. 常用轴承公称内径及代号见表 2-7

表 2-7　常用轴承公称内径及代号

轴承公称内径/mm	内径代号	示例
0.6～10（非整数）	用公称内径毫米数值直接表示，在其余尺寸系列代号之间用“/”分开	深沟球轴承 618/2.5，表示 $d=2.5$mm
1～9（整数）	用公称内径毫米数值直接表示，对深沟及角接触球轴承直径系列 7、8、9，内径与尺寸系列代号之间用“/”分开	深沟球轴承 625 和 618/5，表示 $d=5$mm

（续）

轴承公称内径/mm		内径代号	示例
10～17	10	00	深沟球轴承6200，表示 $d=10$mm；调心球轴承（20），表示 $d=12$mm；圆柱滚子轴承NU202，表示 $d=15$mm；推力球轴承51103，表示 $d=17$mm
	12	01	
	15	02	
	17	03	
20～480（22、28、32除外）		公称内径除以5的商数，商数为个位数时，需在商数左边加“0”，如08	调心滚子轴承23208，表示 $d=40$mm
≥500 以及22、28、32		用公称内径毫米数直接表示，但与尺寸系列之间用“/”分开	调心滚子轴承230/500，表示 $d=500$mm；深沟球轴承62/22，表示 $d=22$mm 深沟球轴承62/22，表示 $d=22$mm

2.6.2　滚动轴承识读实例

滚动轴承是标准件，一般不需要用详图来表示单个滚动轴承。在装配图中，滚动轴承可采用规定画法或特征画法，但在同一图样中，只能采用一种方法。在传动系统图中滚动轴承用特征画法表示。滚动轴承的规定画法及特征画法的尺寸比例见表2-8。

表2-8　滚动轴承规定画法及特征画法的尺寸比例

类型	规定画法	特征画法
深沟球轴承	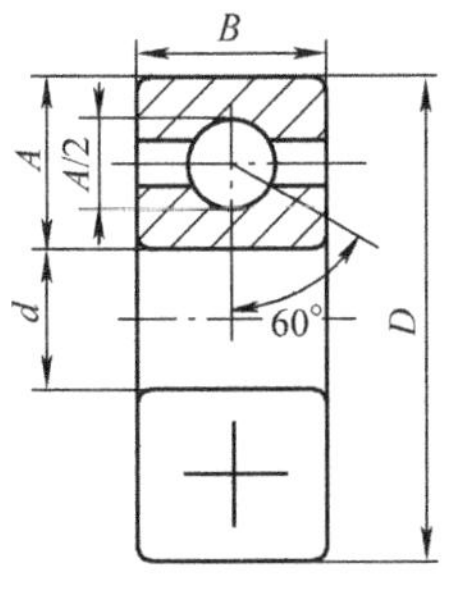	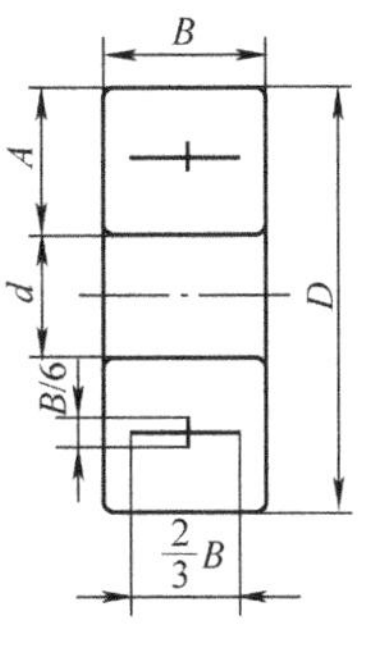

（续）

类型	规定画法	特征画法
圆锥滚子轴承	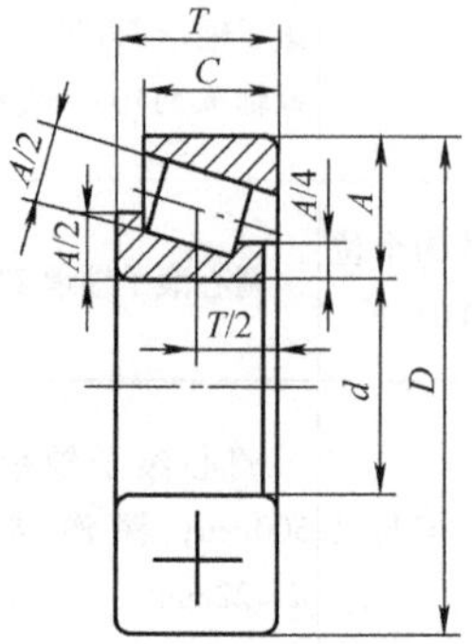 T C A/2 A/4 A A/2 T/2 d D	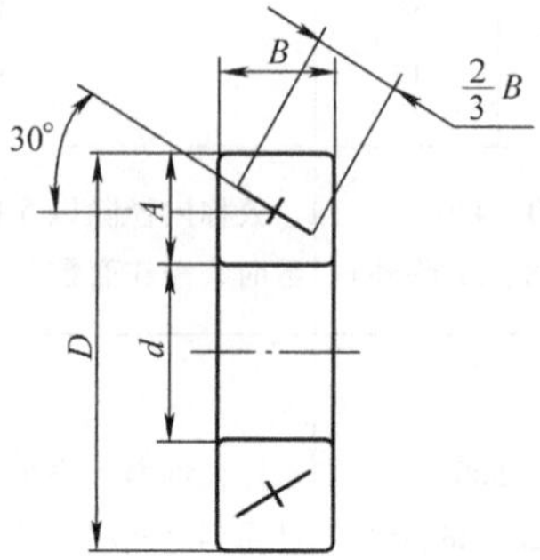 B $\frac{2}{3}B$ 30° A D d
推力球轴承	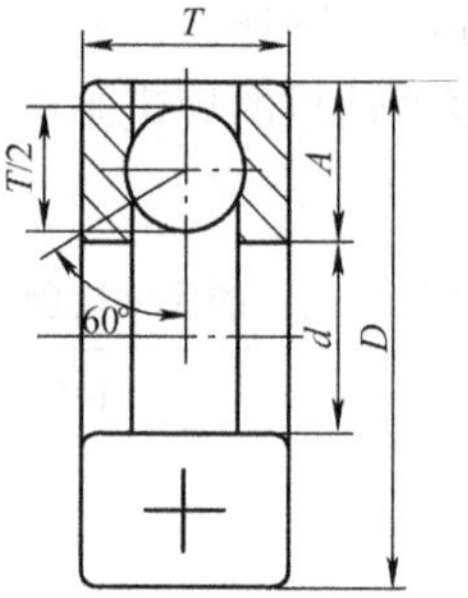 T T/2 A 60° d D	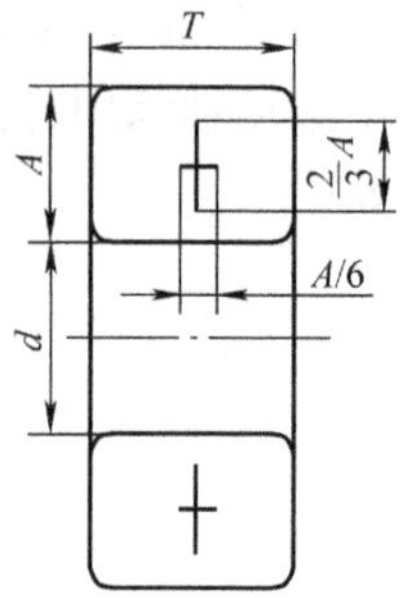 T A $\frac{2}{3}A$ A/6 d

装配图中滚动轴承的画法图例，如图2-40所示。

识读装配图中的滚动轴承时，首先要根据装配图识读滚动轴承类型、安装位置（背对背、面对面）及作用，通过查阅明细栏识读滚动轴承代号，根据代号获得轴承内径、直径及宽度等尺寸（详见表2-5、表2-6）。

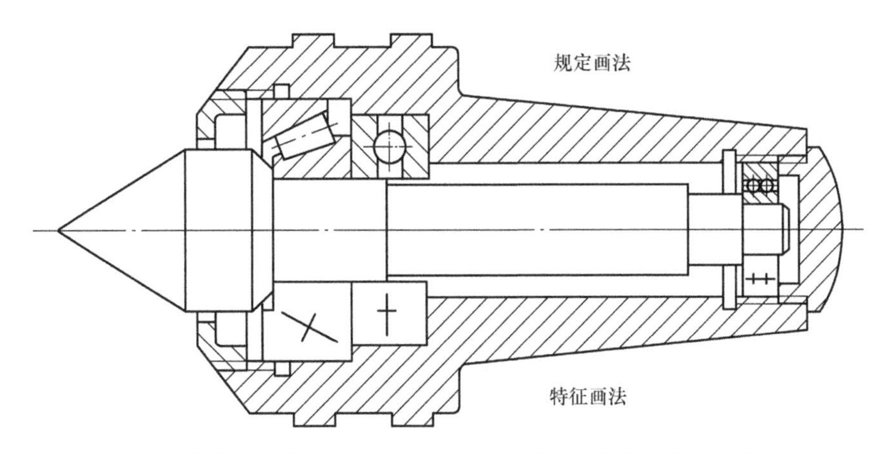

图 2-40　圆锥滚子轴承、推力球轴承和双列深沟球轴承在装配图中的画法

零件图的识读

零件图是表达单个零件结构形状、尺寸大小和技术要求的图样，也是在制造和检验机器零件时所用的图样，又称零件工作图。识读零件图的目的是弄清零件图所表达的零件的结构形状、尺寸及技术要求，以指导生产和解决有关技术问题。看零件图的方法一般有形体分析法、线面分析法和典型零件类比法，读零件图时常需综合运用这三种方法，先用类比法，如有看不懂之处，再用形体分析法或线面分析法。

3.1 零件图的识读步骤

（1）首先看标题栏，了解零件概况　看标题栏，了解零件的名称、材料、数量、比例等，大体了解零件的功用。对于复杂的零件，可以查阅有关技术资料，如该零件所在部件的装配图、与该零件相关的其他零件图和技术说明等，以了解该零件在机器或部件中的功用、结构特点和工艺要求。

（2）分析视图，明确表达目的　看视图，分析零件图中有哪些视图、视图之间的关系等。首先应从主视图着手，根据投影关系识别出其他视图的名称和投影方向，找出局部视图或斜视图的投影部位，以及剖视或断面的剖切位置，从而弄清各视图的表达方法和表达目的。

（3）综合想象出零件的结构形状　在了解视图数量和各视图表达方法的基础上，利用形体分析法对零件进行分部位投影，想象出各部分的形状及它们之间的相对位置、组合方式。对于较难看懂的部位，还需应用线面分析法分析。最后，综合想象出零件的结构形状。

（4）分析尺寸，明确零件的重要结构尺寸　零件图上的尺寸是制造、检验零件的重要依据。根据零件的结构特点和制造工艺要求，首先找出三个方向的尺寸基准，分析主要结构的主要尺寸，再弄清每个尺寸的尺寸性质，是属于定形尺寸还是定位尺寸，从而理解图上所注尺寸的作用。

（5）分析技术要求，了解零件的质量指标　零件图的技术要求，既是制造零件时的加工质量要求，又是零件性能的重要保证。看图时，主要分析零件的表面粗糙度、尺寸公差和几何公差要求，先分析重要表面（如配合面、主要加工面）的加工质量要求，了解各符号的意义，再分析其他加工面或不加工面的加工要求，以了解零件的加工工艺特点和性能要求，然后阅读技术要求文字说明，了解零件的材料热处理、表面处理或修饰、检验等其他技术要求。

（6）综合归纳　根据以上分析，把图形、尺寸和技术要求等全面系统地联系起来思索，并参阅相关资料，得出零件的整体结构、尺寸大小、技术要求及零件的作用等完整的概念。审核图样时，可以确定结构是否合理、表达是否完整清晰、尺寸标注是否齐全合理、技术要求是否恰当，并考虑在合适的产品成本下，进一步完善图样内容。

在看零件图的过程中，上述步骤不能把它们机械地分开，往往是穿插进行的。另外，对于较复杂的零件图，往往要参考有关技术资料，如装配图、相关零件的零件图及说明书等，才能完全看懂。对于有些表达不够理想的零件图，需要反复仔细地分析，才能看懂。

3.2　轴套类零件

轴套类零件一般有轴、套筒等零件。

轴类零件主要用于支承传动零部件，传递转矩和承受载荷以及保证在轴上零件的回转精度等。根据承受载荷的不同，轴类零件可分为心轴、传动轴和转轴；根据形状的不同，轴类零件可分为光轴、阶梯轴、空心轴及异形轴（如曲轴、齿轮轴、偏心轴、十字轴、凸轮轴、花键轴等）。

套筒类零件是指回转体零件中的空心薄壁件，是机械加工中常见的一种零件，在各类机器中应用很广，主要起支承或导向作用。由于功用不同，套筒类零件的形状结构和尺寸有很大差异，常见的有支承回转轴的各种形式的轴承圈、轴套，夹具上的钻套和导向套，内燃机上的气缸套和液压系统中的液压缸，电液伺服阀的阀套等。套筒类零件的结构一般具有外圆直径小于其长度；内孔与外圆直径相差较小，筒壁薄，易变形；内、外圆回转面的同轴度要求较高；结构比较简单等特点。

3.2.1　轴套类零件识读的注意事项

常见的轴类零件的基本形式是阶梯的回转体，其长度大于直径，主体由多段不同直径的回转体组成，轴上一般有轴径、轴肩、键槽、螺纹、挡圈槽、销孔、内孔、螺纹等，以及中心孔、退刀槽、倒角、圆角等机械加工工艺结构。轴类零件在视图表达时，常只画出一个基本视图再加上适当的断面图和尺寸标注，就可以表达出主要形状特征以及局部结构，同时为便于加工时看图，视图中轴线一般按水平放置，且轴线一般为侧垂线的位置。

在轴套类零件的尺寸标注中，常是以它的轴线作为径向尺寸基准。由此标注出零件中不同位置的外径大小，这样的标注特点是能将设计上的要求和加工时的工艺基准（轴类零件在车床上加工时，两端用顶针顶住轴的中心孔）统一起来，而长度方向上常是以重要的端面、接触面（轴肩）或加工面作为标注基准。

当轴用作轴承支承时，与轴承配合的轴段称为轴颈，轴颈是轴的装配基准，精度和表面质量一般要求较高，其技术要求一般根据轴的主要功用和工作条件制定。当用作确定轴的位置时，通常对其尺寸精度要求较高（IT5～IT6）；而用作装配传动件的轴颈时，尺寸精度一般要求较低（IT7～IT9）。

轴类零件的几何形状精度主要是指轴颈、外锥面、莫氏锥孔等的圆度、圆柱度等，一般都将其尺寸限制在尺寸公差范围内，对精度要求较高的内外圆表面，图样上都标注有尺寸公差。

轴类零件的位置精度要求主要是由轴在机械中的位置和功用决定的。通常是保证装配传动件的轴颈对支承轴颈的同轴度要求，否则会影响传动件（齿轮等）的传动精度，并产生噪声。普通精度的轴，其配合轴段对支承轴颈的径向跳动一般为0.01～0.03mm，高精度轴（如主轴）通常为0.001～0.005mm。

一般与传动件相配合的轴径表面粗糙度为*Ra*0.63～2.5μm，与轴承相配合的支承轴径的表面粗糙度为*Ra*0.16～0.63μm。

一般轴结构都设计成阶梯轴，目的是提供零件定位和固定的轴肩、轴环，区别不同的精度和表面粗糙度以及配合的要求，同时也便于零件的装卸和固定。对于轴上要求磨削的表面，如滚动轴承配合处会在轴肩处留有砂轮越程槽。对于轴上有多个键槽时，为加工方便一般会将键槽布置在同一素线上，另外键槽尺寸也一般是按照标准设计。轴的直径除了满足强度和刚度外，一般也是采用标准直径进行设计的。同时设计时为了减少轴径突变处的应力集中，阶梯轴截面尺寸变化处都要采用圆角。

3.2.2 轴套类零件识读实例

图3-1所示是一个典型齿轮轴零件图，可以按照以下过程进行识读。

（1）首先看标题栏，了解零件概况　从标题栏处可读出，该零件叫齿轮轴。齿轮轴是用来传递动力和运动的，其材料为45钢，属于轴类零件。

（2）分析视图，明确表达目的　零件图的表达方案由主视图和移出断面图

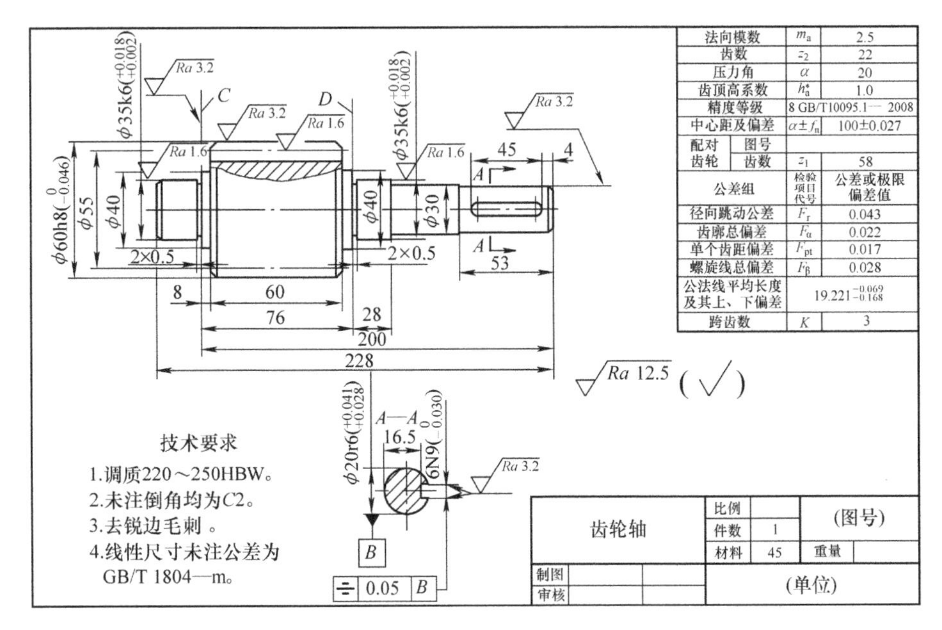

图 3-1　齿轮轴零件图

组成，轮齿部分作了局部剖。主视图（结合尺寸）已将齿轮轴的主要结构表达清楚了，移出断面图用于表达键槽深度和进行有关标注。

（3）综合想象出零件的结构形状　通过分析，已经基本上想象出了齿轮轴的结构形状，即齿轮轴由几段不同直径的回转体组成，最大圆柱上制有轮齿，最右端圆柱上有一键槽，零件两端及轮齿两端有倒角，*C*、*D* 两端面处有砂轮越程槽。

（4）分析尺寸，明确零件的重要结构尺寸　齿轮轴中两 ϕ35k6mm 轴段及 ϕ20r6mm 轴段用来安装滚动轴承及联轴器，径向尺寸以齿轮轴的轴线为基准。端面 *C* 用于安装挡油环及轴向定位，所以端面 *C* 为长度方向的主要尺寸基准，注出了尺寸 2mm、8mm、76mm 等。端面 *D* 为长度方向的第一辅助尺寸基准，注出了尺寸 2mm、28mm。齿轮轴的右端面为长度方向尺寸的另一辅助基准，注出了尺寸 4mm、53mm 等。端面 *C* 左侧和端面 *D* 右侧各有一个宽度为 2mm、深度为 0. 5mm 的退刀槽。轴上右端键槽长度 45mm，齿轮宽度 60mm 等为轴向的重要尺寸，已直接注出。

（5）分析技术要求，了解零件的质量指标　分析零件图的技术要求，可知两个 ϕ35mm 及 ϕ20mm 的轴颈处有配合要求，尺寸精度较高，均为 6 级公差，相应的表面粗糙度要求也较高，分别为 *Ra*1. 6μm 和 *Ra*3. 2μm。对键槽提出了对称度要求。对热处理、倒角、未注尺寸公差等提出了 4 项文字说明要求。

（6）综合归纳　通过上述看图分析，对齿轮轴的作用、结构形状、尺寸大小、主要加工方法及加工中的主要技术指标要求，就有了较清楚的认识。综合起来，即可得出齿轮轴的总体印象，齿轮轴零件立体图如图3-2所示。

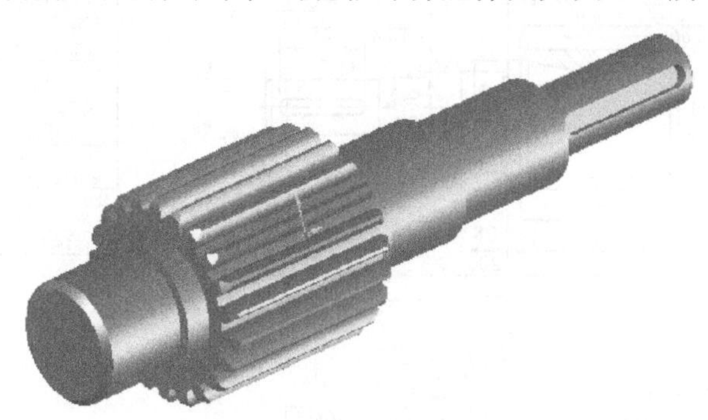

图3-2　齿轮轴零件立体图

3.3　盘盖类零件

盘盖类零件一般是指法兰盘、端盖、透盖、齿轮等零件，这类零件主要起支承、传递动力、轴向定位及密封作用。法兰是一种典型的盘类零件，俗称法兰片或法兰盘，是管道或容器或其他结构中作可拆连接时最常用的零件。端盖是产品的密封和支承以及轴向定位的重要零件，在电动机、减速器等产品中起着非常关键的作用。盘盖类零件一般由盘盖主体、结构孔、工艺孔组成，盘盖类零件多为中心对称结构。

3.3.1　盘盖类零件识读的注意事项

盘盖类零件的基本形状是扁平的盘状，它们的主要结构大体上是回转体，通常还带有各种形状的凸缘、均布的圆孔和肋等局部结构，其轴向尺寸比其他两个方向的尺寸小，常见的结构有肋、孔、槽、轮辐等。

盘盖类零件主要是由车床加工，有的表面则需要在磨床上加工，所以一般按其形状特征和加工位置设计主视图，轴线水平放置。盘盖类零件一般常用主视图和左视图两个视图来表达。主视图采用全剖视，左视图多用来表示其轴向外形和盘上孔和槽的分布情况。零件上其他的细小结构常采用局部放大图和简化画法来表达。

盘盖类零件主要有两个方向的尺寸，即径向尺寸和轴向尺寸。径向尺寸往往以轴线或对称面为基准，轴向尺寸以经过机械加工并与其他零件表面相接触的较大端面为基准。

盘盖类零件有配合关系的内、外表面及起轴向定位作用的端面，其表面结构参数值一般较小。有配合关系的孔、轴的尺寸都应给出恰当的尺寸公差，与其他零件表面相接触的表面，尤其是与运动零件相接触的表面应注有平行度或垂直度要求。

3.3.2　盘盖类零件识读实例

图3-3所示是一个典型的端盖零件图，可以按照以下过程进行识读。

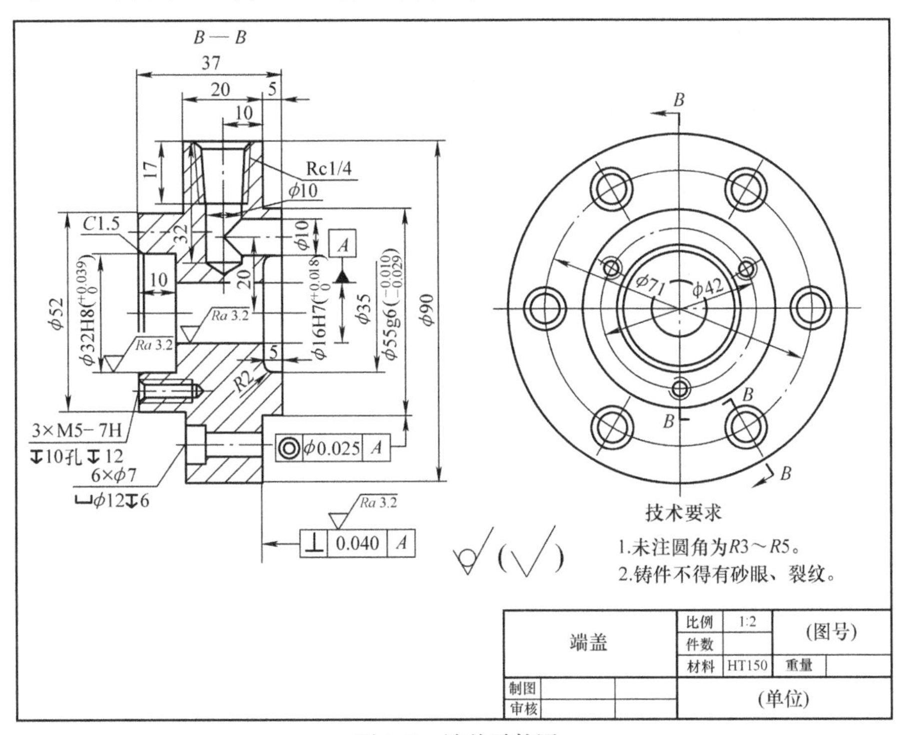

图3-3　端盖零件图

(1) 首先看标题栏，了解零件概况　从标题栏处可读出，该零件的名称为端盖，属于轮盘类零件，材料为铸铁HT150，比例为1∶2。

(2) 分析视图，明确表达目的　主视图为两个相交剖切面剖切的全剖视图，表达端盖上半部分进出油口位置及内部结构为圆锥管螺纹Rc1/4，中间孔部分是直径为16mm的通孔，用于活塞杆的移动。下半部分用沉孔表达六个固定螺钉的大小及位置，左端面上有三个螺纹直径为5mm的螺孔，用于压紧活塞杆的密封件。左视图用于表达六个端盖连接螺钉的沉孔的位置、大小及三个压紧螺钉的螺孔的位置。

(3) 综合想象出零件的结构形状　通过分析，已经基本上想象出了盖板的结构形状，圆盘类零件一般用主、左视图就能充分表达零件的内、外形和结构。

（4）分析尺寸，明确零件的重要结构尺寸　读零件图上尺寸标注可知，端盖的最大直径为 ϕ90mm，内孔为 ϕ16H7mm，其厚度为 37mm。两端面凸台处直径分别为 ϕ52mm 和 ϕ55mm，厚度分别为 12mm 和 5mm。端盖的径向尺寸以中心轴线为基准，长度尺寸以 ϕ90mm 圆盘右端面为基准，因为右端将与活塞缸本体连接，是重要的定位面，各部分精度要求较高。

（5）分析技术要求，了解零件的质量指标　分析零件图可知，端盖的 ϕ90mm 圆盘右端面与活塞缸连接，为防止泄漏，右端面凸台连接处直径 ϕ55mm 处选用了间隙很小的配合公差 g6，活塞杆与端盖通孔连接选用了 H7 的基孔制配合。端盖油气体的进口选用了锥螺纹连接，以保证接合处能承受足够的压力。端盖的表面粗糙度值最高处在活塞杆与端盖接触的两个内圆孔圆柱面、活塞缸与端盖的接合面，均为 Ra3. 2μm。

端盖有两处几何公差要求，为保证连接紧密及内孔中活塞杆的位置准确，使活塞杆活动自如，右端凸台与内孔轴线有同轴度要求，同轴度误差不得超过 0. 025mm，ϕ90mm 圆盘右端面与内孔轴线有垂直度要求，其垂直度要求误差不得超过 0. 04mm。以文字说明的形式对未注圆角及铸件的砂眼、裂纹进行了要求。

（6）综合归纳　通过上述看图分析，对端盖的材料、结构形状、尺寸大小、位置精度要求及加工中的主要技术指标要求，都有了较清楚的认识。综合起来，即可得出端盖的总体印象，端盖零件立体图如图 3-4 所示。

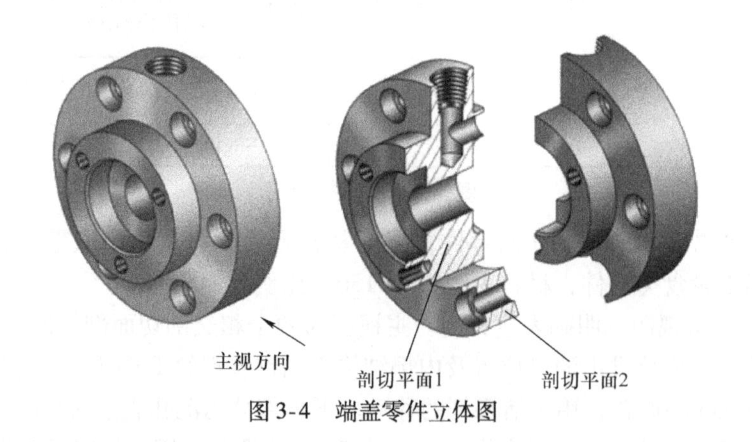

图 3-4　端盖零件立体图

3.4　叉架类零件

叉架类零件包括杠杆、连杆、摇杆、拨叉、支架、轴承座等零件，在机器或设备中主要起操纵、连接或支承作用。叉是操纵件，操纵其他零件变位，其运动就像晾晒衣服时用衣叉操纵衣架的移动一样；架是支承件，用以支持其他零件。

3.4.1　叉架类零件识读的注意事项

叉架类零件多数形状不规则，结构较复杂，毛坯多为铸件，经多道工序加工而成，一般可分为工作部分、连接部分和支承部分，工作部分和支承部分细部结构较多，如圆孔、螺孔、油槽、油孔、凸台和凹坑等；连接部分多为肋板结构，且形状有弯曲、扭斜。图3-5给出了几种典型叉架类零件的结构。

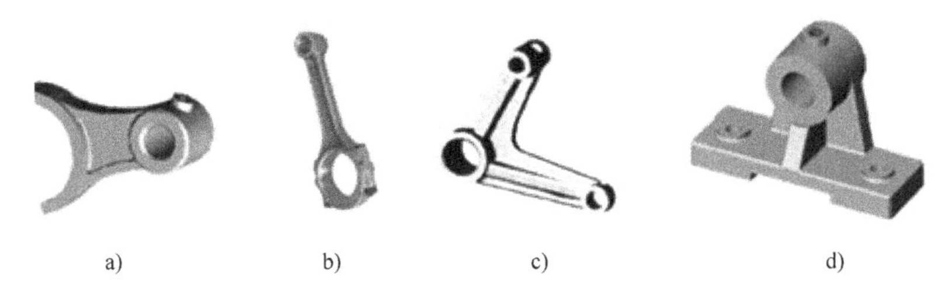

图3-5　叉架类零件的结构
a）拨叉　b）连杆　c）摇杆　d）轴承座

叉架类零件的形体复杂，且多为不规则形状，有时无法自然安放，一般都是把零件上的主要几何要素水平或垂直放置。在选择主视图时，主要是考虑工作位置和形状特征，选择尽可能多地反映整体形象的投射方向。对其他视图的选择，常常需要两个或两个以上的基本视图，并且还要用适当的局部视图、断面图等表达方法来表达零件的局部结构。

支架类零件在长、宽方向上一般选择零件在装配体中的定位面、线，以及主要的对称面、线等重要几何要素作为尺寸基准，在高度方向选择零件的安装支撑面、定位轴线等为尺寸基准。叉类零件一般选择长、宽、高各方向上的重要几何要素作为尺寸基准。叉架类零件的外形一般不很规则，应通过形体分析，根据尺寸基准，分部分分析定形尺寸和定位尺寸。

叉架类零件上的技术要求，按具体零件功用和结构的不同而有较大的差异。一般情况下，叉架类零件的主要孔的加工精度要求都较高，孔与孔、孔与其他表面之间的相互位置精度也有较高的要求，工作面的表面粗糙度精度要求较高。叉架类零件技术要求的项目及要求与箱体类零件有类似之处。

3.4.2　叉架类零件识读实例

图3-6所示是一个支架零件图，可以按照以下过程进行识读。

（1）首先看标题栏，了解零件概况　从标题栏处可读出，该零件的名称为

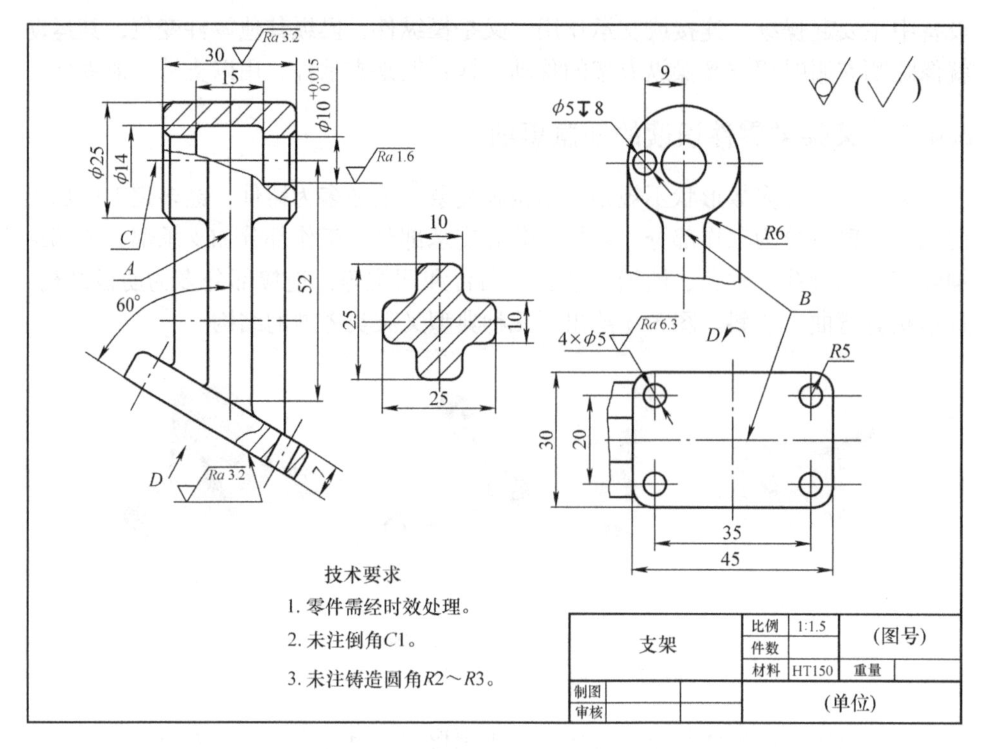

图 3-6　支架零件图

支架，属于叉架类零件，材料为铸铁 HT150，比例为 1∶1.5。

（2）分析视图，明确表达目的　该支架零件图采用主视图、左视图、向视图及移出截面图等四个视图进行表达。主视图为局部剖视图，用以表达主体结构；左视图为局部视图，表达圆柱筒的结构特征以及十字柱与圆柱筒的连接关系；*D* 向斜视图表达底板的形状特征，移出断面图表达连接部分（十字柱）的截面结构。

（3）综合想象出零件的结构形状　通过分析，已经基本上想象出了支架的结构形状，支架类零件一般用一个主视图和一个底部向视图来表达零件外部形状，移出断面图表达肋板形状。

（4）分析尺寸，明确零件的重要结构尺寸　读零件图上尺寸标注可知，长度方向的尺寸基准为主对称面 *A*，标注有尺寸 30mm、15mm、25mm 和 60°；宽度方向的尺寸基准为对称面 *B*，标注有尺寸 30mm、20mm、9mm；高度方向的尺寸基准为圆柱筒的轴线 *C*，标注有尺寸 ϕ10mm、ϕ25mm、ϕ52mm 等。

（5）分析技术要求，了解零件的质量指标　分析零件图的技术要求，可知该零件表面粗糙度要求最高的是圆柱筒内孔表面，为 *Ra*1.6μm；其次各加工表面为 *Ra*3.2μm、*Ra*6.3μm；其他为毛坯面。ϕ10mm 孔的尺寸上极限偏差为

+0.015mm，下极限偏差为 0，查表得公差带代号为 H7。以文字说明零件需要进行时效处理，两处未注倒角为 *C*1，未注铸造圆角为 *R*2 ~ *R*3。

（6）综合归纳　通过上述看图分析，对支架的材料、结构形状、尺寸大小、位置精度等要求有了较清楚的认识，综合起来，即可得出支架零件的总体印象，支架零件立体图如图 3-7 所示。

图 3-7　支架零件立体图

3.5　箱体类零件

箱体类零件是机器或部件的基础零件，它将机器或部件中的轴、套、齿轮等有关零件组装成一个整体，使它们之间保持正确的相互位置，并按照一定的传动关系协调地传递运动或动力。因此，箱体的加工质量将直接影响机器或部件的精度、性能和寿命。常见的箱体类零件有机床主轴箱、机床进给箱、变速箱体、减速箱体、发动机缸体和机座等。根据箱体零件的结构形式不同，可分为整体式箱体和分离式箱体两大类，前者是整体铸造整体加工，加工较困难，但装配精度高；后者可分别制造，便于加工和装配，但增加了装配的工作量。

3.5.1　箱体类零件识读的注意事项

一般来说，箱体类零件的形状、结构比前面三类零件复杂，而且加工位置的变化更多，一般需要两个或两个以上的基本视图才能将主要结构形状表示清楚。通常以最能反映其形状特征及结构间相对位置的一面作为主视图的投射方向，以自然安放位置或工作位置作为主视图的摆放位置（即零件的摆放位置），根据具体零件选择采用合适的视图、剖视图、断面图表达复杂的内外结构，往往还需局部视图或局部剖视或局部放大图来表达尚未表达清楚的局部结构。

箱体类零件在长、宽、高三个方向的主要尺寸基准通常选用轴孔中心线、对称平面、结合面和较大的加工平面，其定位尺寸多，各孔的中心线（或轴线）之间的距离、轴承孔轴线与安装面的距离一般直接标出。

箱体类零件的轴孔、结合面及重要表面，在尺寸精度、表面粗糙度和几何公差等方面有较严格的要求，常有保证铸造质量的要求，如进行时效处理，不允许有砂眼、裂纹等。

3.5.2　箱体类零件识读实例

图 3-8 所示是一个蜗轮箱体零件图，可以按照以下过程进行识读。

（1）首先看标题栏，了解零件概况　从标题栏处可读出，该零件的名称为

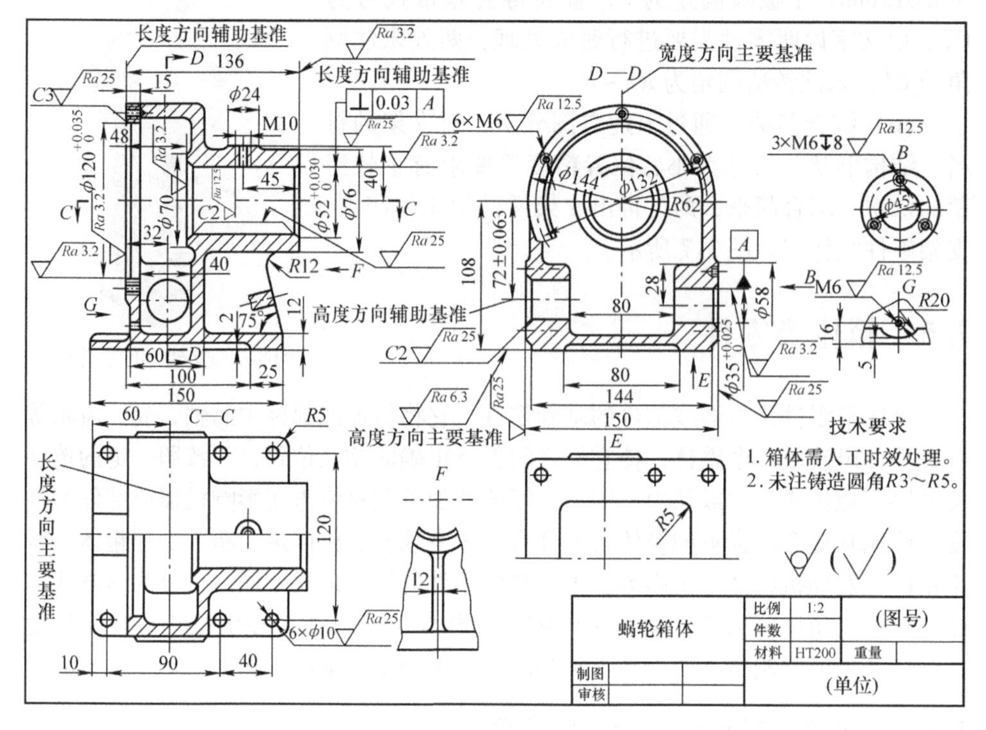

图 3-8　蜗轮箱体零件图

蜗轮箱体，属于箱体类零件，材料为铸铁 HT200，比例为 1∶2，件数为 1。该零件起支撑与包容作用。根据绘图比例由图形的总体尺寸可估计零件的实际大小比图形大一倍。

（2）分析视图，明确表达目的　该箱体的零件图采用主视图、俯视图、左视图三个基本视图，另外还用了 *B*、*E*、*F*、*G* 四个局部视图。主视图是全剖视图，重点表达了箱体内部的主要结构形状。在主视图的右下方有一个重合断面图，是表达肋板的形状；俯视图采用半剖视图，在主视图上可找到剖切平面 *C*—*C* 的剖切位置；左视图大部分表达了箱体的外形，采用局部剖视是用于表达蜗杆支撑孔处的结构；*G* 向视图表达了底板上放油塞处的局部结构；*B* 向视图表达了箱体两侧凸台的形状；*F* 向视图表达了圆筒、底板和肋板的连接情况；*E* 向视图采用了简化画法，表达了底板的凹槽形状。

（3）综合想象出零件的结构形状　根据形体分析法，该箱体可分为四个主要部分：主体部分、蜗轮轴的支撑部分、肋板部分和底板部分。按投影关系找出各个部分在其他视图上的对应投影。主体部分用来容纳啮合的蜗轮蜗杆，蜗轮轴的支撑部分是箱体的蜗轮轴的轴孔，肋板部分是用来加强蜗轮轴孔部分与底板的连接效果，底板部分作用是用来安装箱体，综合起来可想象出蜗轮箱体的结构形状。

（4）分析尺寸，明确零件的重要结构尺寸　从主、俯视图可以看出，长度方向的主要基准是过蜗杆轴线的竖直平面，箱体的左、右端面是辅助基准；宽度方向的基准是箱体的前后对称平面；高度方向的主要基准是底板底面。从基准出发，弄清哪些是主要尺寸及次要尺寸。根据结构形状，找出定形、定位和总体尺寸。

（5）分析技术要求，了解零件的质量指标　零件图中配合表面标出了尺寸公差，如轴承孔直径、孔中心线的定位尺寸等。加工表面标注了表面粗糙度，如主体部分的左、右端面和轴承孔的内表面粗糙度要求较高，底面的表面粗糙度略大等。重要的线面标注了几何公差，如轴承孔、轴线与基准平面 A 的垂直度公差为 0.03mm 等。箱体的其余表面粗糙度是用不去除材料的方法获得，或是毛坯面。该箱体需要人工时效处理，铸造圆角为 $R3 \sim R5$。

（6）综合归纳　通过上述看图分析，对蜗轮箱体的作用、结构形状、尺寸大小、主要加工方法及加工中的主要技术指标要求，就有了较清楚的认识。综合起来，即可得出蜗轮箱体的总体印象，蜗轮箱体零件立体图如图 3-9 所示。

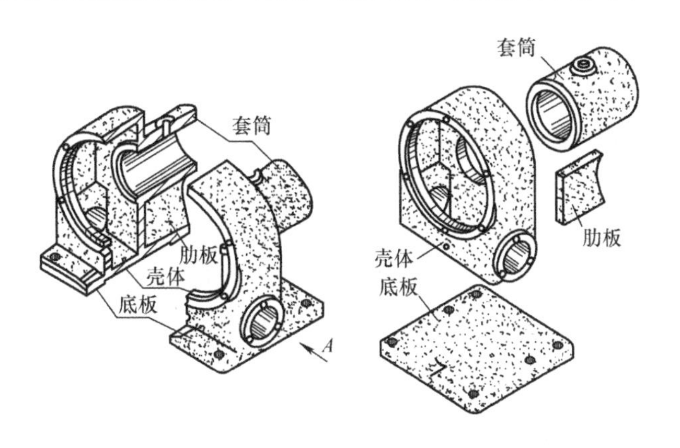

图 3-9　蜗轮箱体零件立体图

第4章

装配图的识读

装配图是表达机器或部件的工作原理、运动方式、零件间的连接及其装配关系的图样，它是生产中的主要技术文件之一。在生产一部新机器或者部件的过程中，一般要先进行设计，画出装配图，再由装配图拆画出零件图，然后按零件图制造零件，最后依据装配图把零件装配成机器或部件。识读装配图的目的主要是为了了解机器或部件的用途、工作原理、结构，从而明确零件间的装配关系以及它们的装拆顺序，掌握零件的主要结构形状及其在装配体中的功用。

4.1 装配图的识读步骤

（1）概括了解　看标题栏并参阅有关资料，了解部件的名称、用途和使用性能。看零件编号和明细栏，了解零件的名称、数量和它在图中的位置。分析视图，弄清各个视图的名称、所采用的表达方法和所表达的主要内容及视图间的投影关系。

（2）分析零件间的装配关系和部件结构　分析部件的装配关系，弄清零件之间的配合关系、连接固定方式、密封装置及装拆顺序。分析配合关系，可根据图中配合尺寸的配合代号，判别零件配合的基准制、配合种类及轴、孔的公差等级等；分析连接和固定方式，需要弄清零件之间用什么方式连接，零件是如何固定、定位的。

（3）分析识图，看懂零件的结构形状　分析零件结构形状，一般先看主要零件，再看次要零件；先看容易分离的零件，再看其他零件；先分离零件，再分析零件的结构。

（4）分析尺寸和技术要求　明确装配图的标注尺寸。装配图一般不需标注零件的全部尺寸，只需注出几种必要的尺寸，如规格尺寸：表示机器、部件规格或性能的尺寸，是设计和选用部件的主要依据；装配尺寸：表示零件间装配关系的尺寸，如配合尺寸和重要相对位置尺寸；安装尺寸：表示将部件安装到机器或将整机安装到基座上所需的尺寸；外形尺寸：表示机器或部件外形轮廓的大小，即总长、总宽、总高尺寸，为包装、运输、安装所需的空间大小提供依据；其他重要尺寸：如运动零件的极限位置尺寸、主要零件的重要结构尺寸等。

分析技术要求，了解装配的质量指标。为保证产品的设计性能和质量，在装配图中注有有关机器或部件的性能、装配与调整、试验与验收、使用与运转等方面的指标、参数要求。合格、正确地制定机器或部件的技术要求是一项专业性的技术工作。装配的质量指标主要指装配间隙、垂直度、轴线的同轴度等。

（5）综合归纳　根据以上分析，把图形、必要尺寸和技术要求等全面系统地联系起来思索，并参阅相关资料，得出装配图的整体结构、安装尺寸、外形尺寸等必要尺寸大小、技术要求及各零部件的作用等完整的概念。审核图样时，可以确定结构是否合理，表达是否完整清晰，尺寸标注是否合理，配合精度是否合理，技术要求是否恰当，并考虑在合适的产品成本下，进一步完善图样内容。

4.2　装配图识读的注意事项

一张完整的装配图具备以下内容：一组图形、必要的尺寸、技术要求、标题栏、明细栏、零件序号。

在视图中，两零件的接触面或配合（包括间隙配合）表面，规定只画出一条线，而非接触面、非配合表面，应画两条线；相邻两零件的剖面线倾斜方向应相反，同一零件在各视图上的剖面线画法应一致；对于螺栓、螺母、垫圈等螺纹紧固件以及轴、连杆、球、键、销等实心零件，若按纵向剖切，且剖切平面通过其对称面或轴线时，则这些零件均按不剖绘制，当其上的局部结构如孔、槽等需表示时，一般采用局部剖视。

装配图上的尺寸标注主要有规格尺寸（性能尺寸）、装配尺寸、安装尺寸、外形尺寸以及其他重要尺寸。

用文字或符号在装配图中说明对机器或部件的性能、装配、检验、使用等方面的要求和条件，这些统称为装配图中的技术要求，技术要求一般包括以下几个方面：①装配后的密封、润滑等要求；②有关性能、安装、调试、使用、维护等方面的要求；③有关试验或检验方法的要求。性能要求指机器或部件的规格、参数、性能指标等；装配要求一般指装配方法和顺序，装配时的有关说明，装配时应保证的精确度、密封性等要求；使用要求是与机器或部件的操作、维护和保养等有关的要求。此外，还有对机器或部件的涂饰、包装、运输等方面的要求及对机器或部件的通用性、互换性的要求等。

在装配图中可使用简化画法：①装配图中有若干相同的零件组，可仅详细地画出一组，其余只需用细点画线表示其中心位置；②在装配图中，零件的倒角、倒圆、退刀槽、凸台、凹坑、沟槽及其他细节可不画出；③螺栓、螺钉的头部及螺母也可采用简化画法；④滚动轴承可按通用画法简化绘制。

4.3 装配图识读实例

读装配图是工程技术人员必备的一种能力，在设计、装配、安装、调试以及进行技术交流时，都要读装配图。通过识读装配图，了解部件的功用、使用性能和工作原理，弄清各零件的作用和它们之间的相对位置、装配关系和连接固定方式，弄懂各零件的结构形状，了解部件的尺寸和技术要求。

4.3.1 钻模装配图

图 4-1 所示是钻模装配图，可以按照以下过程进行识读。

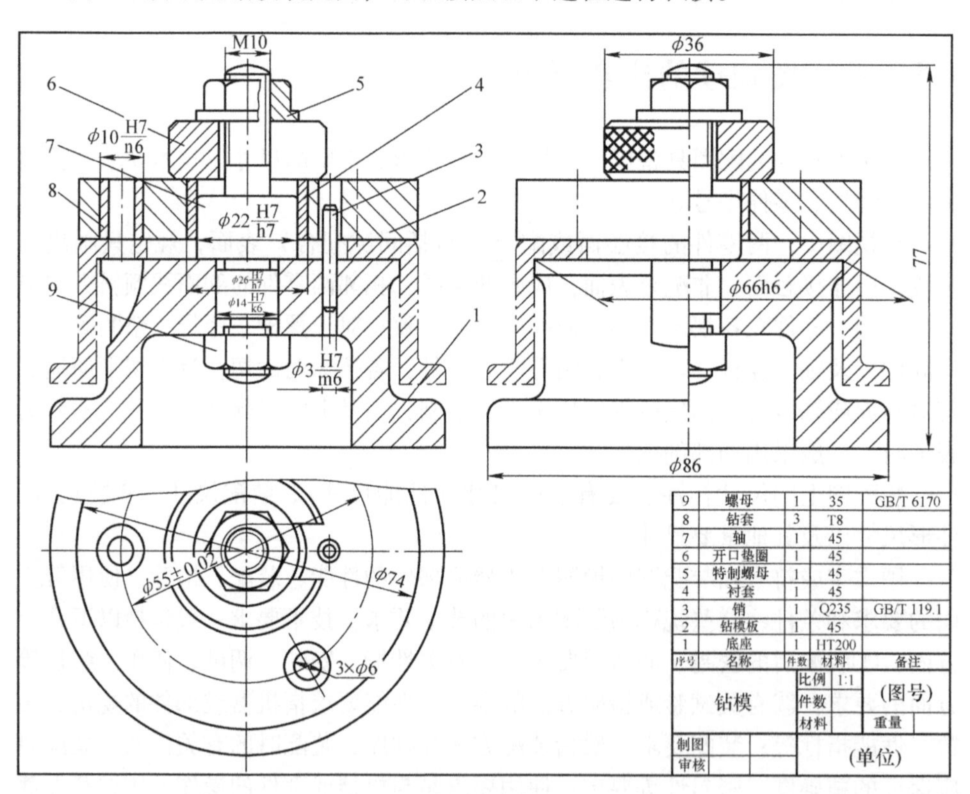

序号	名称	件数	材料	备注
9	螺母	1	35	GB/T 6170
8	钻套	3	T8	
7	轴	1	45	
6	开口垫圈	1	45	
5	特制螺母	1	45	
4	衬套	1	45	
3	销	1	Q235	GB/T 119.1
2	钻模板	1	45	
1	底座	1	HT200	

图 4-1 钻模装配图

（1）概括了解　从标题栏可知该部件名称为钻模，制图比例为1∶1。对照图上的序号和明细栏，可知它由9种零件组成，其中2种为标准件，7种为非标准件，从中可看出各零件的大致位置。根据实践知识或查阅说明书及有关资料，大致可知它是钻床上所用的一种夹具，在钻孔时用来夹紧工件和定位，同时也起导向作用。一般夹具都具有定位、夹紧和导向三部分。

钻模装配图采用了主、俯、左三个基本视图，其中主视图采用了全剖视图，表达工件在轴向上与底座1及钻模板2之间的位置关系（图中用双点画线表示工件），同时也表达出工件与钻模板2通过轴7及销3进行定位，轴7通过螺母9、开口垫圈6及特制螺母5进行定位；俯视图采用局部视图形式，主要表达钻模可进行钻孔的数量及相对位置，同时也表达定位销3的位置；左视图采用半剖视图，配合主视图表达出钻模部件的外部及内部结构形式，以及各零件的相对位置关系。

（2）分析零件间的装配关系和部件结构　分析定位部分，主要看主、左视图。工件放在底座1上，通过底座1上部对工件进行轴心定位，同时通过轴7将底座1、钻模板2进行轴心定位。采用销3对底座1、钻模板2进行圆周向定位。

分析夹紧部分，综合看主、左、俯视图。工件位于底座1和钻模板2之间，钻模板上安装开口垫圈6，通过轴7两端的螺纹，采用螺母9和特制螺母5进行轴向拧紧，从而夹紧工件。

分析导向部分，主要看主、左视图。轴7通过衬套4可与钻模板2进行轴向位置调整，钻模板2上3个钻孔分别安装有钻套8。

钻模中的主要配合关系有：轴7与底座1的配合采用基孔制过渡配合；轴7与衬套4之间采用基孔制间隙配合；衬套4与钻模板2之间采用基孔制间隙配合；销3与底座1之间采用基孔制过渡配合；钻套8与钻模板2之间采用基孔制过渡配合。

（3）分析识图，看懂零件的结构形状　分析视图，可读得钻模主要零件是底座、钻模板、开口垫圈及轴4个零件。底座采用圆形结构，上部对工件进行定位，下部进行支承，内部空腔安装轴的夹紧螺母；钻模板采用圆盘结构，均匀分布钻孔；开口垫圈方便安装，外部磨花；轴起到安装定位及导向作用。

（4）分析尺寸和技术要求　装配图中给出了底座上圆直径尺寸及下圆直径尺寸、钻模板上钻孔数量及尺寸分布、轴上配合面的直径尺寸、开口垫圈直径尺寸等，以数字形式给出了6个公差要求。

（5）综合归纳　通过上述分析，对钻模体就有了完整的认识，当把部件中每个零件的结构形状都分析清楚之后，将各个零件联系起来，便可想象出一个完整的钻模形状。钻模装配及部件立体图如图4-2所示。

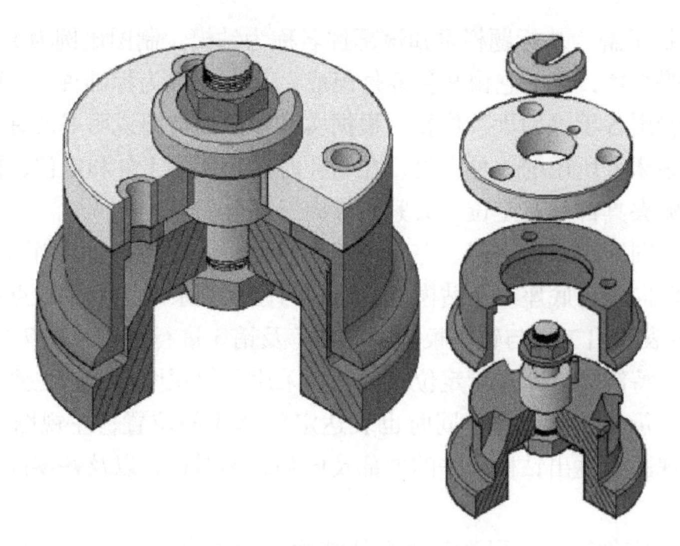

图 4-2　钻模装配及部件立体图

4.3.2　平口钳装配图

图 4-3 所示是一个平口钳装配图，可以按照以下过程进行识读。

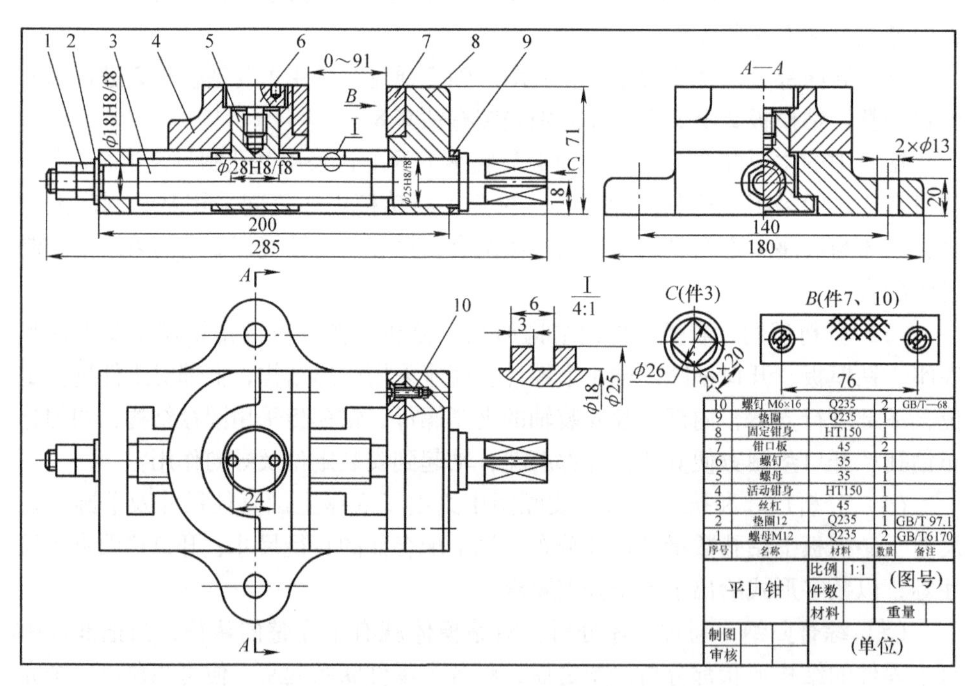

10	螺钉M6×16	Q235	2	GB/T—68
9	垫圈	Q235	1	
8	固定钳身	HT150	1	
7	钳口板	45	2	
6	螺钉	35	1	
5	螺母	35	1	
4	活动钳身	HT150	1	
3	丝杠	45	1	
2	垫圈12	Q235	1	GB/T 97.1
1	螺母M12	Q235	2	GB/T6170
序号	名称	材料	数量	备注

平口钳	比例	1:1	(图号)	
	件数			
	材料		重量	
制图			(单位)	
审核				

图 4-3　平口钳装配图

（1）概括了解 看标题栏及明细栏可知，该平口钳部件由3种5件标准件，7种8件非标件共13个零件构成，明细栏中给出了各种零件的名称、数量、材料及标准。装配图有主视图、俯视图、左视图、2个向视图及1个局部放大图共五个视图，主视图采用全剖形式，左视图采用半剖形式，俯视图采用局部剖形式。

（2）分析零件间的装配关系和部件结构 从表达传动关系的主视图入手可分析部件的工作原理：外部扳手扳动丝杠3旋转，通过螺纹带动螺母5，螺母5带动活动钳身4沿固定钳身8的滑道左右移动，与固定钳身8配合夹紧或松开工件。丝杠3与固定钳身左右两端都是采用基孔制间隙配合，尺寸分别为ϕ18H8/f8mm和ϕ25H8/f8mm，尺寸精度要求不高。螺母5与活动钳身也是采用基孔制间隙配合，尺寸为ϕ28H8/f8mm。

（3）分析识图，看懂零件的结构形状 分析视图，可读得平口钳主要零件是丝杠、螺母、固定钳身和活动钳身4个零件，丝杠和螺母组成丝杠螺母副，起到传递运动作用；固定钳身和活动钳身配合夹紧或松开，并起到导向作用。

（4）分析尺寸和技术要求 装配图中给出了底座安装尺寸140mm和20mm；给出了长、宽、高三个方向的外形尺寸分别是285mm、180mm和71mm。

（5）综合归纳 通过上述分析，对平口钳夹具就有了完整的认识，把视图、必要尺寸和技术要求等全面系统地联系起来思索，即可得出平口钳夹具的总体印象，平口钳立体图如图4-4所示。

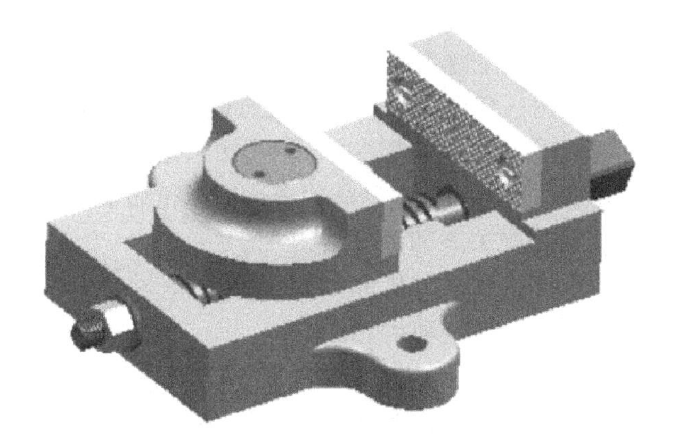

图4-4 平口钳立体图

4.3.3 齿轮油泵装配图

图4-5所示是一个齿轮油泵装配图，可以按照以下过程进行识读。

（1）概括了解 看标题栏及明细栏可知，该齿轮油泵由1个泵体、1个泵

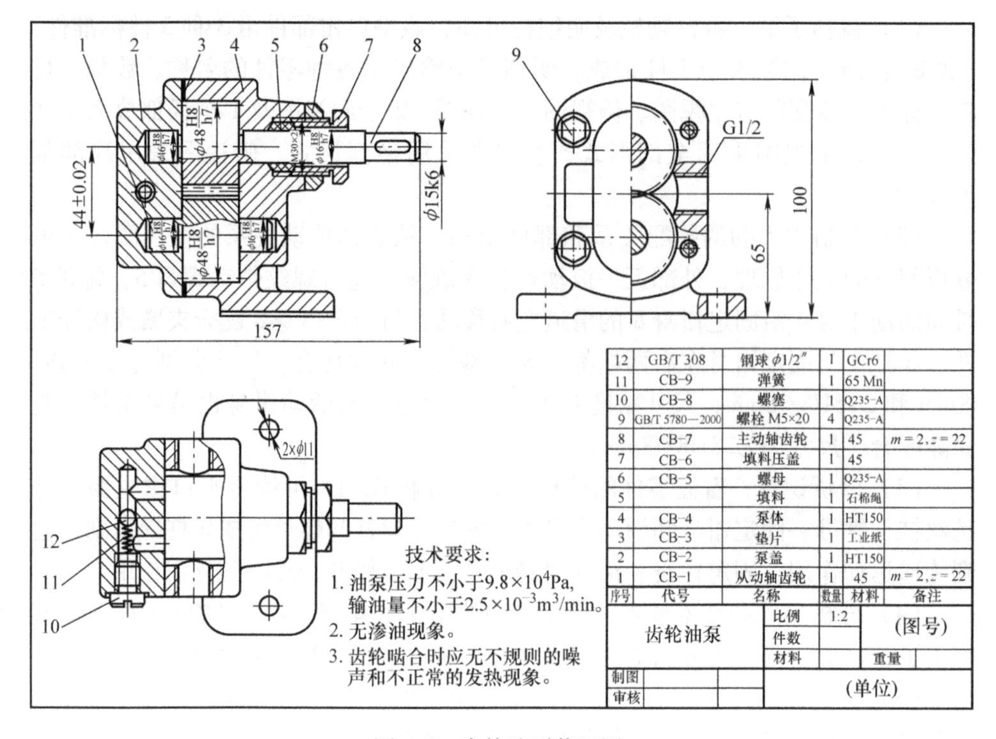

序号	代号	名称	数量	材料	备注
12	GB/T 308	钢球 φ1/2″	1	GCr6	
11	CB-9	弹簧	1	65 Mn	
10	CB-8	螺塞	1	Q235-A	
9	GB/T 5780—2000	螺栓 M5×20	4	Q235-A	
8	CB-7	主动轴齿轮	1	45	m=2, z=22
7	CB-6	填料压盖	1	45	
6	CB-5	螺母	1	Q235-A	
5		填料	1	石棉绳	
4	CB-4	泵体	1	HT150	
3	CB-3	垫片	1	工业纸	
2	CB-2	泵盖	1	HT150	
1	CB-1	从动轴齿轮	1	45	m=2, z=22

齿轮油泵	比例	1:2	(图号)
	件数		
	材料		重量
制图			(单位)
审核			

图 4-5　齿轮油泵装配图

盖、1 个主动齿轮轴、1 个从动齿轮轴、1 个工业纸垫片、填料、1 个填料压盖、1 个螺母、4 个 M5 螺栓、1 个螺塞、1 个弹簧和 1 个钢球共 15 个零件构成。有主视图、左视图和俯视图三个视图，其中主视图采用全剖视图表达部件的主要结构及传动关系，左视图采用半剖视图形式，俯视图采用局部剖形式，共同表达出泵体、泵盖的形状和进油口、出油口，从而表达出齿轮油泵的结构和工作原理。

（2）分析零件间的装配关系和部件结构

从表达传动关系的视图入手，分析部件的工作原理。如图 4-6 所示，当主动齿轮逆时针转动时，从动齿轮顺时针转动，齿轮啮合区右边的压力降低，油池中的油在大气压力下，从进油口进入泵腔内。随着齿轮的转动，齿槽中的油不断沿箭头方向被轮齿带到左边，高压油从出油口送到输油系统。

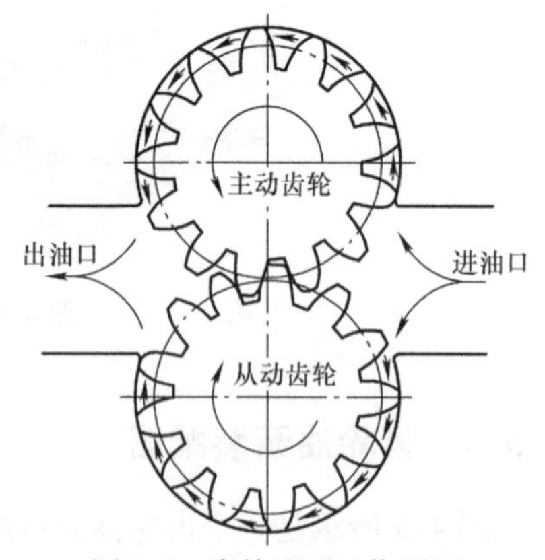

图 4-6　齿轮油泵工作原理

齿轮油泵有主动齿轮轴系和从动齿轮轴系两条装配线。孔与轴配合尺寸都是 φ16H8/h7mm，属基孔制间隙配合，说明轴在泵体、端盖的轴孔内是转动的。端盖和泵体用螺钉连接，有时候需要用销钉准确定位。填料压盖与泵体采用螺纹连接形式。齿轮的轴向靠齿轮端面与泵体内腔底面及端盖内侧面接触而定位。为了防止漏油及灰尘、水分进入泵体内影响齿轮传动，在主动齿轮轴的伸出端有石棉绳填料、填料压盖及螺母组成的密封装置。泵体和泵盖之间有工业纸垫片，可以起到密封及调整齿轮的轴向间隙作用。

（3）分析识图，看懂零件的结构形状 泵体主体部分的外形和内腔都是长圆形，腔内容纳一对齿轮，泵体上有轴孔，前后有进、出油口与内腔相通，泵体左端面有与端盖连接固定用的螺栓孔。底板部分是长方形，前、后各有一个固定用的螺栓孔，下面的方槽用于减少加工面。

（4）分析尺寸和技术要求 装配图中给出了 4 个安装尺寸：主动轴与从动轴的轴距为 44mm；主动轴输入端尺寸及精度为 ϕ15k6mm；底板安装孔尺寸为 ϕ11mm；进出油口采用 G1/2 管螺纹形式连接。给出了两个方向的外形尺寸，分别为长 157mm 和高 100mm。同时给出了轴径和孔径尺寸及轴孔配合尺寸。

（5）综合归纳 根据以上分析，把图形、必要尺寸和技术要求等全面系统地联系起来思考，并参阅相关资料，逐个零件分析之后，可知齿轮油泵的形状和结构，图 4-7 所示为齿轮油泵立体图。

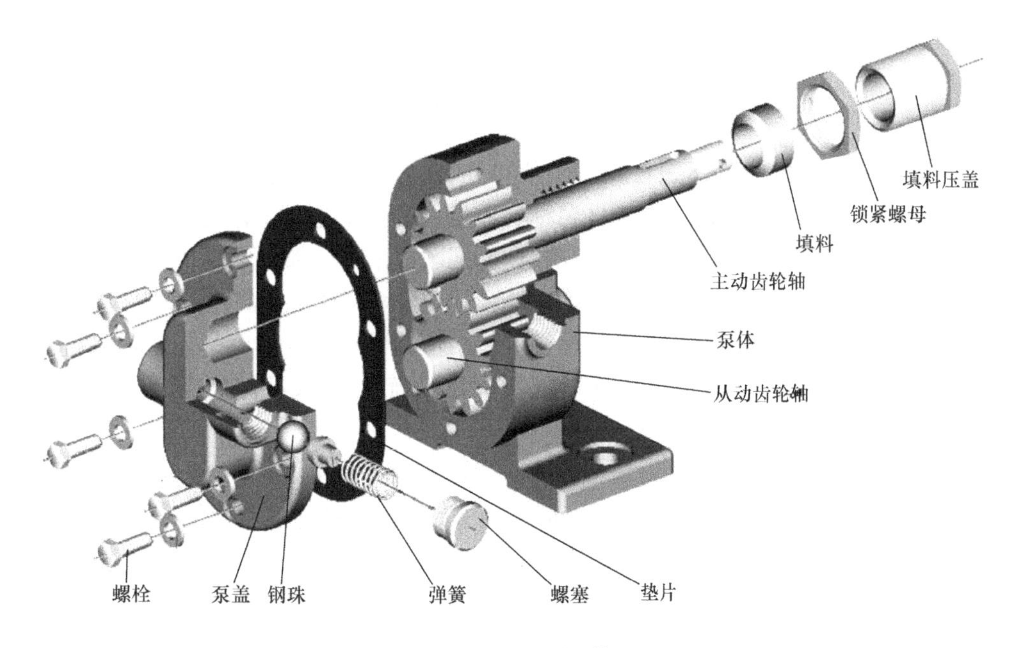

图 4-7 齿轮油泵立体图

4.3.4 铣刀头装配图

图 4-8 所示是一个铣刀头装配图，可以按照以下过程进行识读。

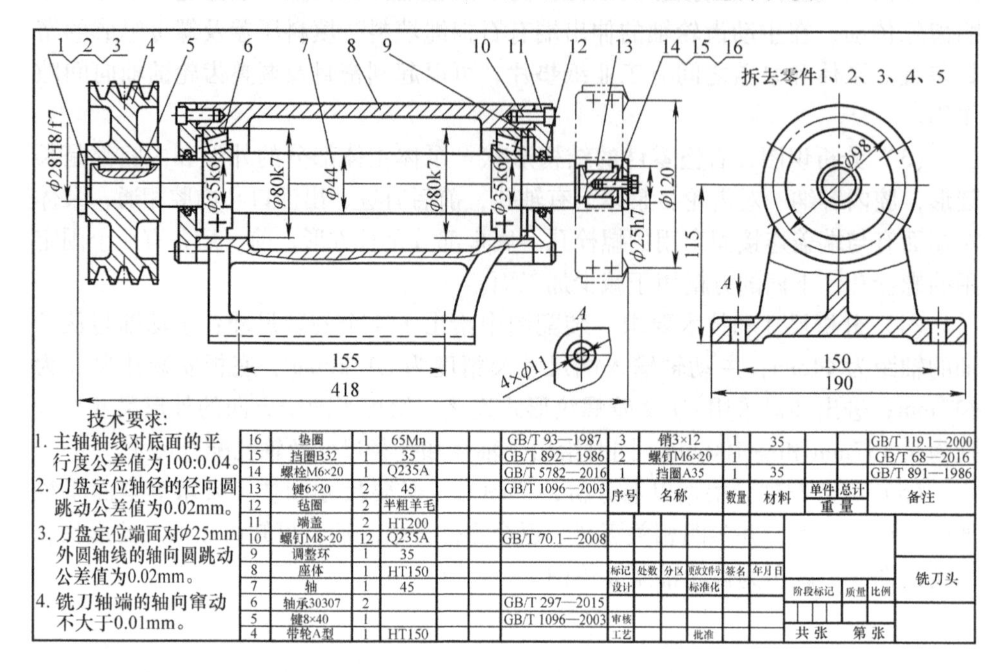

序号	名称	数量	材料	单件重量	总计重量	备注
16	垫圈	1	65Mn			GB/T 93—1987
15	挡圈B32	1	35			GB/T 892—1986
14	螺栓M6×20	1	Q235A			GB/T 5782—2016
13	键6×20	2	45			GB/T 1096—2003
12	毡圈	2	半粗羊毛			
11	端盖	2	HT200			
10	螺钉M8×20	12	Q235A			GB/T 70.1—2008
9	调整环	1	35			
8	座体	1	HT150			
7	轴	1	45			
6	轴承30307	2				GB/T 297—2015
5	键8×40	1				GB/T 1096—2003
4	带轮A型	1	HT150			
3	销3×12	1	35			GB/T 119.1—2000
2	螺钉M6×20	1				GB/T 68—2016
1	挡圈A35	1	35			GB/T 891—1986

图 4-8 铣刀头装配图

（1）概括了解 看标题栏及明细栏可知，该铣刀头部件由 16 种共 31 个零件构成，明细栏中给出了各种零件名称、数量、材料及标准。有主视图、左视图和一个局部向视图共三个视图，主视图和左视图都采用局部剖形式。

（2）分析零件间的装配关系和部件结构 从表达传动关系的主视图入手可分析部件的工作原理：外部电动机通过带传动带动带轮 4 旋转，带轮 4 通过键 5 带动轴 7 进行旋转，轴 7 通过键 13 带动铣刀盘旋转，完成部件功能。轴 7 通过两个圆锥滚子轴承 6 进行轴向和径向定位。

轴 7 与带轮 4 采用基孔制配合，尺寸为 $\phi 28H8/f7$mm，轴 7 与铣刀盘也是采用基孔制配合，轴径尺寸为 $\phi 25h7$mm。带轮 4 在轴上通过轴肩及挡圈 1 进行轴向固定。座体两端有毡圈进行密封。

（3）分析识图，看懂零件的结构形状 铣刀盘座体通过底座上的沉孔固定在平台上，上部呈长筒形结构，内部空腔通过两个圆锥滚子轴承对旋转轴进行支承和定位，并防止轴工作时轴向窜动。

（4）分析尺寸和技术要求 装配图中给出了三个安装尺寸：安装孔距离

155mm、150mm 和底座长度 190mm；长度方向的外形尺寸 418mm 及座筒轴线距地面定位高度 115mm；轴径和孔径尺寸及轴孔配合尺寸。装配图中以文字形式给出了部分技术要求：主轴轴线对地面的平行度公差值要求；刀盘定位轴径的径向圆跳动公差值要求；刀盘定位端面对 ϕ25mm 外圆轴线的轴向圆跳动公差要求；铣刀轴端的轴向窜动尺寸要求。

（5）综合归纳　根据以上分析，把图形、必要尺寸和技术要求等全面系统地联系起来思索，并参阅相关资料，逐个零件分析之后，可读得铣刀盘的整体形状和结构。

模具图的识读

模具是用来制作成型零件的工具，有注射模具、锻压或压铸模具、冲压模具等。任何一个模具都是由若干零件按一定的装配关系装配而成的。模具的装配图用一组视图表达其整体结构形状、工作原理及零件之间装配连接关系的图样，而模具零件图则是表示零件的结构、大小及技术要求的图样。模具图的识读包括模具装配图的识读和零件图的识读，本章就从这两大方面说明模具图的识读及注意事项。

5.1 模具零件图的识读

5.1.1 模具零件图识读的注意事项

1. 看零件图的要求

在看零件图时，首先要了解零件的名称、材料和用途，然后对各视图中的图形和尺寸进行分析。想象出组成零件的各部分的结构、形状、特点、功用以及它们之间的相对位置，从而在头脑中建立起一个完整、具体的零件形象，最后要了解零件的制造方法和相关的技术要求。

2. 看零件图的方法和步骤

看零件图的基本方法是形体分析法和线面分析法，对于较复杂的零件图，由于其视图、尺寸数量及各种代号都较多，初学者在识图时往往不知从何处下手。其实，就图形而言，看多个视图与看三视图的道理是一样的，视图数量多，主要是因为组成零件的形体比较多，所以，只要将表示每个形体的三视图组合起来，就可以确定它的形状了。由于复杂零件的组成部分较多，所以在投影时，彼此之间有的部位相互重叠，图形看起来显得比较繁杂，实际上，对于每一个基本形体来说，仍然只是用两三个视图来表达的。在识图时，运用形体分析法对图形分块看，就可以将复杂的问题分解成几个简单的问题处理了。

（1）一般了解　通过标题栏了解零件的名称、材料、数量及图样的比例，可以对零件有一个初步认识，如图 5-1 所示，通过看标题栏，可知该零件的名称是大芯杆，材料是 40Cr，件数是 4 件，图样的比例为 1∶1，属轴类零件。

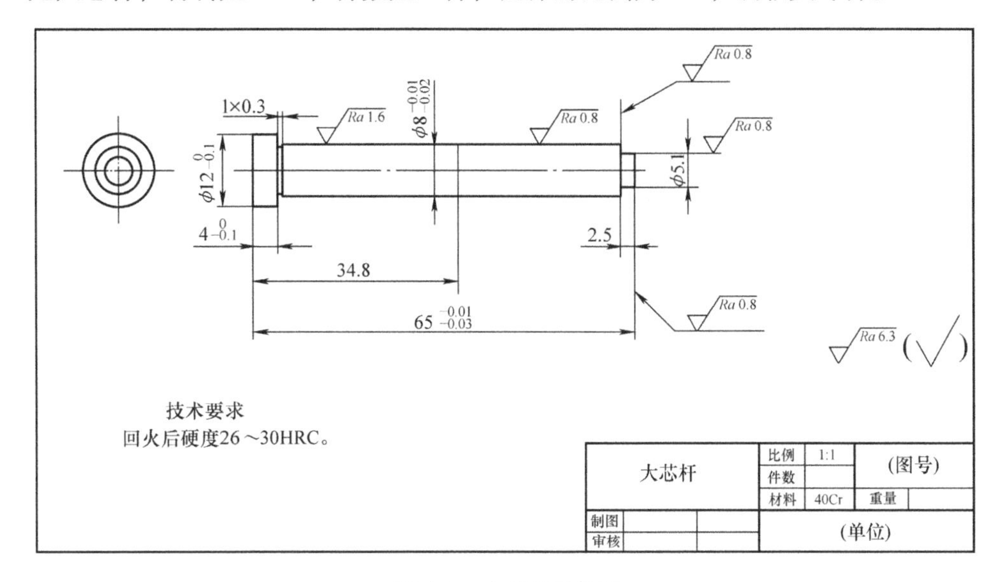

图 5-1　大芯杆零件图

（2）进行表达方案的分析　在一张零件图中，可能有基本视图、向视图、剖视图、断面图等多种表示方法。所以首先应总览全图，对所有视图有个初步了解，弄清视图之间的关系。开始识图时，必须先找出主视图；然后再看剖视图、断面图是在哪个位置，用什么方法剖切，向哪个方向投影，向视图的对应标记和应从哪个方向看过去等，具体可按下列顺序进行分析：

1）找出主视图。

2）找出各视图、剖视图，剖面的名称，相互位置和投影关系。

3）在有剖视、剖面的地方，要找到剖切平面的位置。

4）在有局部视图、斜视图的地方，找到表示投影部位的字母和表示投影方向的箭头。

5）找出局部放大图及简化画法的位置。

（3）进行形体分析和线面分析　详看视图，要先看主要部分，后看次要部分，先看容易确定、能够看懂的部分，后看难以确定、不易看清的部分；先看整体轮廓，后看细部结构。具体地说，就是要用形体分析法，分部分，想形状。对于局部投影的难解之处，要用线面分析法仔细分析，最后将其综合，想象出零件的整体形状。具体可按下列顺序进行分析：

1）先看大致轮廓，再分几个较大的独立部分进行形体分析，逐个看懂。

2）对外部结构进行分析，逐个看懂。

3）对内部结构进行形体分析，逐个看懂。

4）对于不便于进行形体分析的部分，要进行线、面分析，搞清投影关系，最后分析细节。

（4）进行尺寸分析　进行尺寸分析时，首先要找出三个方向的尺寸基准，然后从基准出发，按形体分析法找出各组成部分的定形尺寸、定位尺寸及总体尺寸，具体可按下列顺序进行分析：

1）根据零件的结构特点，了解基准和尺寸的标注形式。

2）根据形体分析和结构分析，了解定形尺寸和定位尺寸。

3）了解功能尺寸。

4）了解非功能尺寸。

5）确定零件的总体尺寸。

（5）进行结构、工艺和技术要求分析　通过进行结构、工艺和技术要求分析，可以进一步了解零件，发现问题，以便考虑在加工时采取相应措施予以保障。具体可按下列顺序进行分析：

1）根据图形了解结构特点。

2）根据零件的特点可以确定零件的制造方法。

3）根据图形内、外的符号和文字注解，可以更清楚地了解技术要求。

以上几方面的分析工作完成后，通过对全部信息和资料在头脑进行综合归纳，就可以对该零件有一个全面的了解和认识，从而真正看懂这张零件图。

前面所述是看零件图的大致方法和步骤。在具体识图的过程中，对于有些零件图，往往还要参考有关技术资料和该产品的装配图或同类产品的零件图，经过对比分析，才能够彻底看懂。对于看零件图的每一步骤，不要孤立地进行，而是要根据具体情况灵活运用。对于图形和尺寸，往往需要结合起来分析，才更有利于识图。

总之，只有在识图实践中不断总结经验，才能逐渐提高识图能力。

5.1.2　模具零件图识读实例

根据形状，常见的模具零件一般可分为轴套类、盘类、支架类、板类等几个大类，下面以这几种有代表性的类型为例，从用途、表达方案、尺寸标注和技术要求等几个方面进行重点分析。以便从中找出一些具有规律性的东西，供识读同类零件图时参考。

1. 轴套类零件

（1）用途　在模具中，轴套类零件既有可能是成形零件，也有可能是定位零件或导向零件，还有可能是起支承作用的零件，如图 5-2 所示的成形芯。

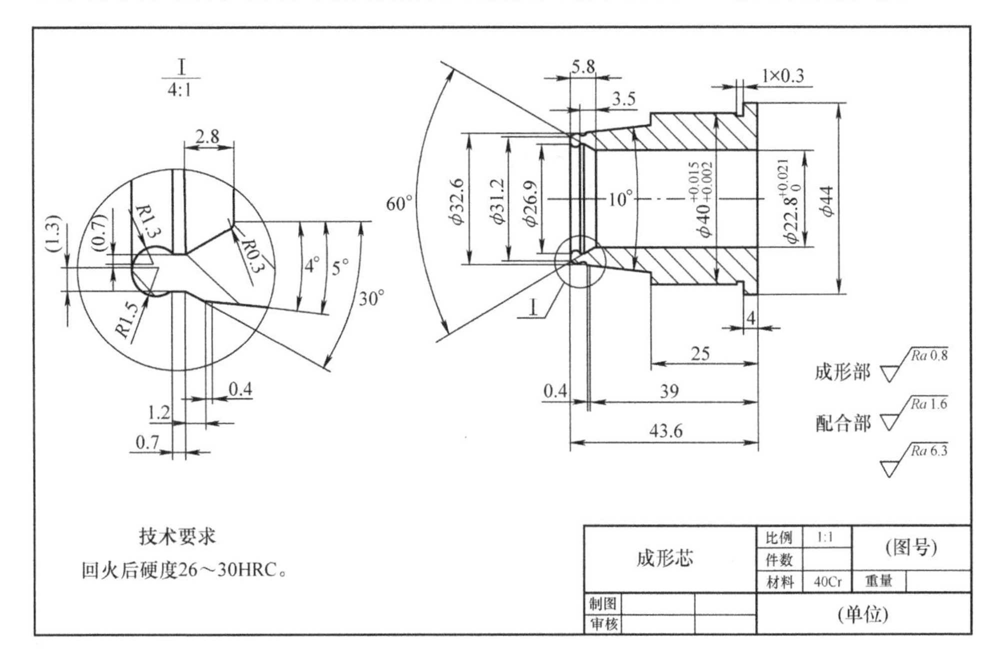

图 5-2　成形芯零件图

（2）表达方案　轴套类零件一般在车床或磨床上加工，所以通常按照形状特征和加工位置确定主视图。由于轴套类零件的主要结构形状是回传体，所以一般只用一个基本视图来表示轴的主体结构。在一般情况下，轴套类零件的轴线是水平放置的，这样，既可以清楚地反映出各段的形状及相对位置，也可以反映出各种局部结构的轴向位置。

轴套类零件的其他结构形状，如键槽、退刀槽、越程槽、中心孔及一些成形部位的具体形状，一般用剖视图、局部视图和局部放大图等加以补充。对于形状简单且较长的零件，还经常采用折断的方法表示。

实心轴通常不剖开，但轴上个别部分的结构形状有时采用局部剖视。对于外部结构形状简单的空心套，一般采用全剖视；而外部结构形状较为复杂的空心套则采用半剖视或局部剖视；内部简单的空心套一般不剖或采用局部视图来表示。

（3）尺寸标注　轴套类零件的尺寸包括径向尺寸和轴向尺寸。径向尺寸的设计基准为轴线，轴向尺寸的设计基准一般选取重要的定位面或端面。由于轴套类零件的主要形体是同轴组成的，因而省略了定位尺寸。

重要的功能尺寸会直接标注出来，其余尺寸多按加工顺序标注。为了清晰和便于测量，在剖视图上，内、外结构形状的尺寸往往分开标注。

零件上的倒角、退刀槽、越程槽、键槽等标准结构的尺寸通常是按照该结构的标准尺寸标注的。

（4）技术要求　成形表面、有配合要求的表面或有相对运动的部分，表面粗糙度、几何公差往往控制得严格一些，无配合要求表面的表面粗糙度参数值较大。

为了提高强度和韧性，往往需要对模具中的轴套类零件进行调质处理，与其他零件有相对运动的部位，为增加其耐磨性，有时需要进行表面淬火、渗碳、渗氮等热处理。

2. 盘类零件

（1）用途　在模具上，盘类零件一般包括定位盘、法兰盘等，主要起轴向定位等作用，在有的模具上，某些成形零件也可能是盘状。盘类零件的基本形状是扁平的盘状，由几个回转体组成，其轴向尺寸往往比其他两个方向的尺寸小，零件上常见的结构有凸台、凹坑、螺孔及销孔等，如图5-3所示的定位盘。

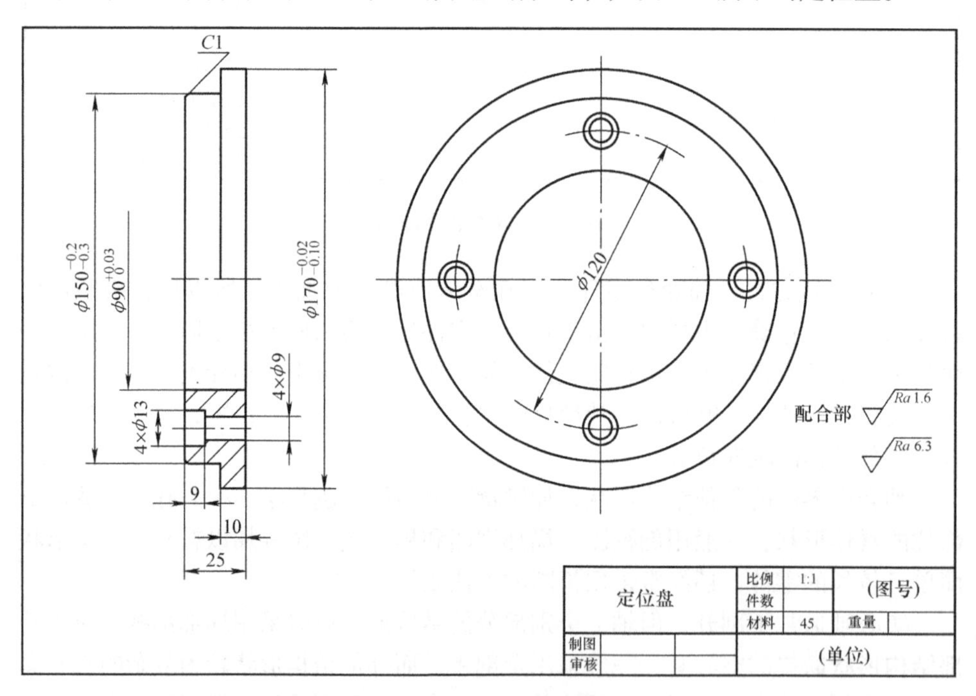

图5-3　定位盘零件图

（2）表达方案　盘类零件主要是在车床上加工，所以一般按形状特征和加工位置选择主视图，轴线水平放置，对于有些不以车床加工为主的零件，有时按其形状特征和工作位置确定主视图。

盘类零件一般采用主视图和左视图（或右视图）两个视图来表示。主视图采用由单一剖切面或几个相交的剖切面剖切获得全剖视图，左视图（或右视图）则表示其轴向外形或盘上孔的分布情况。

盘类零件的其他结构形状往往采用移出断面、重合剖面、局部放大，以及一些简化画法来表示。

根据盘类零件的结构特点，当各个视图具有对称平面时，一般作半剖视，无对称平面时，则采用全剖视。

（3）尺寸标注　盘类零件的尺寸包括径向尺寸和轴向尺寸。径向尺寸的设计基准为轴线，轴向尺寸的设计基准是经过加工并与其他零件相接触的较大端面。

盘类零件的定形尺寸和定位尺寸都比较明显。零件上各圆柱体的直径及较大的孔径尺寸多标在非圆视图上。盘上多个等径、均布的小孔，尤其是在圆周上分布的小孔的定位圆的直径尺寸通常标注在投影为圆的视图上，小孔一般采用如“$4\times\phi48$EQS”的形式标注，EQS 意味着等分圆周，角度定位尺寸就不再标注了。

盘类零件的内、外结构形状一般分开标往。

（4）技术要求　成形表面、有配合关系的内外表面，以及起轴向定位的端面的表面粗糙度参数值较小；有配合的孔和轴的尺寸公差较小。

3. 支架类零件

（1）用途　模具上的支架类零件主要起支承和连接作用。此类零件形式多样，结构较为复杂，往往需要经过多道工序加工而成，如图 5-4 所示支架。

（2）表达方案　支架类零件的结构形状较为复杂，需经过多种工序的加工，所以在选主视图时，应将能较多地反映零件各组成部分的结构形状和相对位置的方向作为主视方向，并将零件放正。

支架类零件的结构形状较为复杂，一般都需要两个以上的视图。由于它的某些结构形状不平行于基本投影面，所以常采用斜视图、斜剖视来表示，对零件上的一些内部结构形状常采用局部剖视。对于某些较细小的结构，也可能采用局部放大图。

（3）尺寸标注　支架类零件长度、宽度和高度方向的主要基准一般为孔的中心线、轴线、对称平面和较大的加工平面。

支架类零件的定位尺寸较多，要注意能否保证定位的精确度。一般要标注出孔中心线与中心线、轴线与轴线、孔中心线到平面或平面到平面的距离。

支架类零件的定形尺寸一般采用形体分析法标注出来。

（4）技术要求　对于支架类零件来说，根据其使用性质，一般对表面粗糙度、尺寸公差、几何公差没有什么特殊要求。

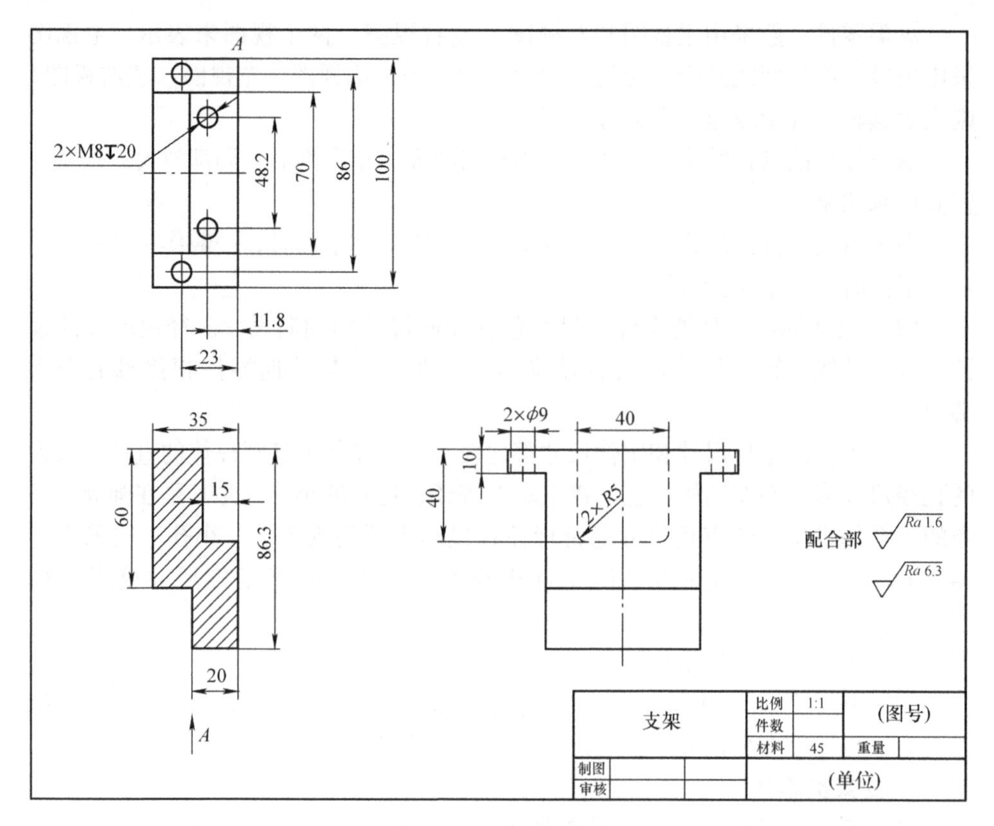

图 5-4　支架零件图

4. 板类零件

(1) 用途　板类零件是构成模具的主体，无论何种模具，都是由一块块模板组合而成的。板类零件的主要作用包括固定、支承、成形、顶出及密封等，如图 5-5 所示的动模板。

(2) 表达方案　板类零件一般需经多道工序才可制造而成，各工序的加工位置不尽相同，因而主视图主要按形状特征和工作位置确定。

板类零件有的较为简单，也有的比较复杂。简单的板类零件一般只需要主视图和左视图（右视图）两个视图表示；而复杂的板类零件常需用三个以上的基本视图。内部结构形状一般采用剖视图表示，有时也会用局部剖视或用虚线表示，如果外、内部结构形状投影重叠时，一般会分别表示。对外、内部的局部结构形状，常采用局部视图、局部剖视来表示。

有些起成形作用的板类零件，内部投影关系是非常复杂的。常会出现截交线和相贯线，还有的会遇到过渡线，识图时要认真分析。

(3) 尺寸标注　板类零件的长度方向和宽度方向的主要基准通常采用板的

中心线。板类零件的定位尺寸很多，各孔中心线间的距离一般会直接标注出来。定形尺寸常采用形体分析法标注。板上与其他零件有配合关系或装配关系的尺寸具有协调性。

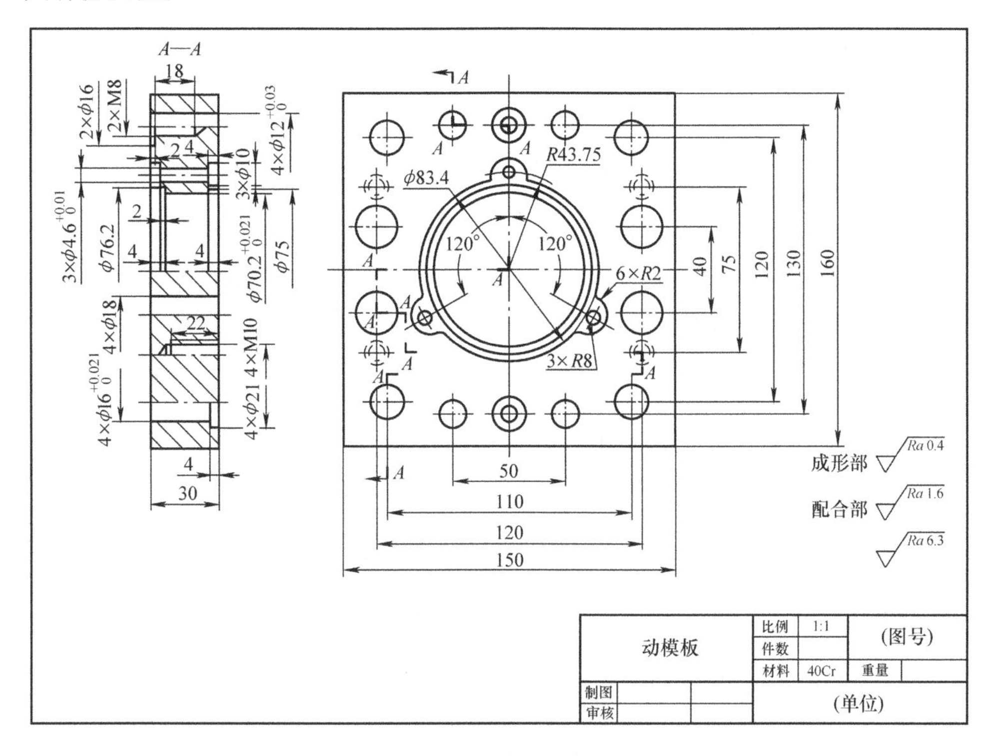

图5-5　动模板零件图

（4）技术要求　起成形、顶出作用的板类零件，为增加其硬度及耐磨性，一般需要进行淬火、调质等热处理，某些成形零件需要通过镀铬等表面强化处理方法来提高模具的抗腐蚀性。

成形表面、配合表面等重要表面的表面粗糙度参数值较小。

重要的成形部分、配合部分和重要的表面一般有尺寸公差和几何公差的要求。

除了上面所分析的各种类型以外，模具零件的种类还很多，结构、形式也各不相同，很难一一加以分析。在练习零件图的识读时，要注意由浅入深地进行。在了解各类零件的用途和特点的基础上，进一步分析图形和尺寸，从而掌握零件图的内容。

总之，只有通过实践中的经验积累和不断进行分析、总结，才能逐渐掌握识读零件图的方法。

5.2 模具装配图的识读

5.2.1 模具装配图识读的注意事项

1. 识读模具装配图的基本要求

通过看模具装配图应了解以下内容：

1）模具的名称、用途和工作原理。

2）各模具零件的相对位置及装配关系，调整方法和拆装顺序。

3）主要零件的形状结构以及在该套模具中的作用，如根据装配图拆画零件图，则还应在看懂装配图的前提下，对于图中的零件未给定的形状结构，进一步加以确定。

2. 识读模具装配图的方法和步骤

（1）概括了解　识读模具装配图时，首先概括了解一下整个装配图的内容，初步了解模具组成零件的名称和位置及其零部件的作用。从标题栏中了解该套模具的名称，按图上序号对照明细栏，了解组成该模具各零件的名称、材料、数量；通过初步观察，结合阅读技术要求，对模县结构、工作原理有个概括了解。

（2）分析视图　根据模具装配图的视图布局，分析所选用的视图、剖视图等各图形所侧重表达的内容，搞清各图形之间的投影关系。

图 5-6 所示的冷冲压模具装配图选用了主、俯两个基本视图，图 5-7 所示的注射模装配图也选用了主、俯两个基本视图。

（3）看懂零件形状　在分析清楚各视图表达的内容后，对照明细栏和图中的序号。按先简单后复杂的顺序，逐一了解各零件的结构形状，对于比较熟悉的标准件、常用件以及一些较简单的零件，可先将它们看懂，然后从图中逐一“分离”出去，最后剩下个别较复杂的零件，再集中力量去分析、看懂。例如，冲压模具中的凸模、凹模或凸凹模，注塑模中的型腔、型芯等零件。

识图的方法，可根据剖视图中的剖面线方向、间隔和相关零件的配合尺寸等来划分，以弄清各个零件在各视图中的投影范围。当零件轮廓一经明确，即可按形体分析法、线面分析法来看懂该装配图所表示零件的图形了。当零件的局部结构在装配图中表示得不完整时，可通过分析它与有关零件的装配关系或它本身的作用后再加以确定。

（4）深入了解装配关系及装配体结构　通过前几个步骤，初步了解了组成装配体各零件的相对位置及装配体的工作原理，但对各零件的连接及装配关系，还需通过图中其他内容进行深入分析。

首先从装配关系入手，图 5-6 所示是一套正装下顶出落料模。该套模具冲出

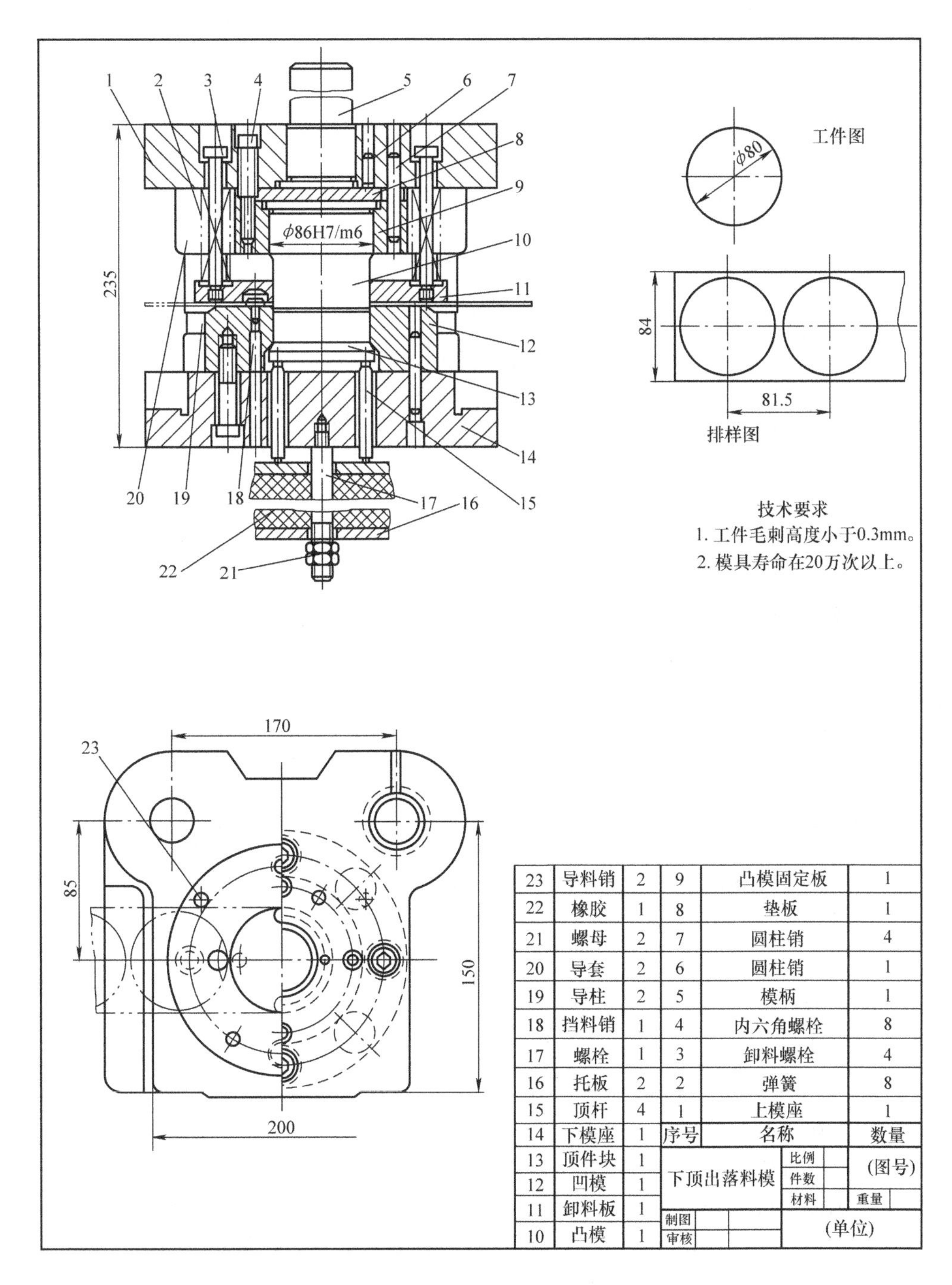

序号	名称	数量	序号	名称	数量
23	导料销	2	9	凸模固定板	1
22	橡胶	1	8	垫板	1
21	螺母	2	7	圆柱销	4
20	导套	2	6	圆柱销	1
19	导柱	2	5	模柄	1
18	挡料销	1	4	内六角螺栓	8
17	螺栓	1	3	卸料螺栓	4
16	托板	2	2	弹簧	8
15	顶杆	4	1	上模座	1
14	下模座	1	序号	名称	数量
13	顶件块	1			
12	凹模	1			
11	卸料板	1			
10	凸模	1			

图5-6 冷冲压模具装配图

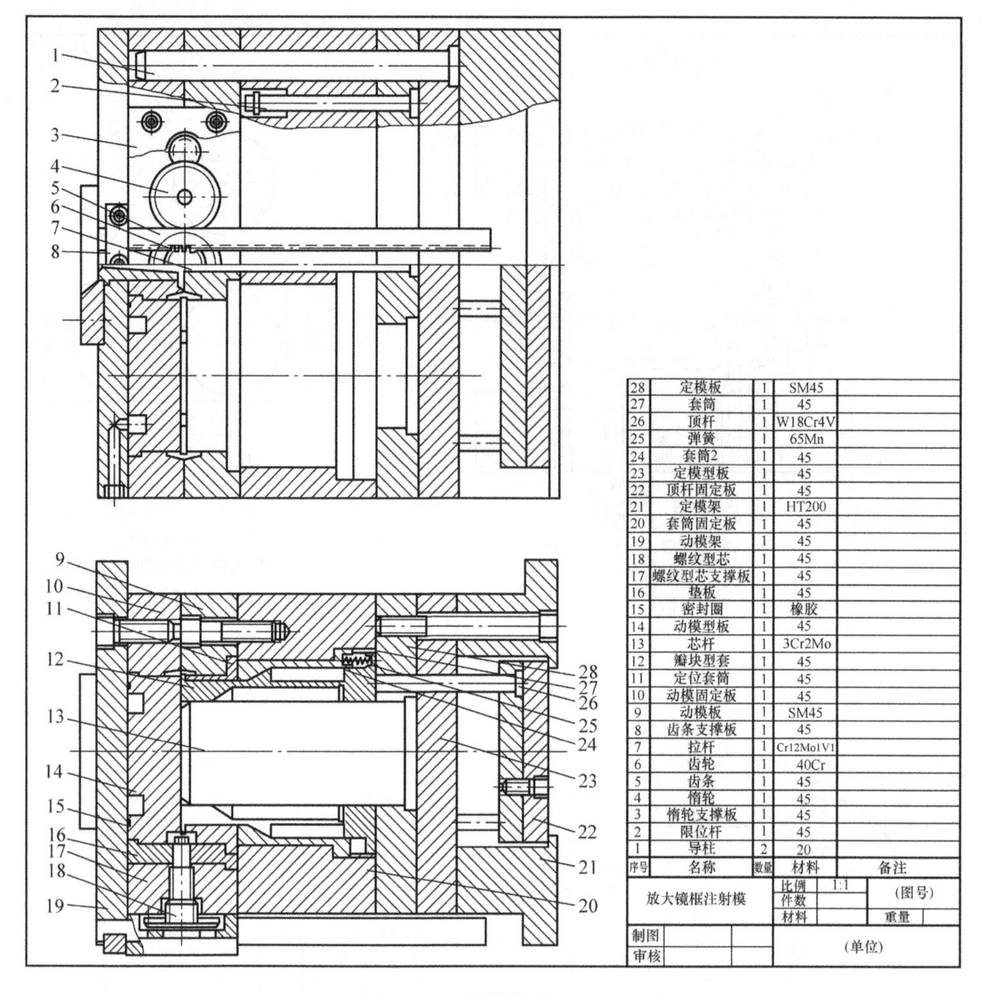

28 定模板 1 SM45
27 套筒 1 45
26 顶杆 1 W18Cr4V
25 弹簧 1 65Mn
24 套筒2 1 45
23 定模型板 1 45
22 顶杆固定板 1 45
21 定模架 1 HT200
20 套筒固定板 1 45
19 动模架 1 45
18 螺纹型芯 1 45
17 螺纹型芯支撑板 1 45
16 垫板 1 45
15 密封圈 1 橡胶
14 动模型板 1 45
13 芯杆 1 3Cr2Mo
12 瓣块型套 1 45
11 定位套筒 1 45
10 动模固定板 1 45
9 动模板 1 SM45
8 齿条支撑板 1 45
7 拉杆 1 Cr12Mo1V1
6 齿轮 1 40Cr
5 齿条 1 45
4 惰轮 1 45
3 惰轮支撑板 1 45
2 限位杆 1 45
1 导柱 2 20
序号 名称 数量 材料 备注
放大镜框注射模
比例 1:1
件数
材料
(图号)
重量
制图
审核
(单位)

图 5-7　注射模装配图

的工件表面平整，适合于厚度较薄的中、小型工件冲裁。模具采用导柱、导套导向，所以冲制的工件质量较高，模具寿命较长，使用安装方便，可以成批大量生产。

图 5-6 所示的冲模中凸模 10、凹模 12 为工作零件，是完成板料冲裁分离的最重要、最直接的零件，凸模和凹模的形状、尺寸决定了零件的形状、尺寸。卸料零件包括卸料板 11，当凸模 10 进入凹模 12 完成冲裁工序后，凸模 10 必须从凹模 12 内退出来，以准备进行第二次冲裁，这时条料紧箍在凸模 10 上，当凸模 10 进一步后退时，包在凸模 10 上的条料被卸料板 11 卸下来（卸料装置由卸料板 11、弹簧 2 和卸料螺栓 3 组成），这样条料可以进一步送入凹模洞口，以准备下次冲裁；另外，在凸模 10 进入凹模 12 完成冲裁工序后，下模的顶件块 13 在

顶出器（包括橡胶22、螺母21、托板16、螺栓17及顶杆15组成）作用下，将工件从凹模12中顶出，定位零件采用挡料销18挡料，由导料销23进行导料，用来保证条料送进时有正确的位置。导向零件由导柱19和导套20组成，以保证冲裁时凸、凹模之间的间隙均匀，从而提高零件的精确度和模具的寿命。基础零件包括上模座1、下模座14、模柄5、垫板8、凸模固定板9，作用是固定凸模和凹模，并与压力机的滑块和工作台面相连接。模具中还有把相关联的零件固定或连接起来的零件，即紧固零件，由内六角螺栓4和圆柱销7完成。

工作时，压力机滑块带动模柄5、上模座1等上部零件上行，毛坯送入模具，并与导料销23、挡料销18接触，来保持毛坯在冲压时的正确位置。滑块向下运动时，首先是卸料板11与凹模12夹住毛坯，随后开始冲裁，冲下的工件被卡在凹模12内，而外部的条料则紧箍在凸模10上，当压力机滑块回程时条料由卸料板11靠弹簧2的作用而退出凸模10，工件在顶件块13的作用下从凹模12中被顶出。

图5-7所示为放大镜框注射模。开模时，齿条5通过齿轮6、惰轮4将螺纹型芯18旋出。模具开启后，顶杆26推顶出瓣块型套12的下座，因芯杆13撑着瓣块，套筒固定板20随之前移，浇注系统从拉杆7上退下，当芯杆滑入瓣块空腔部位后，限位杆2限制套筒固定板继续前移，瓣块型套推动制品脱离动模板9，并在套筒24内锥作用下，瓣块向内收缩从制品中退出。

合模前，当顶杆26的推力取消后，瓣块型套12在弹簧25及套筒24内锥的反作用力下退回，随着合模动作，芯杆13重新将瓣块完全撑开，螺纹型芯18也随合模由齿条5、齿轮6推动旋转回位。

在完成上述各步骤的基础上，把所获得的对所要分析模具的全部认识，加以归纳及综合想象，其工作原理、装配关系、拆装顺序、使用和维护的注意事项等即可更为明确。作为一个整体，模具的立体形象就会更为鲜明、准确地浮现在头脑中，从而全面看懂这张模具装配图。

5.2.2　模具装配图识读实例

1. 钻模装配图的识读

（1）概况了解　如图5-8所示，从标题栏中可知该夹具的名称叫钻模，因此可以联想到它的大概功能是用于钻孔。从明细表中可知钻模共由10种零件组成，其中有7种专用件，3种标准件。

（2）分析视图　钻模用两个基本视图表达，全剖视的主视图把零件的相对位置、工作原理、零件的大概形状已经大体上表达了出来。

件5定位芯轴以其轴颈（ϕ18h6mm）在件1钻模体上定位，通过件7六角螺母、件8垫圈将其锁紧。被钻孔工件（图中用双点画线表示的零件）安装其上，

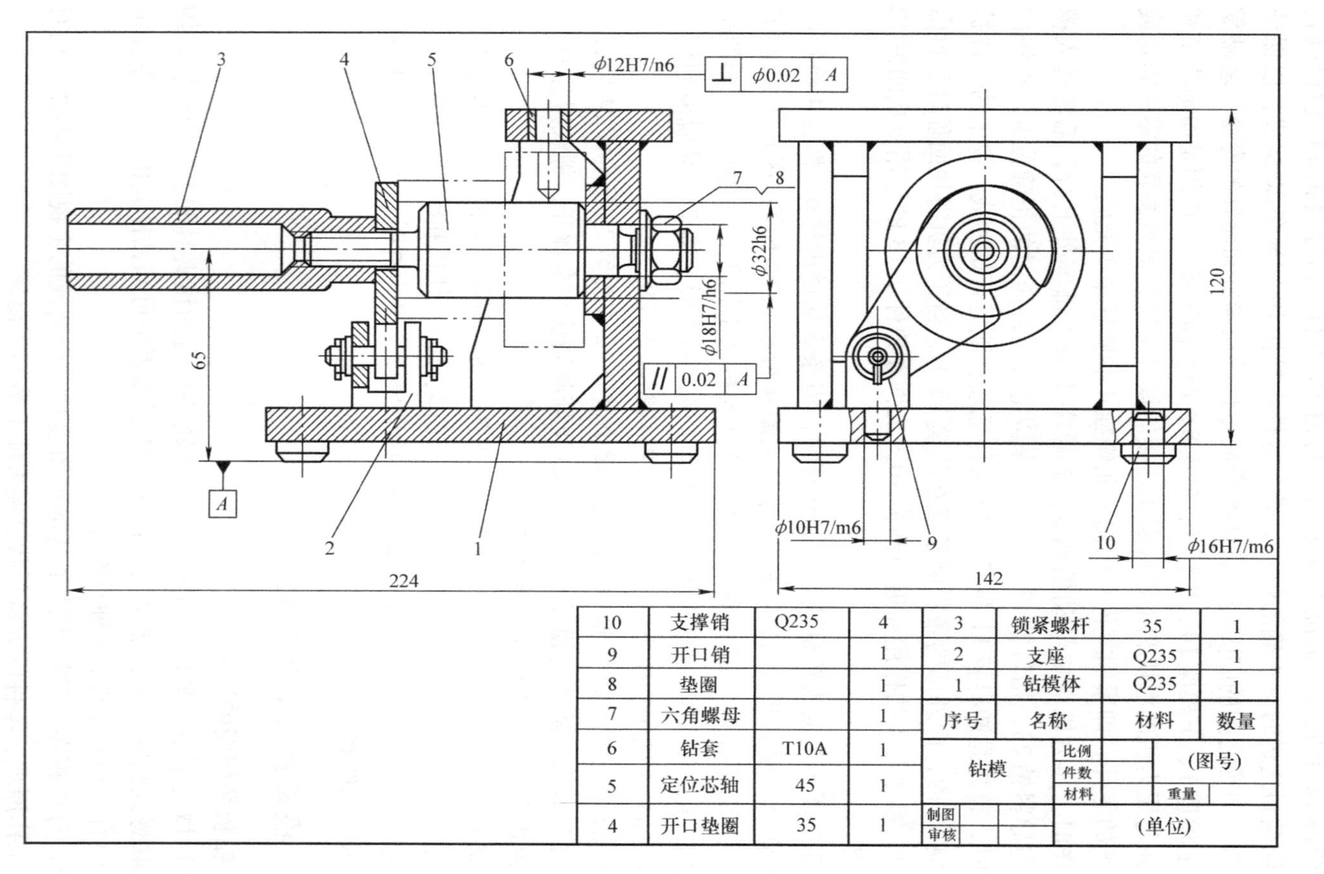

序号	名称	材料	数量
10	支撑销	Q235	4
9	开口销		1
8	垫圈		1
7	六角螺母		1
6	钻套	T10A	1
5	定位芯轴	45	1
4	开口垫圈	35	1
3	锁紧螺杆	35	1
2	支座	Q235	1
1	钻模体	Q235	1

钻模	比例		(图号)
	件数		
	材料	重量	
制图			(单位)
审核			

图5-8 钻模装配图

径向以内孔在 ϕ32h6mm 轴上定位，端面在钻模体上定位。

左视图基本上表达出钻模的外部形状。其上的两处局部剖视图分别表达了件10支撑销与件2支座的配合连接状况。

把主视图和左视图结合起来识读可知钻模的工作原理。

（3）工作原理　将被加工工件从左端安装到定位芯轴5上，并将工件端面靠在钻模体上，然后转动件4开口垫圈于定位芯轴上，再旋紧锁紧螺杆，即可钻孔。钻孔时，钻头以件6钻套导向，能保证钻孔的正确位置。钻完后，退出钻头，旋松锁紧螺杆，转出开口垫圈，沿轴向取下工件，即完成一个工作循环。

（4）分析配合

1）ϕ12H7/n6 件6钻套与钻模体之间的配合，是基孔制过渡配合。

2）ϕ18H7/h6 定位芯轴与钻模体之间的配合，是基准孔与基准轴之间的配合。

3）ϕ16H7/m6 支撑销与钻模体之间的配合，是基孔制过渡配合。

4）ϕ10H7/m6 支座与钻模体之间的配合，是基孔制过渡配合。

（5）几何公差

1）| // | 0.02 | A |，被测要素为定位芯轴轴线，基准要素为钻模底面（由4个支撑销顶面组成）。公差带是与底面平行的两平行平面之间的区域，两平面之间的距离为0.02mm，如图5-9所示。

2）| ⊥ | ϕ0.02 | A |，被测要素为 ϕ12H7mm 孔轴线，基准要素为钻模底面、公差带为垂直于钻模底面的圆柱面区域，圆柱面的直径为 ϕ0.02mm，如图5-10所示。

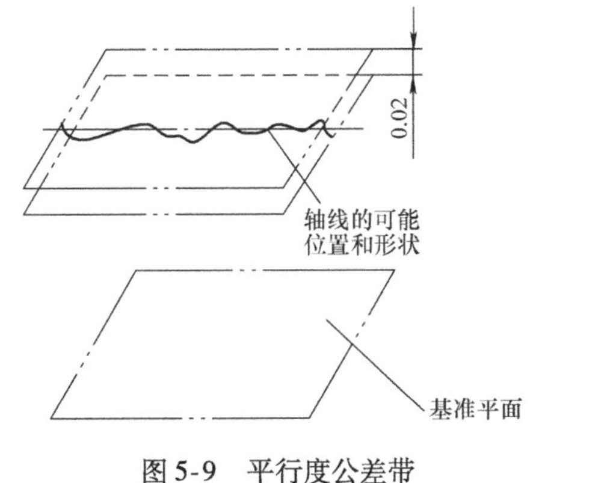

图5-9　平行度公差带

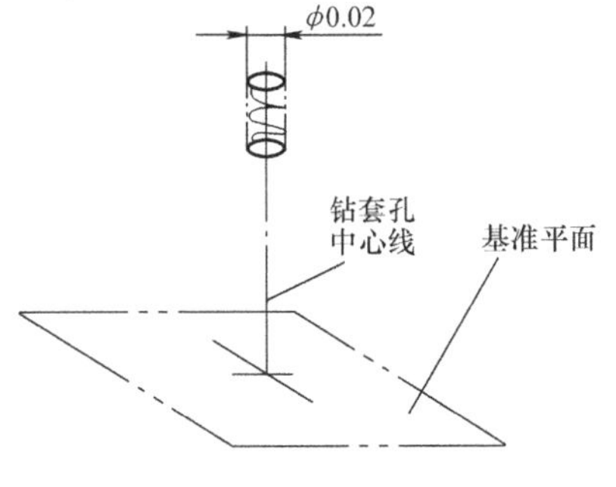

图5-10　垂直度公差带

综上所述，钻模的轴测图如图5-11所示。

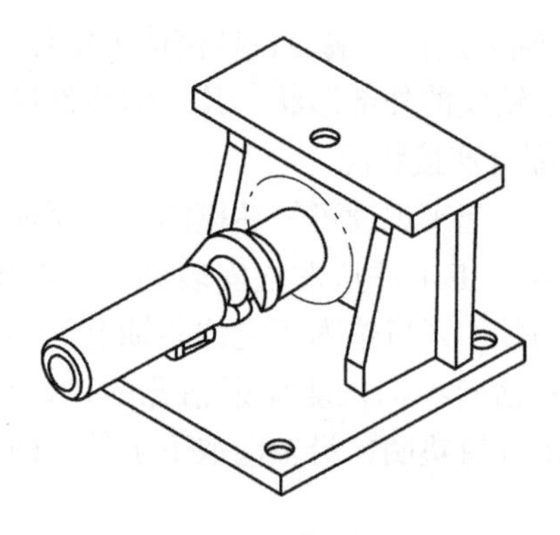

图 5-11　钻模的轴测图

2. 冲模装配图识读

识读冲模装配图之前要知道其相关画法规定。模具总装图一般按图 5-12 布置。

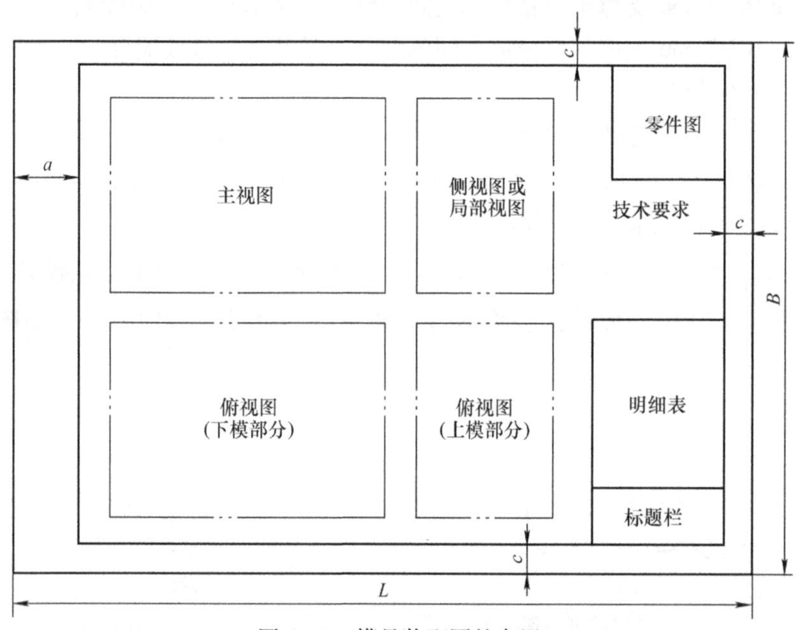

图 5-12　模具装配图的布置

（1）视图　一般情况下，若用主视图和俯视图还不能表达清楚模具的结构时，可再增加其他视图。

在模具装配图中，为了减少局部剖视图，在不影响剖视图表达剖切平面通过部分结构的状况下，可将剖切平面以外部分平移或旋转到剖视上表达，例如螺钉、圆柱销、推杆等。如图 5-13 所示的主视图左下部的圆柱销。

下模俯视图是假想将上模去掉后的投影；上模俯视图，是假想将下模去掉后的投影，如图 5-13 所示的俯视图。

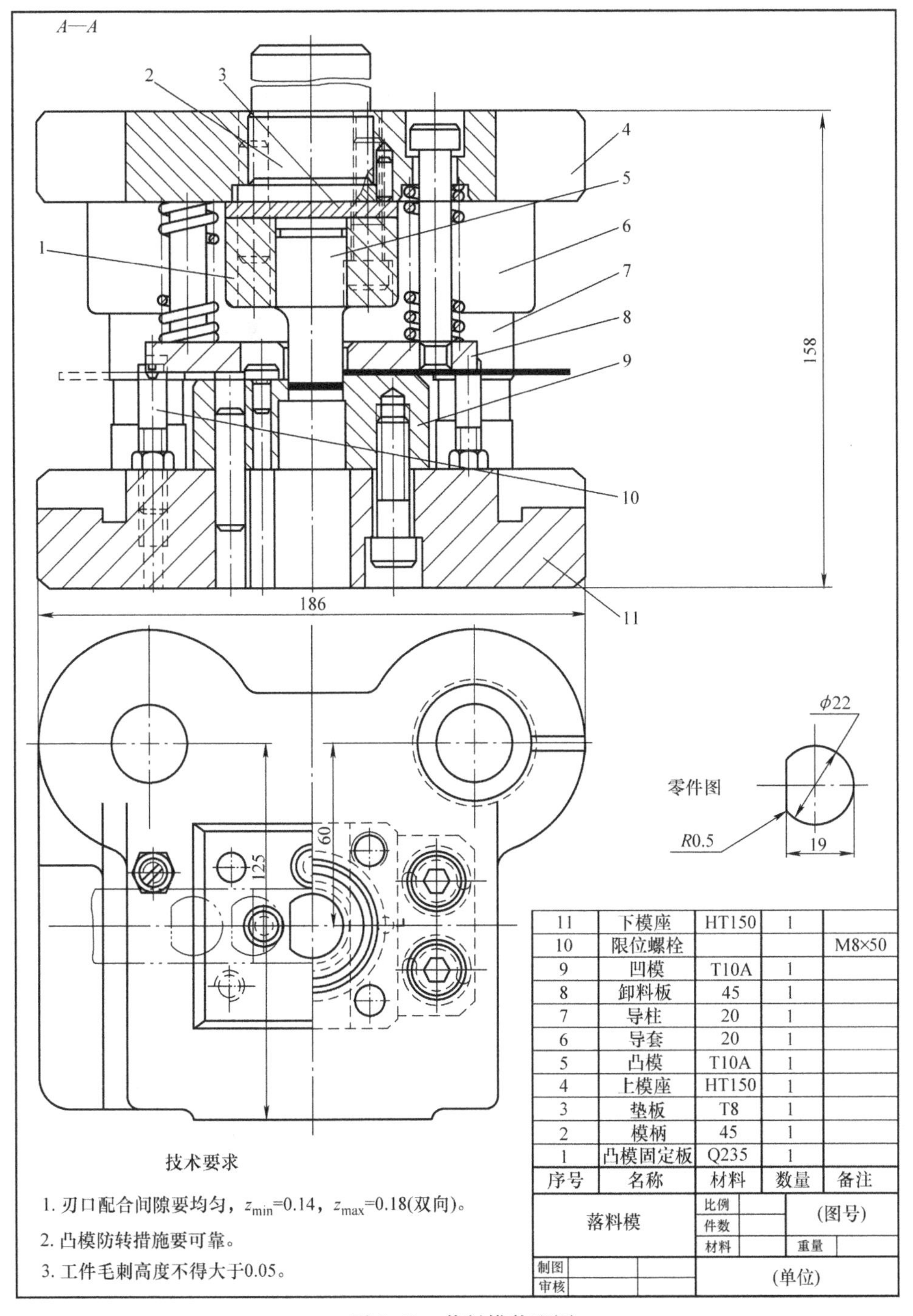

序号	名称	材料	数量	备注
11	下模座	HT150	1	
10	限位螺栓			M8×50
9	凹模	T10A	1	
8	卸料板	45	1	
7	导柱	20	1	
6	导套	20	1	
5	凸模	T10A	1	
4	上模座	HT150	1	
3	垫板	T8	1	
2	模柄	45	1	
1	凸模固定板	Q235	1	

图 5-13　落料模装配图

（2）零件图和排样图　零件图是经模具冲压后得到的冲压件图样，一般画在装配图的右上角，若图面位置不够，或工件较大时，可另附一页。零件图应按比例画出，一般与模具装配图的比例一致。零件图的方向应与冲压方向一致（即与工件在模具图中的位置一样），当不一致时，必须用箭头表示。

有落料工序的模具，应画出排样图，一般也布置在右上角。零件图和排样图的轮廓用双点画线表示，断面涂色。

（3）冲模图的一些习惯画法　圆柱螺旋弹簧：在冲模图中，弹簧可采用简化画法，用双点画线表示。当弹簧个数较多时，在俯视图中可画出一个，其余只画窝座，如图 5-14 所示。

在掌握基础知识后，接下来详细分析落料模的识读步骤及注意事项。

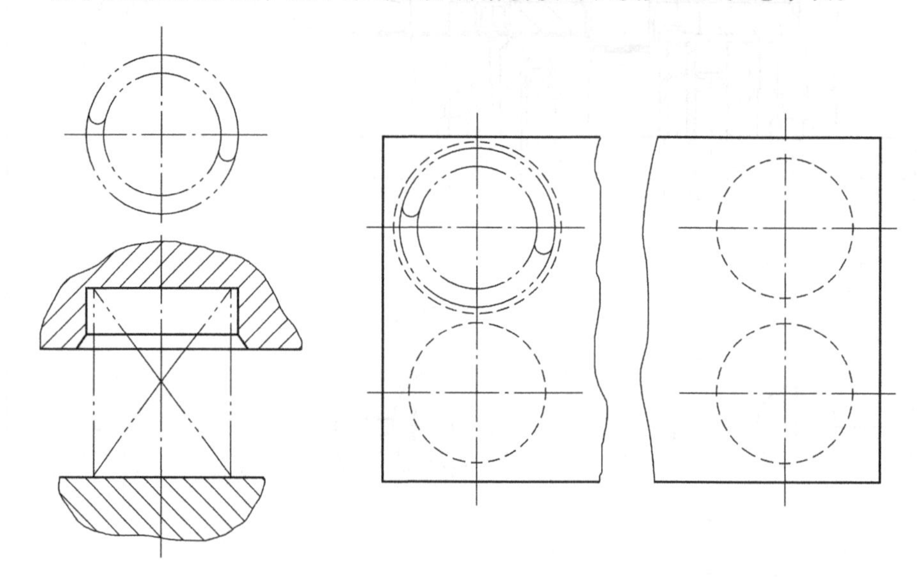

图 5-14　弹簧及窝座的画法

（1）概括了解　由标题栏可知，部件名称叫冲模，属于工艺装备，其工作示意图如图 5-15 所示。图中凸模 1 和凹模 3 组成一对封闭曲线剪切刃口。凸模固定在冲床的滑块上，凹模固定在冲床的工作台上。当冲床滑块带动凸模快速下降时，对放在凸、凹模之间的板料施加压力，上、下一对封闭刃口同时切割板料，完成分离。冲裁后的板料分成两部分，若封闭线以内的部分是制品时称为落料，如图 5-15b 所示；若封闭线以外的部分是制品称为冲孔，如图 5-15c 所示。

（2）分析视图　冲模用主视图和俯视图表达。

全剖视的主视图表达了冲模的主体结构，它主要由件 4 上模座、件 5 凸模、件 1 凸模固定板、件 8 卸料板、件 9 凹模、件 11 下模座、件 6 导套和件 7 导柱组成，还表达了零件间的相对位置、连接固定方式和工作原理。俯视图的左半部

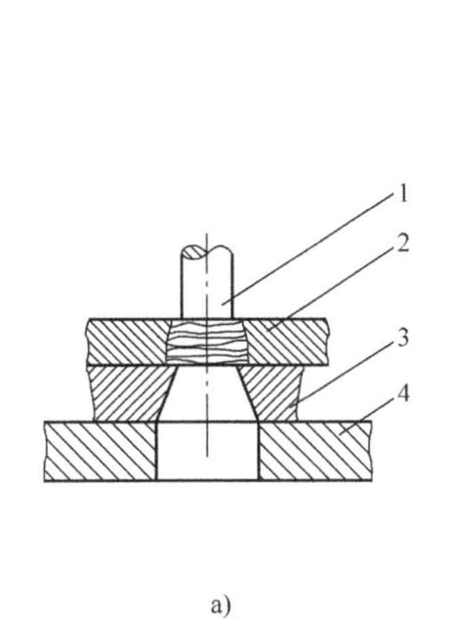

a)

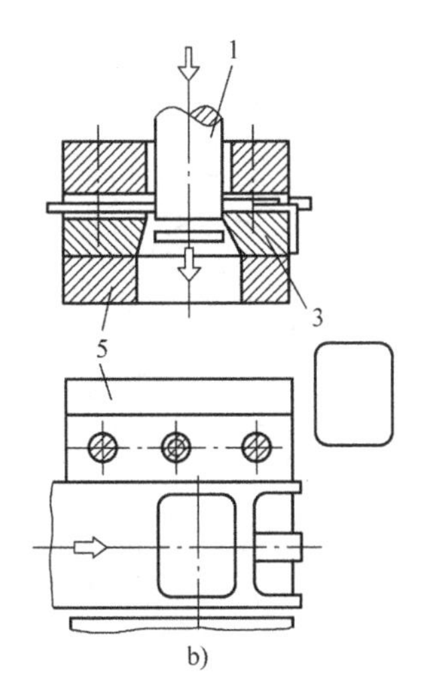

b)

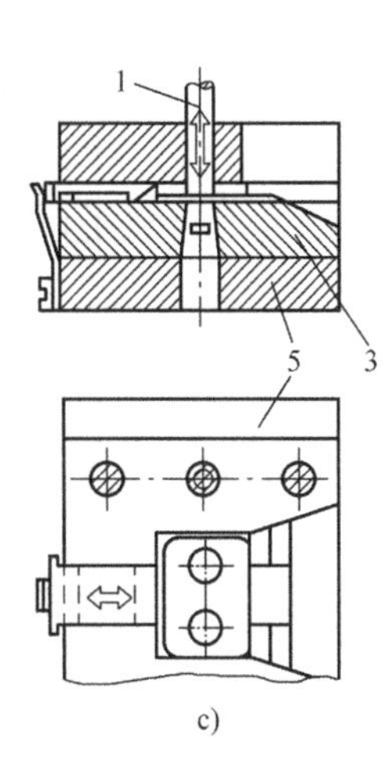

c)

图 5-15　冲裁示意图
a）组成　b）落料　c）冲孔
1—凸模　2—板料　3—凹模　4—冲床工作台　5—模座

分表达了下模座的主要结构及凹模在下模座上的连接固定状况，它是假想拆去上模座后的连接固定状况，如图 5-13 所示。

（3）工作原理　工作开始前，毛坯板料靠住件 10 限位螺栓。工作时，上模上移，在弹簧力作用下件 8 卸料板先压紧板料后，上模继续下移，在冲压力的作用下零件与板料分离。落料后，上模回升，弹簧力通过卸料板把板料从凸模上卸下。导柱导套的功能是保证凸、凹模间准确的相对位置。

（4）分析零件（件 11 下模座）　该零件采用全视的主视图和俯视图表达，如果阅读主视图，很难从视图中找到它的剖切位置，这是一种约定俗成的表达方法。即在冲模图中，为了减少局部剖视图，在不影响剖切平面通过部分的结构表达状况下，可以将剖切平面没有剖到的部位平移，旋转到剖视图上，见图 5-16 件 11 下模座中的 ϕ10mm 销孔和 ϕ16mm 沉孔就是平移到剖视图中的。

对于形状比较复杂的零件，可以采用“认识视图特征，分析视图对投影，面形分析攻难点，综合起来想整体”的方法识读。

认识视图抓特征，即抓形状特征或位置特征，对于下模座来说是抓形状特征。反映下模座形状特征的部位多在俯视图上。

首先在俯视图上找到图 5-16 所示的封闭“线框” a，它表示一个平面在俯视图上的投影，然后用“对线条，找投影”的方法，找到它在主视图上的投影是一条直线 a'，说明这是一个平行于水平面，垂直于正面的平面；在俯视图上找到位于左下角，形似长方形的部位的封闭“线框” b，用同样的方法找到其在

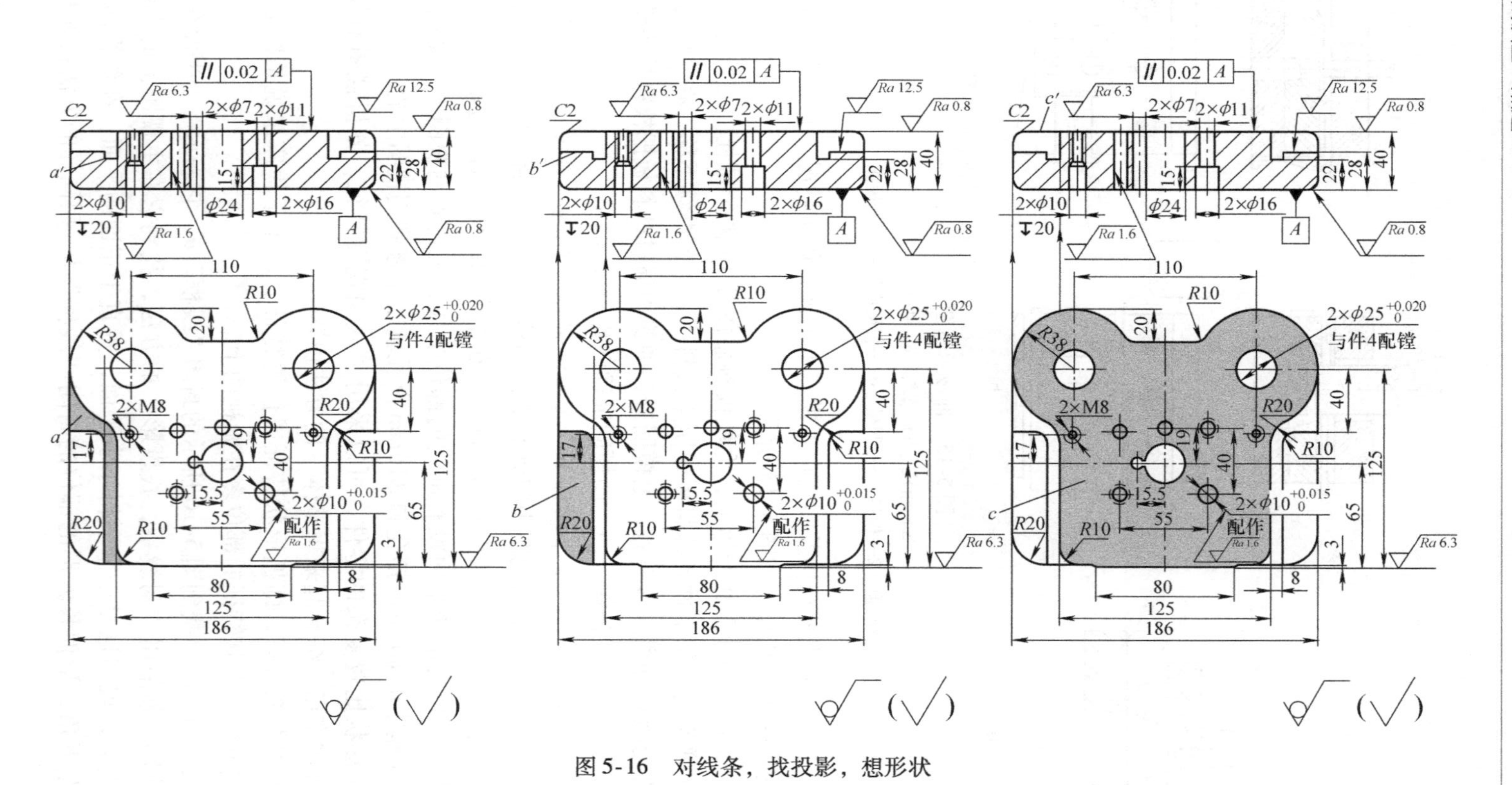

图 5-16　对线条，找投影，想形状

主视图上的投影，它也是一条直线b'，说明也是一个平行于水平面，垂直于正面的平面，用同样的方法可以找到c'和c的对应关系。

该零件左、右对称，最后综合起来想象出零件的总体形状，如图5-17所示。

对于读不懂的其他零件图都可用这种方法。

（5）装配图上的技术要求

1）刃口配合间隙要均匀。$Z_{min}=0.14mm$，$Z_{max}=0.18mm$（双向）。冲裁间隙是指凸模、凹模刃口部分，在垂直于冲裁力方向上的投影尺寸之差。双向间隙是指凸、凹模之间间隙之和，用Z表示。$Z_{min}=0.14mm$，即最小间隙是0.14mm；$Z_{max}=0.18mm$，即最大间隙是0.18mm。刃口间隙合适，冲裁件质量高，所需冲压力小；反之亦然。合理间隙的取值决定于两个因素：板料厚度及其塑性。板料厚度大，冲裁间隙增大；板料塑性大，冲裁间隙小。在实际应用中，往往根据料厚和材料的塑性查表确定。

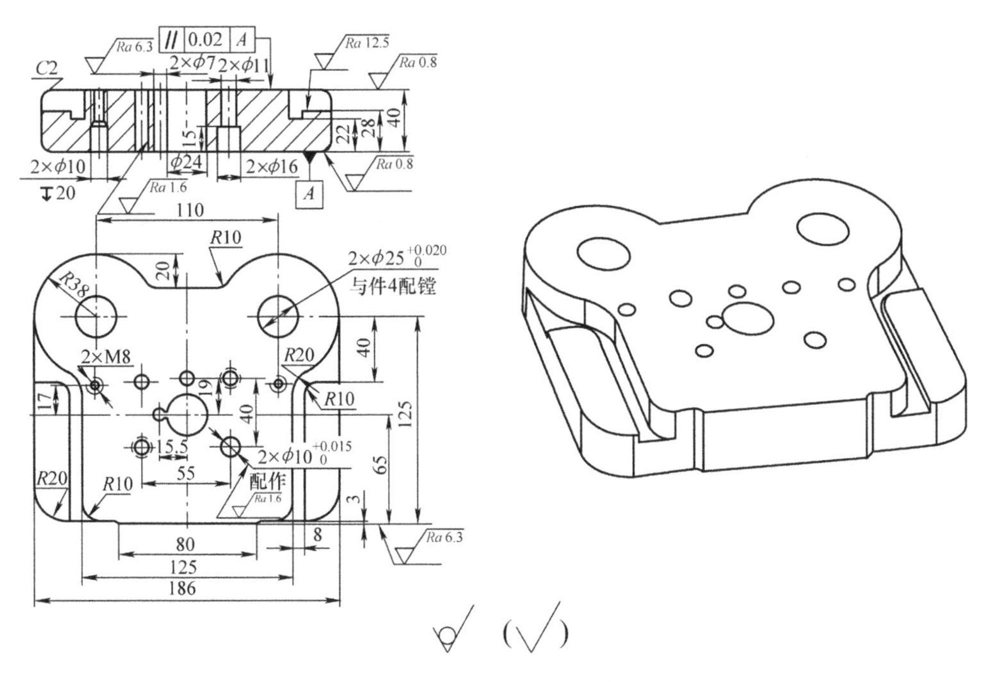

图5-17 综合起来想整体

2）凸模防转措施要可靠。由于制件具有方向性（见图5-13），如果凸、凹模之间产生位移，必然产生设备和人身事故。凸模的基本形状是圆柱体，容易产生转动，所以要有可靠的防转措施。落料模的防转措施是把凸模顶部的圆柱面加工出两个小平面，两平面对称配置于轴线的两侧。在凸模固定板上相应加工出一个槽。两者配作，要求零间隙配合。

落料模的轴测图如图 5-18 所示。

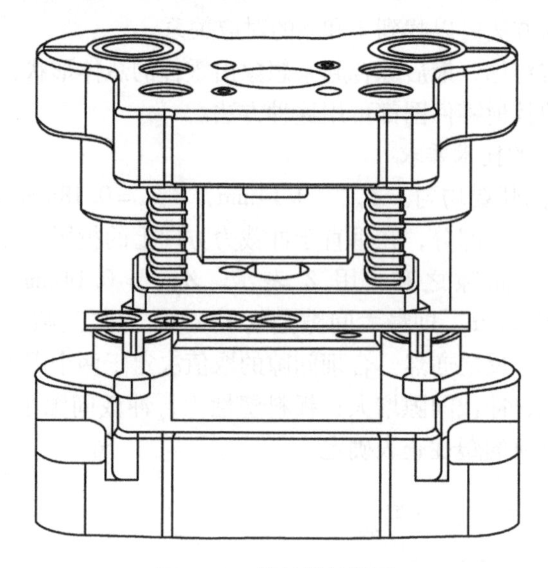

图 5-18　落料模轴测图

3. 注射模装配图的识读

下面以图 5-19 所示扣盖内滑块抽芯注射模装配图为例，说明识读注射模具装配图的方法和步骤。

（1）概括了解　由标题栏知本模具是扣盖内滑块抽芯注射模模具。分型面为塑件的上盖与下部分盒的交接面。由明细栏可知它共有 22 种零件，可分成工作零件、模架零件、结构零件和标准件等。结合模具知识和说明书可知该模具为一模一腔的型腔模具，采用点浇口，浇口位置位于塑件上表面的中心处。

（2）分析视图　装配图上布置的视图有主视图、俯视图（前模平面图和后模平面图）以及塑件图。

主视图重点表达装配的结构关系，采取全剖视画法，剖切符号 $A-A$ 的位置选择标注在后模平面图上。主视图反映了各模板的装配关系、侧向分型与抽芯机构的装配关系、推出机构的装配关系、导向装置的装配关系、浇口套与定模座板的装配关系等。

俯视图由后模平面图和前模平面图组成。后模平面图重点表达动模部分各装配孔的位置，习惯上将定模部分拿去，反映模具的动模俯视可见部分。前模平面图重点表达定模部分各装配孔的位置，习惯上将定模部分拿起，反映模具的定模仰视可见部分。

塑件图布置在图样的右上角，反映塑件制品的结构形状、尺寸、牌号等。

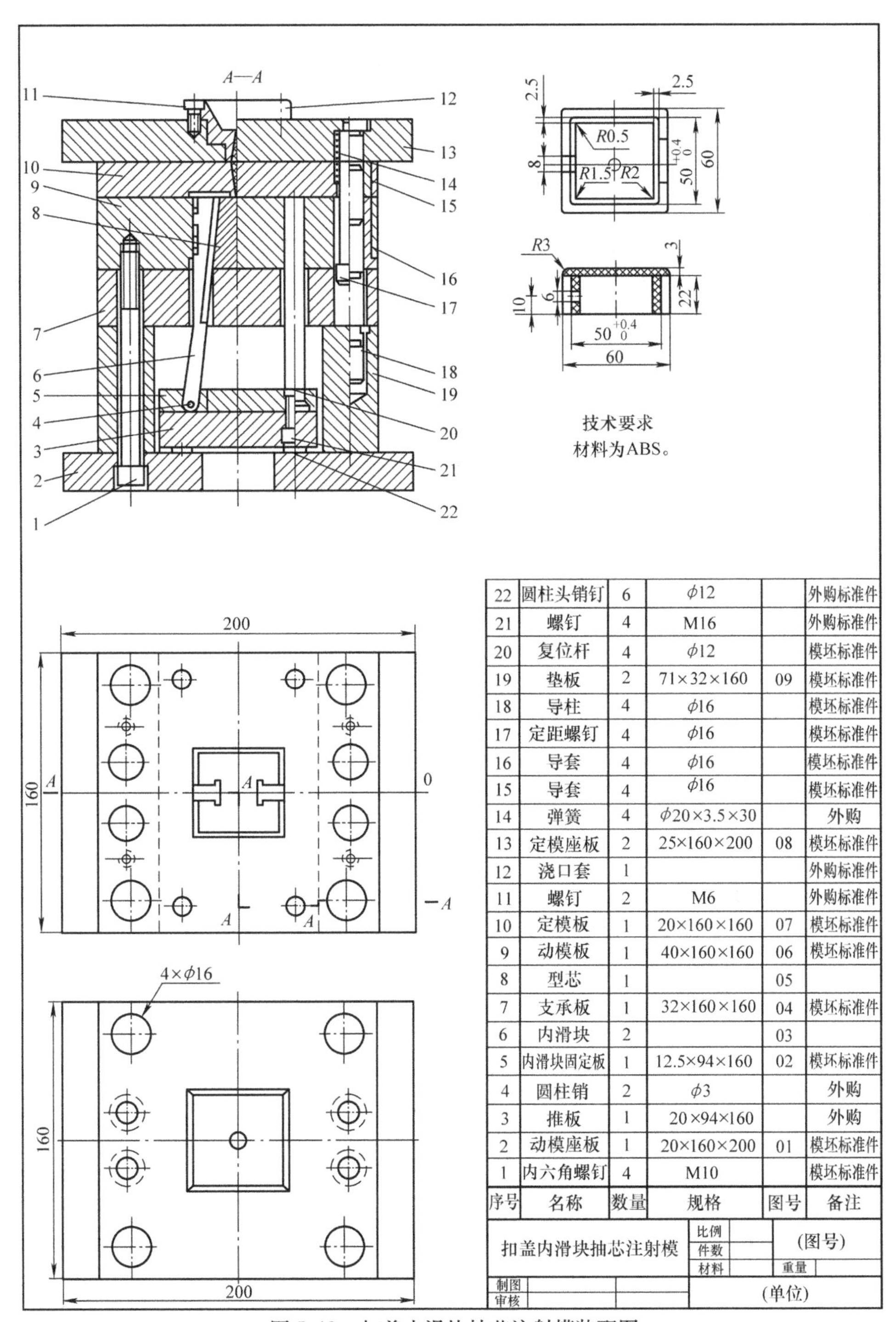

22	圆柱头销钉	6	ϕ12		外购标准件
21	螺钉	4	M16		外购标准件
20	复位杆	4	ϕ12		模坯标准件
19	垫板	2	71×32×160	09	模坯标准件
18	导柱	4	ϕ16		模坯标准件
17	定距螺钉	4	ϕ16		模坯标准件
16	导套	4	ϕ16		模坯标准件
15	导套	4	ϕ16		模坯标准件
14	弹簧	4	ϕ20×3.5×30		外购
13	定模座板	2	25×160×200	08	模坯标准件
12	浇口套	1			外购标准件
11	螺钉	2	M6		外购标准件
10	定模板	1	20×160×160	07	模坯标准件
9	动模板	1	40×160×160	06	模坯标准件
8	型芯	1		05	
7	支承板	1	32×160×160	04	模坯标准件
6	内滑块	2		03	
5	内滑块固定板	1	12.5×94×160	02	模坯标准件
4	圆柱销	2	ϕ3		外购
3	推板	1	20×94×160		外购
2	动模座板	1	20×160×200	01	模坯标准件
1	内六角螺钉	4	M10		模坯标准件
序号	名称	数量	规格	图号	备注

扣盖内滑块抽芯注射模	比例		(图号)
	件数		
	材料		重量
制图			(单位)
审核			

图 5-19　扣盖内滑块抽芯注射模装配图

（3）分析装配关系和工作原理　本模具由定模和动模两部分组成。内六角螺钉 1、11、21 分别固定相关的模具零件；模具通过定模座板 13 与注射机的固定模板相连接，并通过浇口套 12 与注射机的料筒相结合，形成塑料熔体进入模具的通道；模具通过动模座板 2 与注射机的移动模板相连接，完成模具的开启与闭合，同时动模座板 2 也是安装固定动模部分、零部件的支撑零件；型芯 8、内滑块 6、动模板 9 是模具的成型零件，决定了塑件的几何形状及尺寸；导柱 18、导套 15、16 用来对相关的模具零件进行准确导向；支承板 7 用来支承动模上的模具零件；内滑块 6、推板 3、内滑块固定板 5、复位杆 20 构成了模具的侧向抽芯机构；垫板 19 用来支承动模成型部分并形成顶出脱模机构运动空间；定距螺钉 17 限制开模先后顺序。

（4）分析零件的结构形状　根据装配图，分析零件在部件中的作用，并通过构形分析确定零件各部分的形状。先看主要零件，再看次要零件；先看容易分离的零件，再看其他零件；先分离零件，再分析零件的结构形状。

1）由明细栏中的零件序号，从装配图中找到该零件所在位置，如图 5-19 中的内滑块序号为 6，再由装配图中找到序号 6 所指的零件。

2）利用投影分析，根据零件的剖面线倾斜方向和间隔，确定零件在各视图中的轮廓范围，并可大致了解到构成该零件的简单形体。

3）综合分析，确定零件的结构形状，如图 5-20 所示。

（5）总结归纳　在对模具的工作原理、装配关系和各零件的结构形状进行分析之后，还应对所注尺寸和技术要求进行分析研究，从而了解机器或部件的设计意图和装配工艺性能等，并弄清各零件的拆装顺序。归纳总结，加深对机器或部件的全面认识，完成识读装配图工作，并为拆画零件图打下基础。轴测图如图 5-21 所示。

图 5-20　内滑块实体图

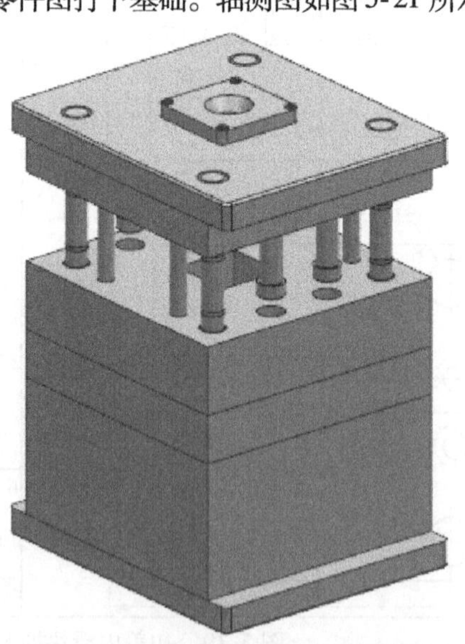

图 5-21　扣盖内滑块抽芯注射模轴测图

钣金工程图的识读

钣金是将一些金属薄板通过手工或模具冲压使其产生塑性变形，形成所希望的形状和尺寸，并可进一步通过焊接或少量的机械加工形成更复杂的零件。钣金具有重量轻、强度高、成本低、大规模量产性能好等特点，在电子电器、通信、汽车工业、医疗器械等领域得到了广泛应用，比如电脑机箱、通风防尘管道、汽车外壳等都是钣金件。

制造钣金件时一般都先根据制件的设计图样画出展开图，然后经过放样画线、下料、弯、卷、焊接、铆接等工序最后制成品。机械工程师必须熟练掌握钣金件的识图及设计技巧，使得钣金件既满足产品的功能和外观等要求，又能使冲压模具制造简单、成本低。

6.1 常见立体的展开图

展开图就是根据钣金制件工程图中的视图尺寸及工艺要求用作图法和计算法确定出零件各表面的真实形状和大小，然后将它们依次展开并按一定比例画在一个平面上的图形。绘制展开图的方法的实质就是求直线或曲线的实长和求平面或曲面的实形。在实际生产中，根据钣金件表面性质的不同可分为可展与不可展两种，对于平面立体因其表面都是平面，因此属于可展表面，对于曲面立体由于组成立体的曲面性质不同，其表面分为可展与不可展曲面两种。

6.1.1 平面立体表面的展开

1. 直角三角形法

利用特定直角三角形解决有关线段的实长及其倾角问题的方法称为直角三角形法。

(1) 求线段的实长和对 H 面倾角 α（见图6-1）

方法1：

1）以水平投影 ab 为一条直角边，过 b 作 $bB_0 \perp ab$，取 $bB_0 = Z_B - Z_A$。

2）连接 aB_0，得到直角△abB_0。其中斜边 aB_0 为 AB 的实长，斜边 aB_0 与 ab 的夹角即为 AB 对 H 面的倾角 α。

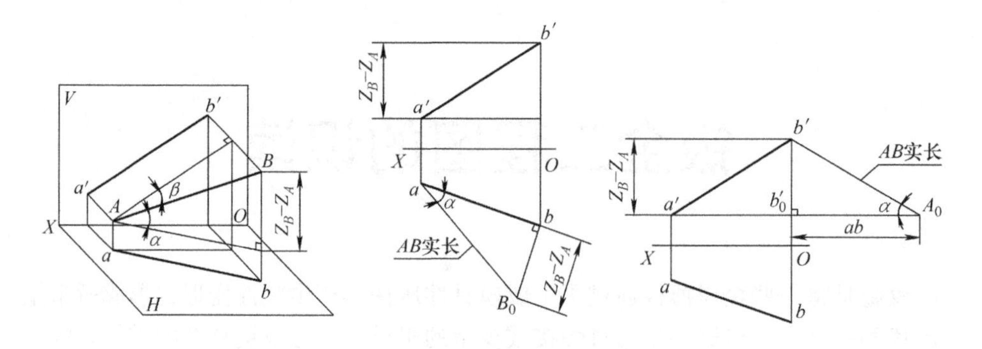

图6-1　求线段实长及 α

方法2：

1）在 V 面投影中，过 a' 作 OX 轴的平行线，与 bb' 交于 b'_0，延长 $a'b'_0$，使 $b'_0A_0 = ab$。

2）连接 $b'A_0$，得到直角△$b'b'_0A_0$。其中，斜边 $b'A_0$ 为 AB 的实长，z 坐标差 $b'b'_0$ 所对的锐角即为 AB 对 H 面的倾角 α。

(2) 求线段实长及对 V 面的倾角 β（见图6-2）

同理，利用直线的正面投影和 y 坐标差作为两条直角边也可以求出线段的实长以及对 V 面的倾角 β。

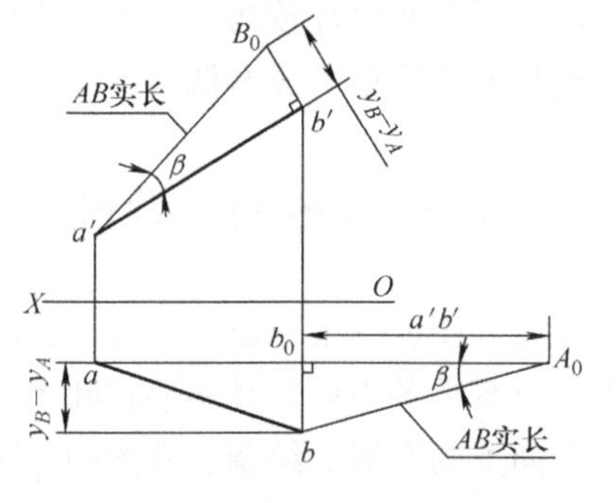

图6-2　求线段实长及 β

2. 棱台管表面的展开

棱台管表面的展开如图6-3所示。

1）将主视图中的棱线延长得交点 s'，用直角三角形法求出棱线 SA、SE 的实长 $s'a'_1$、$s'e'_1$。

2）以 $s'a'_1$ 为半径画圆弧，在圆弧上依次截取 $AB = ab$、$BC = bc$、$CD = cd$、$DA = da$，并过 A、B、C、D、A 各点向 S 连线，在 SA 上截取 $SE = s'e'_1$，再过点 E 依次作底边的平行线，即为四棱台管的表面展开图。

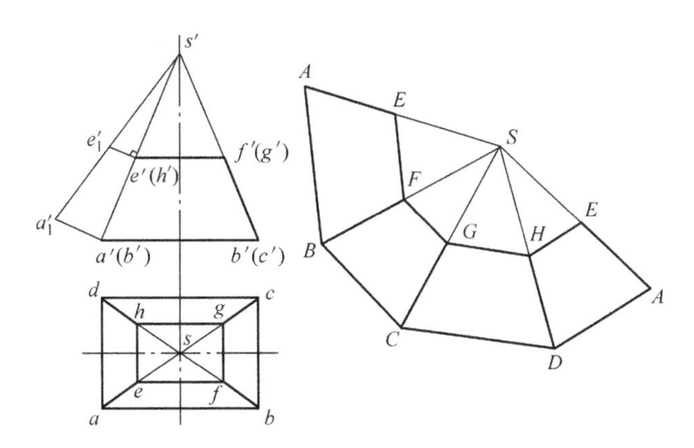

图 6-3　棱台管表面的展开

6.1.2　可展曲面的展开

1. 斜口圆柱面的展开

斜口圆柱面的展开如图 6-4 所示。

将底圆展开成直线（长度为 πD），并将该直线与底圆作相同的等分，再过等分点作垂直于直线的素线，即可作出展开图。

如准确程度要求不高时，各分段长度可用底圆分段各弧的弦长近似代替。

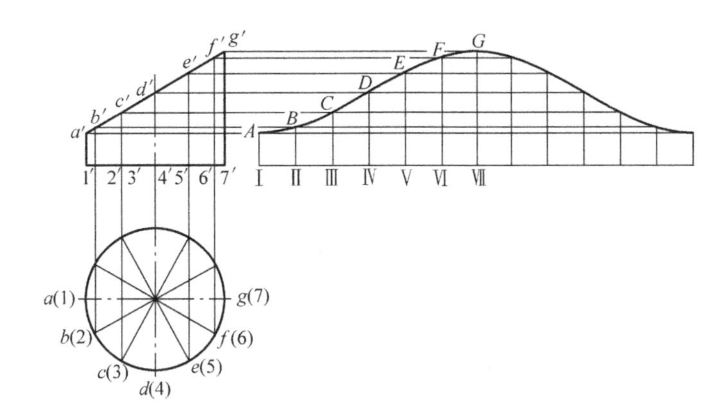

图 6-4　斜口圆柱面的展开

2. 异径正交三通管的展开

异径正交三通管的展开如图 6-5 所示。

根据异径三通管的视图作展开图时，必须先在视图上准确地作出相贯线的投影，再分别作出大小圆管的展开图。

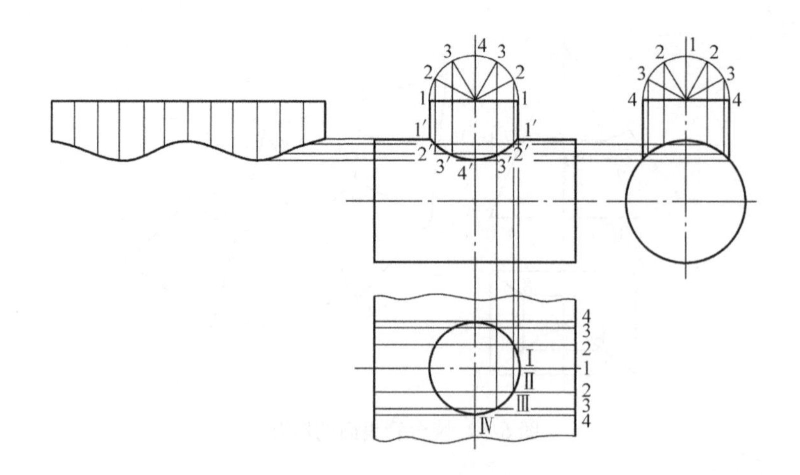

图6-5　异径正交三通管的展开

小圆管展开参考斜口圆柱的展开。大圆管展开图作图如下：

1）先将大圆管展开成一矩形（图中仅画局部），画出对称中心线。

2）根据左视图中1、2、3、4点所对应的大圆弧的弧长，在下方展开图中截取1、2、3、4各点，过所得2、3、4点作水平中心线的平行线，即为大圆柱面上素线的展开位置。

3）过主视图中1′、2′、3′、4′各点向下作垂线，与下图中过1、2、3、4的素线对应相交，得Ⅰ、Ⅱ、Ⅲ、Ⅳ点。

4）光滑连接Ⅰ、Ⅱ、Ⅲ、Ⅳ点，即为1/4切口展开线，然后根据对称关系，完成整个切口展开图。

6.1.3　不可展曲面的近似展开

1. 球面的展开

球面展开柱面法如图6-6所示，锥面法如图6-7所示。

（1）柱面法

1）将球面沿子午面12等分，并将其中一份的1/2用圆柱面（NAB）代替。

2）作直线$NS=\pi D/2$，并将其12等分（图中标出各分点N、3、6、S等）。

3）过分点作垂线，垂直于NS，并在各垂线上量取相应的长度，如在过点6的垂线上，量取$B6=b6$、$6A=6a$；在过点3的垂线上，量取$D3=d3$、$3C=3c$；得点D、B、C、A等。

4）顺次光滑地连接各点，即得1/12球面的近似展开图。

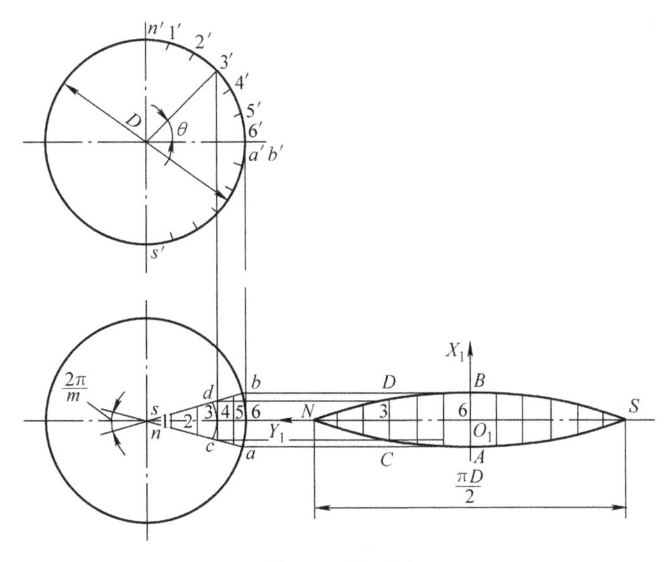

图 6-6　柱面法

（2）锥面法

1）沿纬线将球面划分成若干块（块数多少视球面的大小而定，现为 9 块）。

2）将包含赤道的一块（Ⅴ）用内接于球的圆柱面近似代替，作圆柱面Ⅴ的展开图。

3）以 $R = o'1'$ 为半径作圆，得极板 I 的展开图。

4）连接 $1'2'$ 并延长与球面轴线相交于点 s'_1，分别以 $s'_1 1'$ 和 $s'_1 2'$ 为半径作弧，得板Ⅱ的展开图，同理可得板Ⅲ、Ⅳ的展开图。

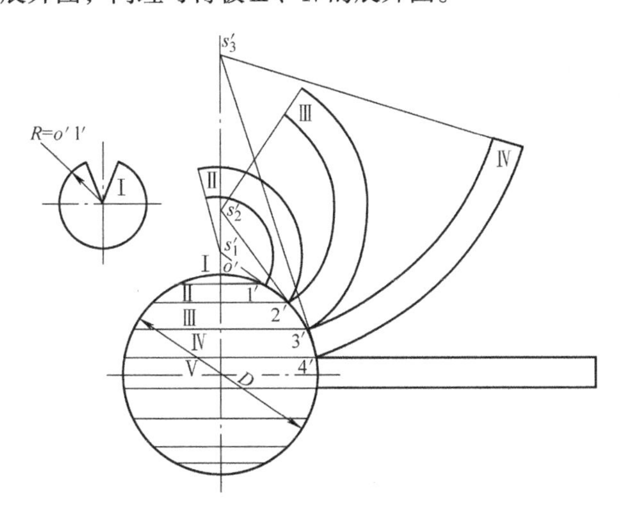

图 6-7　锥面法

2. 圆柱正螺旋面的展开

圆柱正螺旋面的展开如图 6-8 所示。

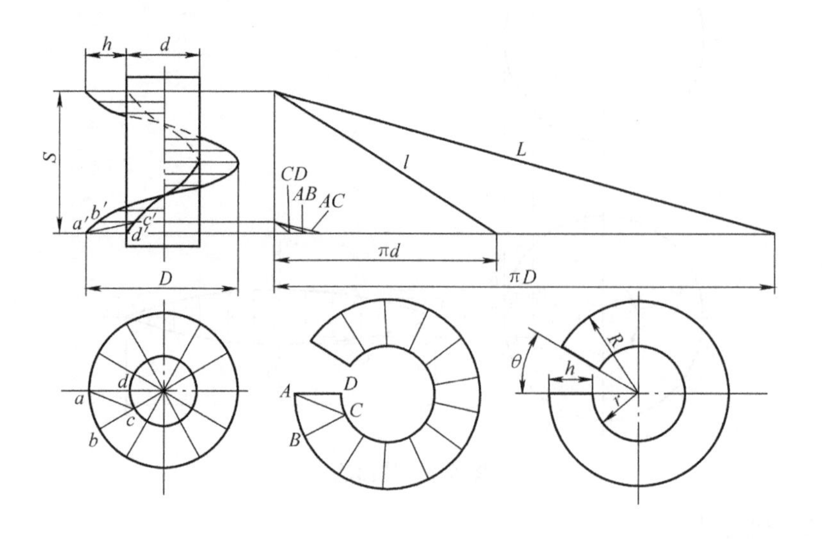

图 6-8　圆柱正螺旋面的展开

正螺旋面是以直线为母线，以一螺旋线及其轴线为导线，又以轴线的垂直面为导平面的柱状面。它是不可展曲面，采用近似展开法展开。

方法 1：三角形法。

1）将一个导程的螺旋面沿径向作若干等分，如 12 等分，得 12 个四边形（由两条直线和两条曲线围成）。

2）取一个四边形 $abcd$，作对顶点连线，如 ac，得两个三角形。

3）把空间曲线作为直线，求三角形边的实长 AB、CD、AC。

4）作出四边形的展开图 $ABCD$，并以此为模板，依次拼合四边形，作出一个导程的螺旋面的近似展开图。

方法 2：计算法。

根据螺旋面外径 D、内径 d，导程 S、螺旋面宽度 h，则有

外螺旋线一个导程的展开长度　$L=\sqrt{(\pi D)^2+S^2}$

内螺旋线一个导程的展开长度　$l=\sqrt{(\pi d)^2+S^2}$

利用以下公式：

$$R=r+h \quad \frac{R}{r}=\frac{L}{l} \quad r=\frac{lh}{L-l} \quad \theta=\frac{2\pi R-L}{\pi R}180^\circ$$

算出 r、R、θ，画出展开图。

6.2　钣金工程图识读的注意事项

1. 钣金工程图的特点

由于钣金件结构的特殊性，在图样的表达上有自身的特点。

1）一般情况下，钣金工程图在视图之外还附有局部的或整个制件的下料展开图，如图 6-9 所示。

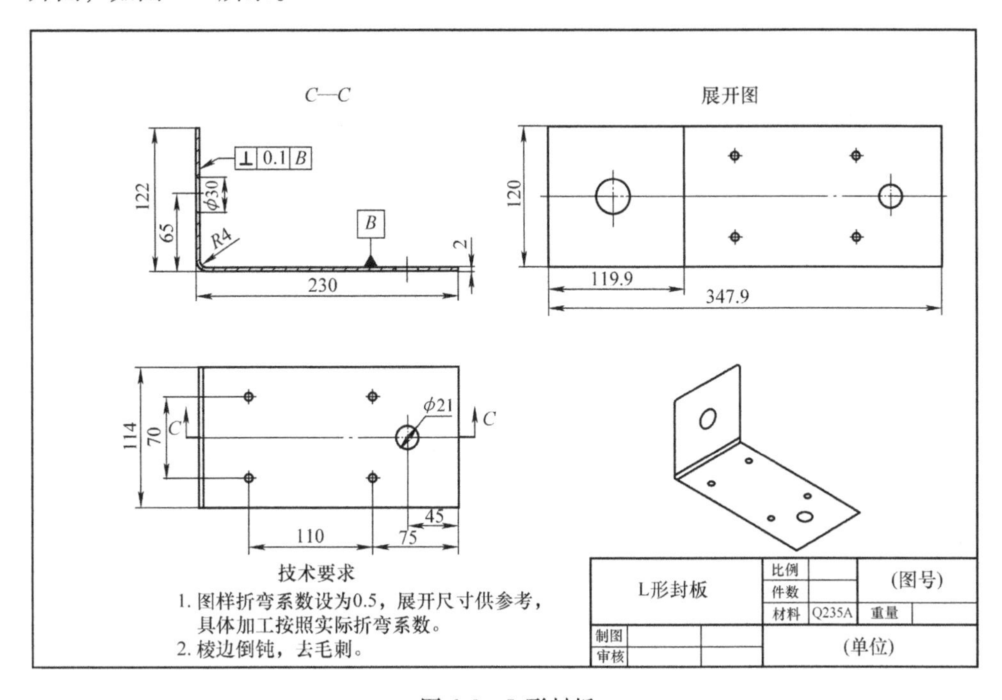

图 6-9　L 形封板

2）如果钣金件的视图和展开图画在一起，展开图用双点画线表示，如图 6-10所示。

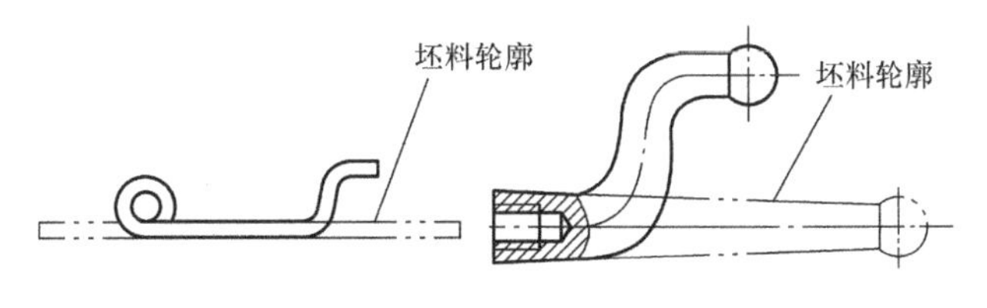

图 6-10　钣金件视图和展开图画在一起

3）在展开图中，零件的弯折、凹陷或凸出处，均用细实线表示弯折的界限，如图 6-11 所示。

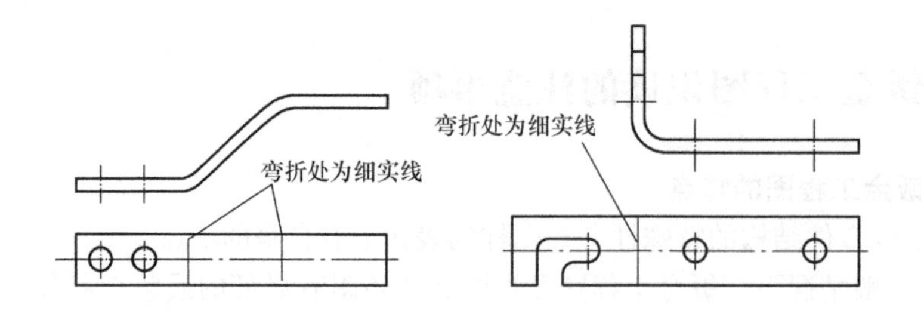

图 6-11　展开图中弯折处及孔的表示法

4）钣金件上的通孔习惯上不进行剖视，也不用虚线表示，如图 6-11 所示。

2. 钣金工程图的识读方法

1）初步识别图样反映的是什么形状的零件。

分析零件是由哪些基本形状组合而成的，逐找出每个基本形体的投影，想清楚它们的空间形状，再根据基本形体的组合方式和各形体之间的相对位置，想象出整体的空间形状，看图的时候必须将几个视图联系起来看。对于一些形状比较复杂的物体，如果只采用三个视图还不能清楚地表达出物体的形状，就需要借助其他面的投影视图及辅助视图，如剖视图、局部放大图等。

2）了解产品的相关工艺信息。

阅读图样右下角的标题栏，了解零件的名称、材料、数量、比例等信息。还要注意了解零件的热处理、硬度、公差、未注倒角、表面粗糙度等相关工艺信息。

3）识读尺寸。

图纸最大的部分就是中间的视图部分，其主要反映零件形状和尺寸，这部分根据不同的工序会标注不同的信息，应根据投影规则识读各视图尺寸，再按照图示标注对应于实物尺寸，做相关工艺加工。

6.3　钣金工程图识读实例

1. 网卡固定架

网卡固定架零件图如图 6-12 所示，该零件是通过先落料，后冲孔，再折弯成形的方法制造的典型的钣金制件。材料是 Q235 冷轧钢板，厚度为 1.0mm。

根据钣金制件的表达习惯，该网卡固定架上的通孔不进行剖视，也不用虚线表示。

该网卡固定架主要结构包括端壁、侧壁、通信孔、安装孔、底板孔。主要工艺结构包括侧壁的两侧加工有止裂槽，端壁的弯角半径 $R2$mm，侧壁和端壁的折弯高度。

根据产品的形状和用途，主要保证两对结构的相对位置精度：一是两螺孔之间的距离（40 ± 0.05）mm；二是中间方孔和底板孔之间的距离（5 ± 0.01）mm。

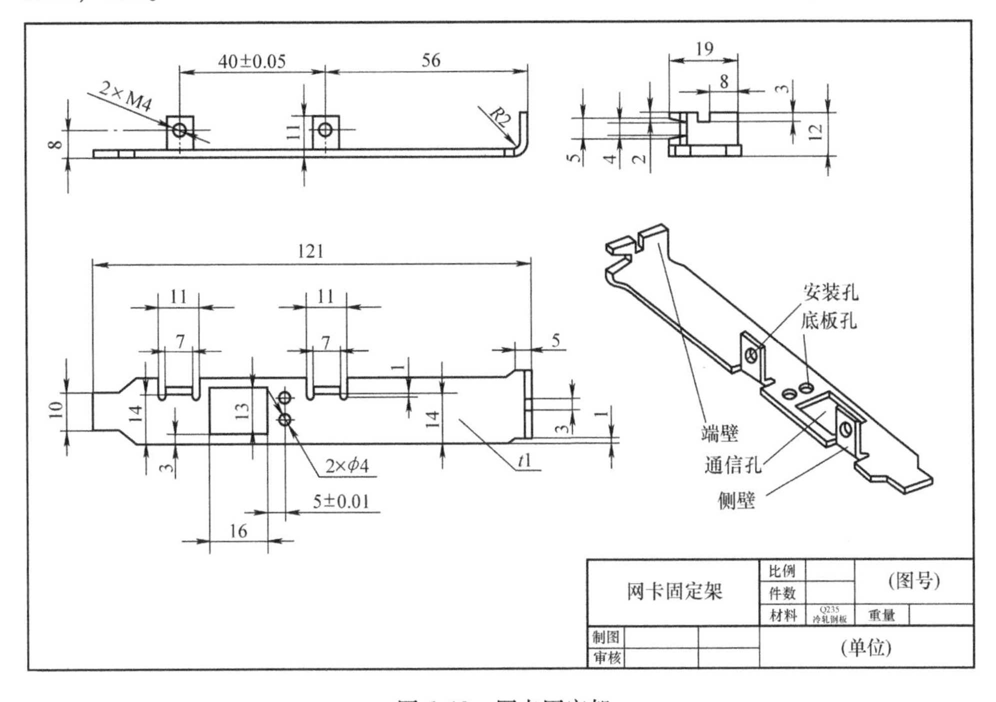

图 6-12　网卡固定架

2. 控制器上盖

如图 6-13 所示，该零件的材料是 Q235 冷轧钢板，厚度 1.0mm。该零件体积较大，形状规则，但结构较多，其结构主要包括安装孔、观察窗、装配槽、让位缺口、管路过孔、支撑壁等，其工艺结构主要包括止裂槽、折弯圆角等。通过分析图样，可以初步了解该零件的加工过程。

1）加工基础形体，基础形体是盒形，可拉延成形。

2）加工安装孔，用冲模冲切板材，加工安装孔。

3）加工观察窗，该部位要安装较厚的有机玻璃，所以需要凹进去一定尺寸。可采用拉延后再冲切的方法加工。

4）加工管路过孔，采用拉延后再冲切的方法加工。

5）加工让位缺口，采用冲切的方法加工。

6）加工装配槽，采用拉延后再冲切的方法加工。

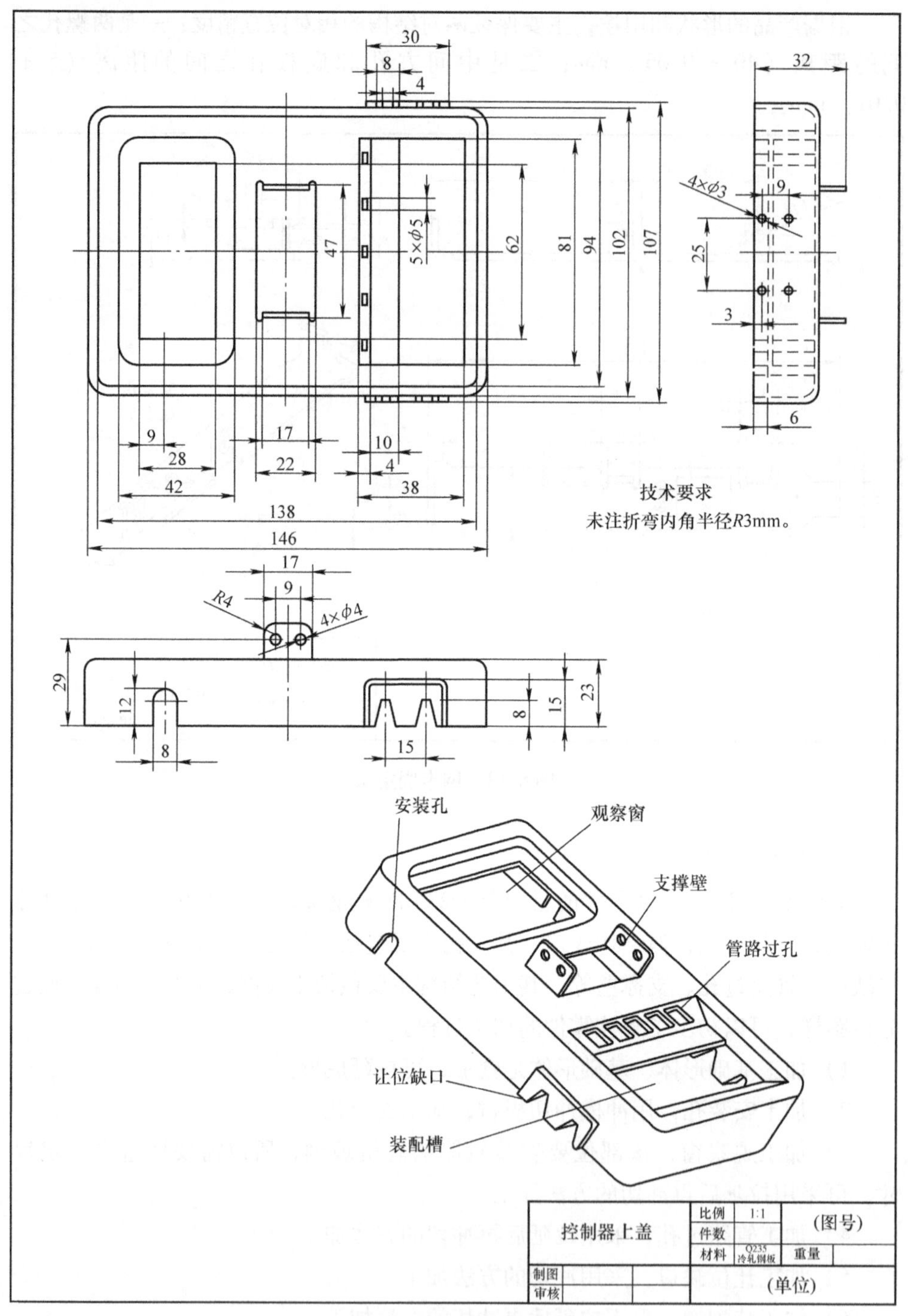

技术要求
未注折弯内角半径R3mm。
安装孔
观察窗
支撑壁
管路过孔
让位缺口
装配槽
控制器上盖
比例
1:1
件数
材料
Q235
冷轧钢板
重量
(图号)
制图
审核
(单位)

图 6-13　控制器上盖

焊接图的识读

焊接是指通过加热或加压，或两者并用，并且用或不用填充材料，使分离的工件牢固地连接在一起的一种加工方法。

7.1 焊缝的表示方法

根据国标 GB/T 324—2008《焊缝符号表示法》和 GB/T 12212—2012《技术制图　焊缝符号的尺寸、比例及简化表示法》的规定，在技术图样中可以用图示法表示焊缝，也可以用规定的符号和标注表示焊缝。

7.1.1 焊缝的图示法

绘制焊缝时可用视图、剖视图、断面图表示，也可以使用轴测图示意地表示。

1）用视图绘制焊缝时，焊缝可用一系列细实线绘制（见图 7-1），也允许用粗实线表示焊缝，该粗实线的宽度是可见轮廓线宽度的 2 ~3 倍，如图 7-2 所示。但同一张图样中，只允许采用用一种画法。

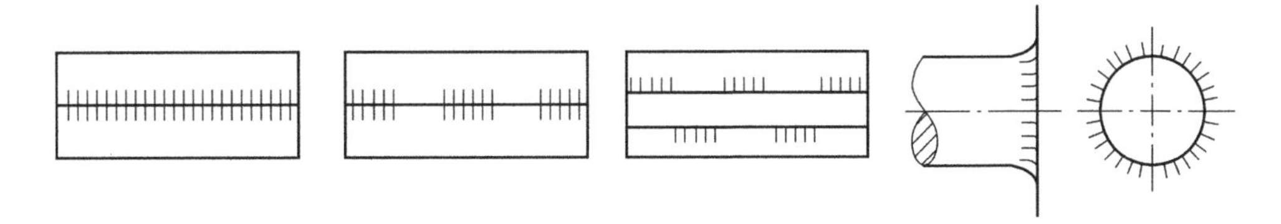

图 7-1　用细实线表示焊缝

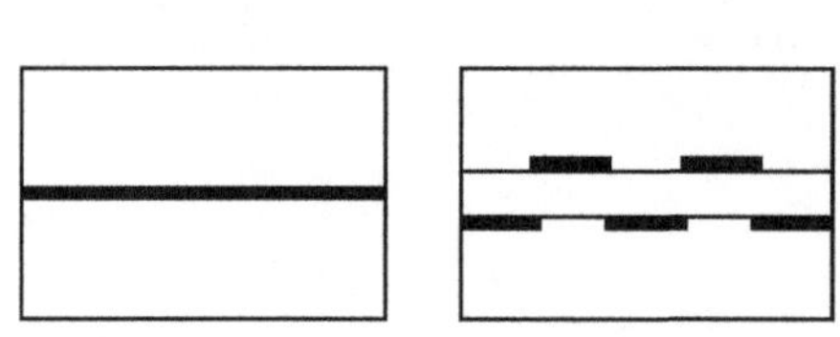

图 7-2　用粗实线表示焊缝

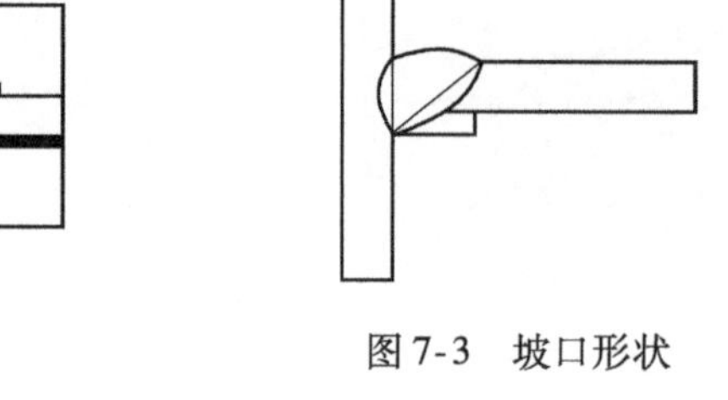

图 7-3　坡口形状

2）在焊缝端面的视图中，用粗实线绘出焊缝的轮廓。必要时，可用细实线画出焊接前的坡口形状，如图 7-3 所示。

3）在剖视图或断面图上，通常用涂黑表示焊缝的金属熔焊区，如图 7-4a 所示。若同时需要表示坡口等的形状时，熔焊区部分也可按 2）的规定绘制，如图 7-4b所示。

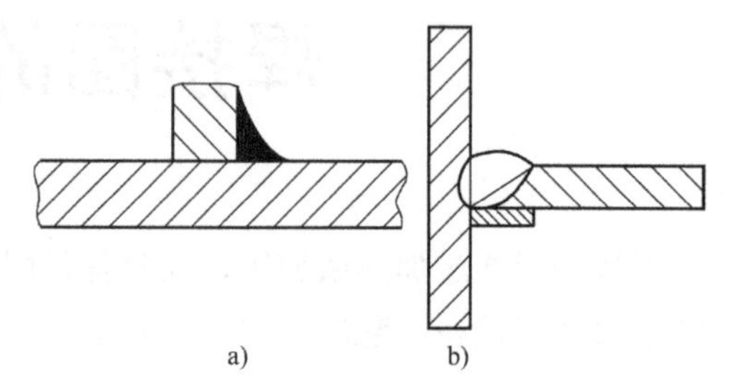

图 7-4　焊缝表示法

a）用涂黑表示金属熔焊区　b）绘制坡口形状

4）用轴测图示意地表示焊缝的画法，如图 7-5 所示。

5）必要时，可将焊缝部位用局部放大图表示并标注尺寸，如图 7-6 所示。

6）当在图样中采用图示法绘制焊缝时，通常应同时标注焊缝符号，如图 7-7 所示。

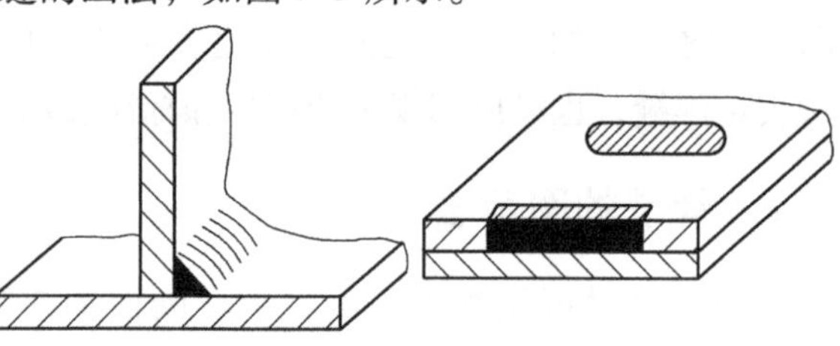

图 7-5　焊缝轴测图表示法

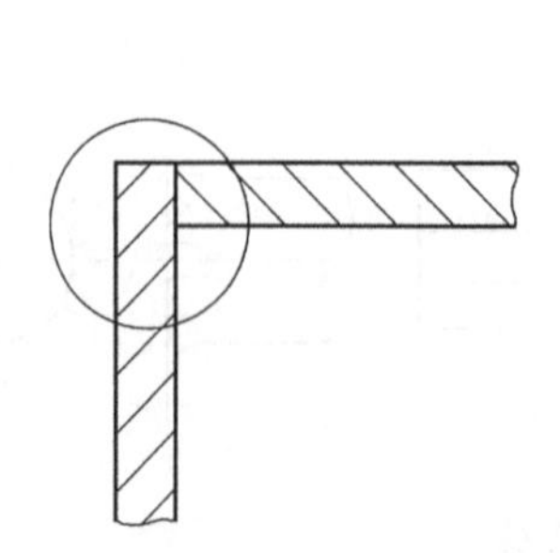

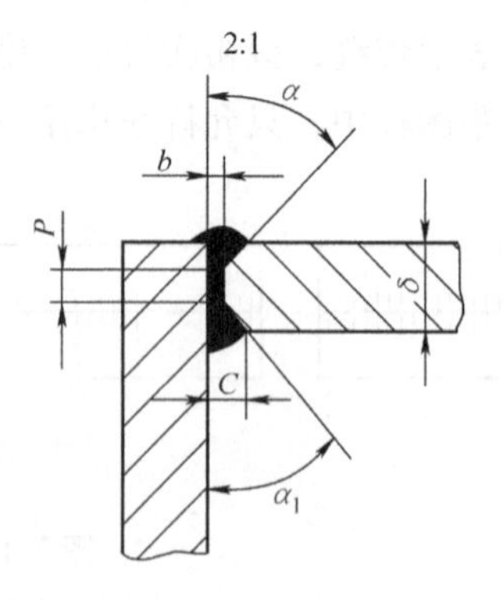

图 7-6　焊缝局部放大图表示法

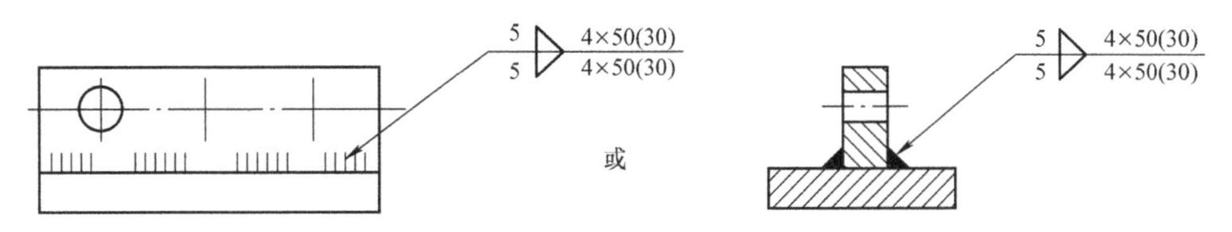

图 7-7　焊缝符号的标注

7.1.2　焊缝符号标注法

为了使图样清晰和减轻绘图工作量，一般不按图示法画出焊缝，而是采用一些符号进行标注。焊缝符号一般由基本符号与指引线组成。必要时还可以加上补充符号和焊缝尺寸符号。

1. 焊缝符号

焊缝符号共有三组，基本符号见表 7-1，用来表示焊缝横截面的基本形式或特征；基本符号的组合见表 7-2，是标注双面焊焊缝或接头的符号；补充符号见表 7-3，是用来补充说明有关焊缝或接头的某些特征，诸如表面形状、衬垫、焊缝分布、施焊地点等。

表 7-1　基本符号

序号	名称	示意图	符号
1	卷边焊缝（卷边完全熔化）		
2	I 形焊缝		
3	V 形焊缝		
4	单边 V 形焊缝		
5	带钝边 V 形焊缝		
6	带钝边单边 V 形焊缝		
7	带钝边 U 形焊缝		
8	带钝边 J 形焊缝		

（续）

序号	名称	示意图	符号
9	封底焊缝	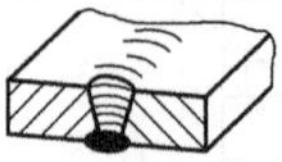	
10	角焊缝	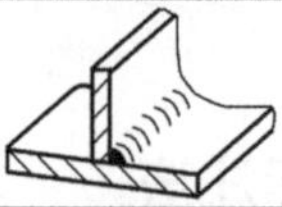	
11	塞焊缝或槽焊缝		
12	点焊缝		
13	缝焊缝	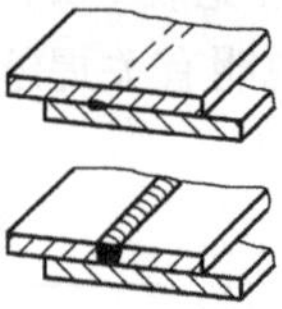	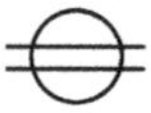
14	陡边 V 形焊缝	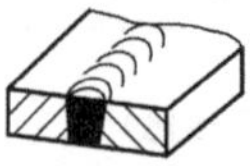	
15	陡边单 V 形焊缝	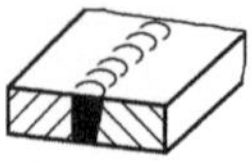	
16	端焊缝		
17	堆焊缝	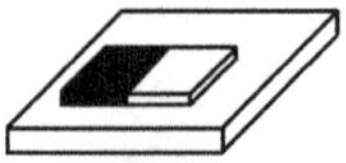	
18	平面连接（钎焊）	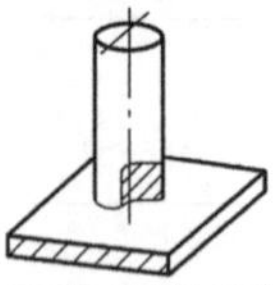 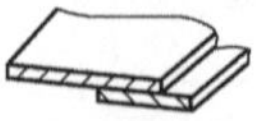	
19	斜面连接（钎焊）	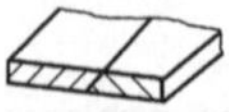	
20	折叠连接（钎焊）		

表 7-2　基本符号的组合

序号	名称	示意图	符号
1	双面 V 形焊缝（X 焊缝）		
2	双面单 V 形焊缝（K 焊缝）		
3	带钝边的双面 V 形焊缝		
4	带钝边的双面单 V 形焊缝		
5	双面 U 形焊缝		

表 7-3　补充符号

序号	名称	符号	说明
1	平面		焊缝表面通常经过加工后平整
2	凹面		焊缝表面凹陷
3	凸面		焊缝表面凸起
4	圆滑过渡		焊趾处过渡圆滑
5	永久衬垫	M	衬垫永久保留
6	临时衬垫	MR	衬垫在焊接完成后拆除
7	三面焊缝		三面带有焊缝
8	周围焊缝		沿着工件周边施焊的焊缝 标注位置为基准线与箭头线的交点处
9	现场焊缝		在现场焊接的焊缝
10	尾部		可以表示所需的信息

2. 焊缝基准线、指引线、箭头线

1）焊缝符号的基准线由两条相互平行的细实线和细虚线组成，焊缝符号的指引线用细实线绘制，如图 7-8 所示。

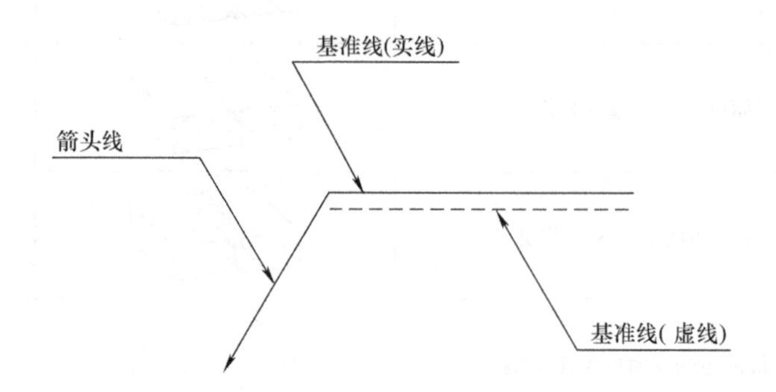

图 7-8　焊缝符号基准线和指引线

2）箭头直接指向的接头侧为接头的“箭头侧”，与之相对应的则为接头的“非箭头侧”如图 7-9 所示。

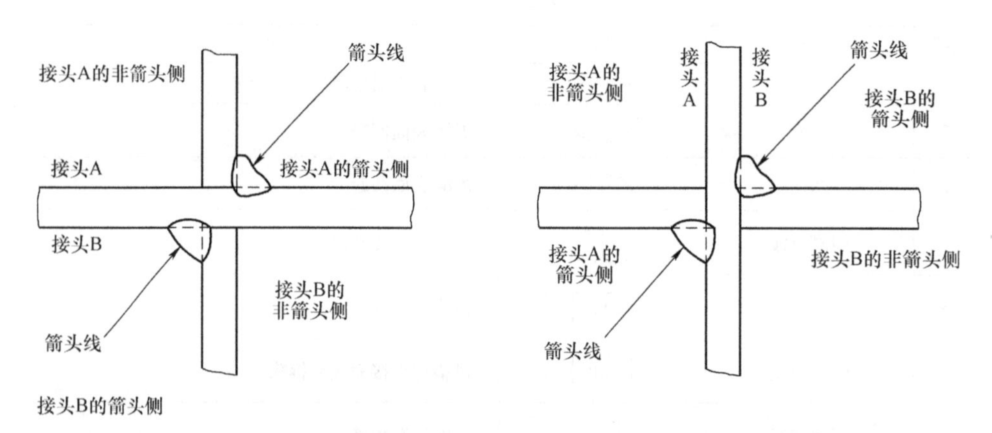

图 7-9　接头的“箭头侧”和“非箭头侧”

3）基本符号与基准线的相对位置如图 7-10 所示。基本符号在实线侧时，表示焊缝在箭头侧，如图 7-10a 所示；基本符号在虚线侧时，表示焊缝在非箭头侧，如图 7-10b 所示；对称焊缝允许省略虚线，如图 7-10c 所示；在明确焊缝分布位置的情况下，有些双面焊缝也可省略虚线，如图 7-10d 所示。

3. 焊缝尺寸符号及其标注位置

1）焊缝尺寸符号见表 7-4。

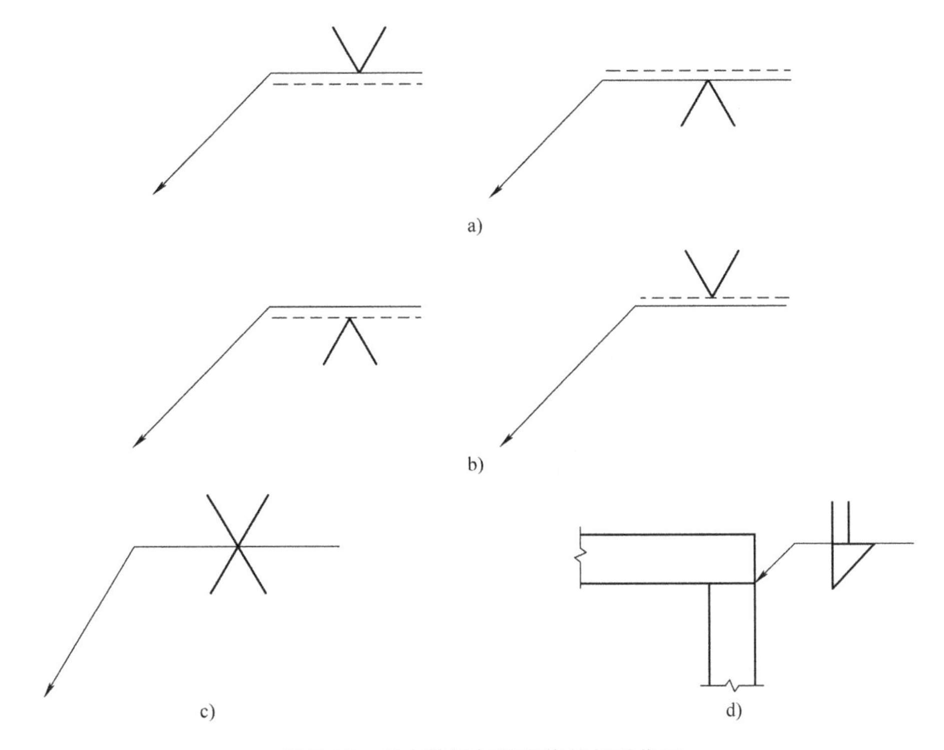

图 7-10　基本符号与基准线的相对位置

a）焊缝在接头的箭头侧　b）焊缝在接头的非箭头侧　c）对称焊缝　d）双面焊缝

表 7-4　焊缝尺寸符号

符号	名称	示意图	符号	名称	示意图
δ	工件厚度		p	钝边	
α	坡口角度		R	根部半径	
β	坡口面角度		H	坡口深度	
b	根部间隙		S	焊缝有效厚度	

（续）

符号	名称	示意图	符号	名称	示意图
c	焊缝宽度		l	焊缝长度	
K	焊脚尺寸		e	焊缝间距	
d	点焊：熔核直径 塞焊：孔径		N	相同焊缝数量	N=3
n	焊缝段数	n=2	h	余高	

2）焊缝尺寸的标注方法。

焊缝尺寸的标注方法如图 7-11 所示，规定如下：①焊缝横向尺寸标注在基本符号的左侧；②焊缝纵向尺寸标注在基本符号的右侧；③坡口角度、坡口面角度、根部间隙等尺寸标注在基本符号的上侧或下侧；④相同焊缝数量符号标注在尾部；⑤也可将焊缝数量标注在尾部；⑥当需要标注的尺寸数据较多又不易分辨时，可在尺寸数据前面标注相应的尺寸符号。当箭头线方向改变时，上述原则不变。

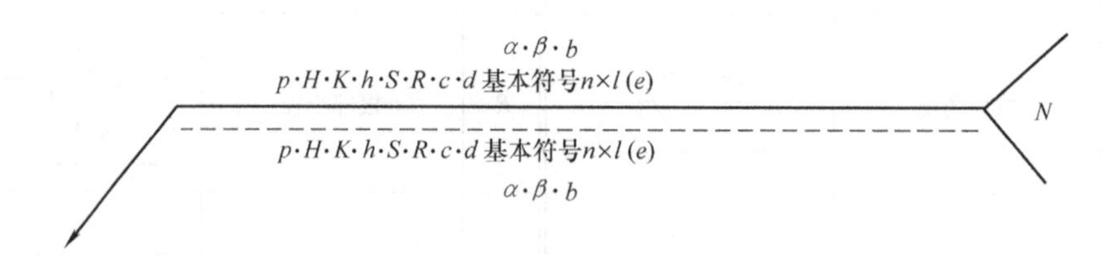

图 7-11　焊缝尺寸标注方法

4. 焊缝符号的应用示例

焊缝符号的应用示例见表 7-5 ~ 表 7-8。

表 7-5　基本符号的应用示例

序号	符号	示意图	标注示例
1		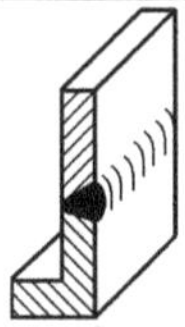	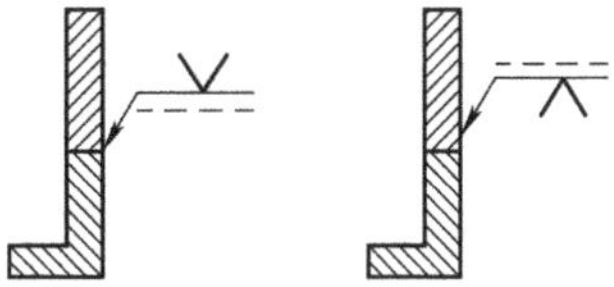
2		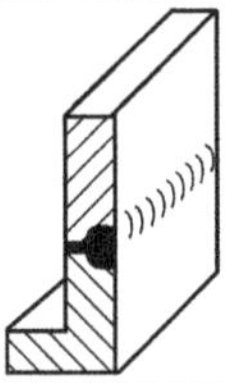	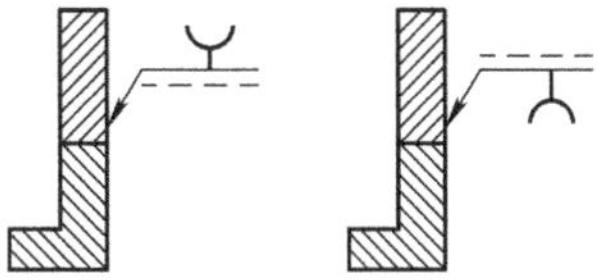
3		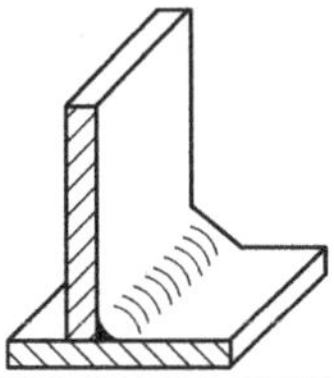	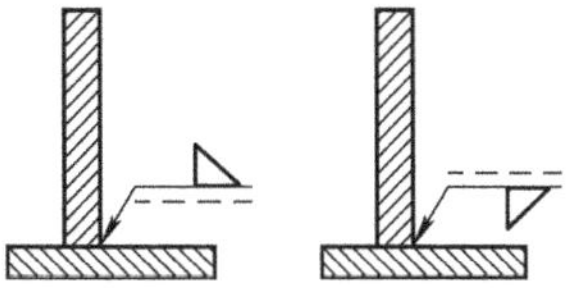
4		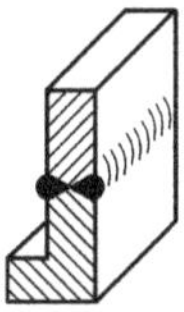	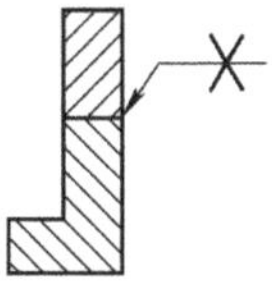
5		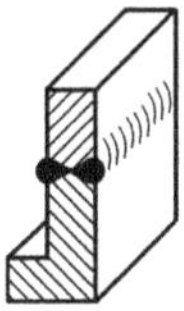	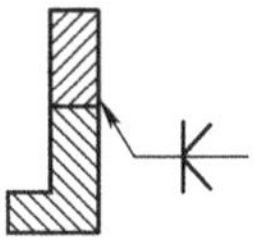

表 7-6　补充符号应用示例

序号	名称	示意图	符号
1	平齐的 V 形焊缝	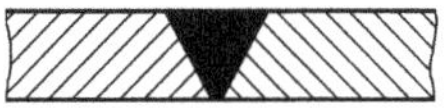	
2	凸起的双面 V 形焊缝		
3	凹陷的角焊缝	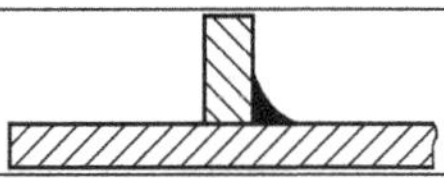	
4	平齐的 V 形焊缝和封底焊缝		

（续）

序号	名称	示意图	符号
5	表面过渡平滑的角焊缝	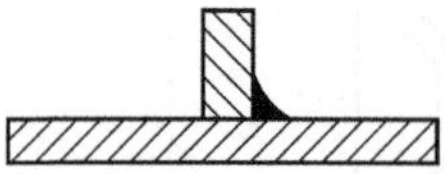	

表 7-7　补充符号的标注示例

序号	符号	示意图	标注示例	备注
1		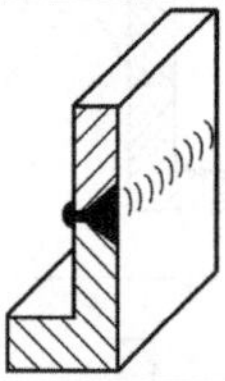	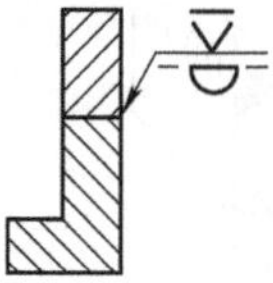 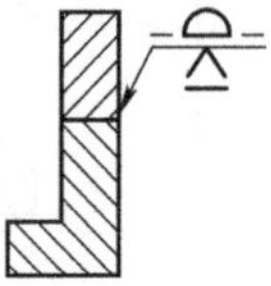	
2		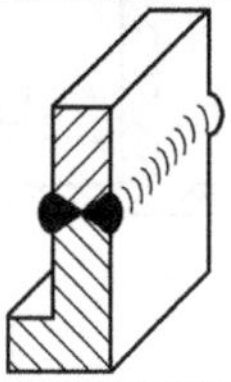	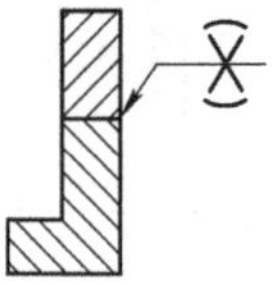	
3		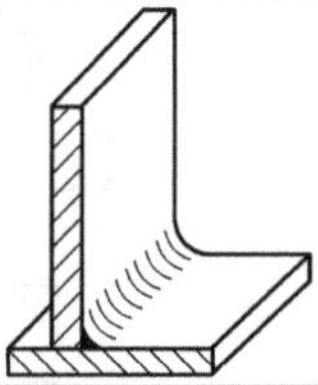	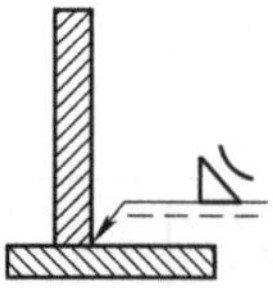 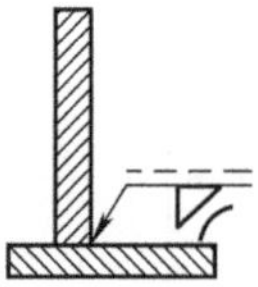	

表 7-8　尺寸标注的示例

序号	名称	示意图	尺寸符号	标注方法
1	对接焊缝	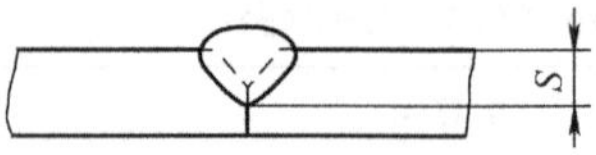 S	S：焊缝有效厚度	 S
2	连续角焊缝	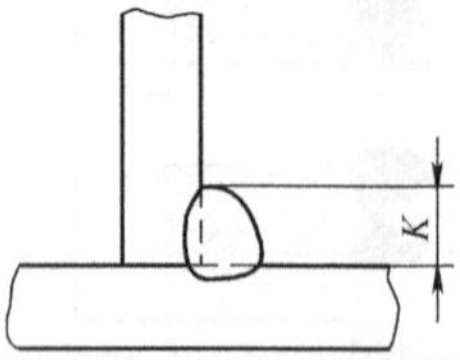 K	K：焊脚尺寸	 K
3	断续角焊缝	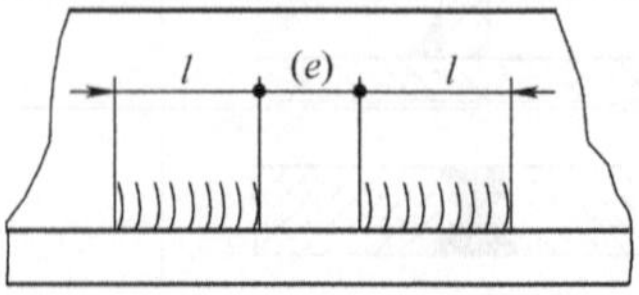 l (e) l	l：焊缝长度 e：间距 n：焊缝段数 K：焊脚尺寸	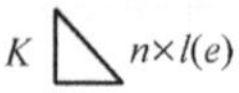 K $n \times l(e)$

（续）

序号	名称	示意图	尺寸符号	标注方法
4	交错断续角焊缝		l：焊缝长度 e：间距 n：焊缝段数 K：焊脚尺寸	K $n\times l$ (e) K $n\times l$ (e)
5	塞焊缝或槽焊缝		l：焊缝长度 e：间距 n：焊缝段数 c：槽宽	c $n\times l(e)$
			e：间距 n：焊缝段数 d：孔径	d $n\times(e)$
6	点焊缝		n：焊点数量 e：焊点距 d：熔核直径	d $n\times(e)$
7	缝焊缝		l：焊缝长度 e：间距 n：焊缝段数 c：焊缝宽度	c $n\times l(e)$

5. 焊缝的简化标注

在不会引起误解的情况下，可以简化焊缝的标注。

1）在同一图样中，所有焊缝的焊接方法完全相同时，焊接符号尾部表示焊接方法的代号可以省略不注，但必须在技术要求项内或其他技术文件中注明“全部焊缝均采用……焊”等字样；当大部分焊接方法相同时，可在技术要求项内或其他技术文件中注明“除图中注明的焊接方法外，其余焊缝均采用……焊”等字样。

2）同一图样中的全部焊缝相同而且已在图上明确表明其位置时，其标注方法可按前条的原则处理。

3）在焊缝符号中标注交错对称焊缝的尺寸时，允许在基准线上只标注一次，可不重复标注，如图7-12所示。5、35×50、(30)没有在基准线下侧重复标注。

4）对于断续焊缝、对称断续焊缝及交错断续焊缝的段数无严格要求时，允许省略焊缝段数的标注，如图7-13所示，即省略了焊缝段数“35”。

5）对于若干条焊缝的坡口尺寸和焊缝符号均相同时，可采用图7-14所示的方法集中标注；若这些焊缝在接头中的位置都相同时，也可采用在焊缝符号的尾部加注焊缝数量的方法简化标注，但其他形式的焊缝，仍需分别标注，如图 7-15 所示。

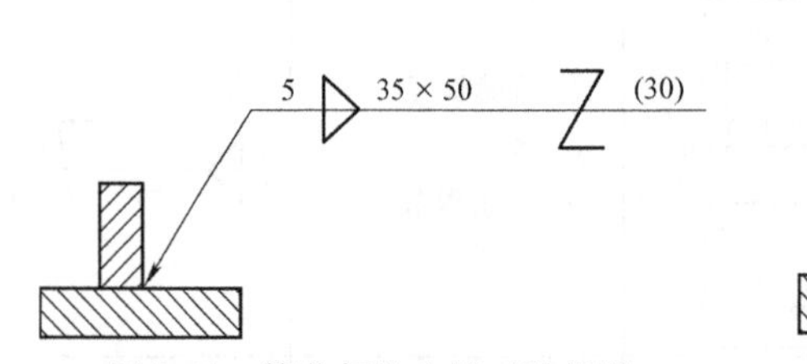

图 7-12　简化标注交错对称焊缝

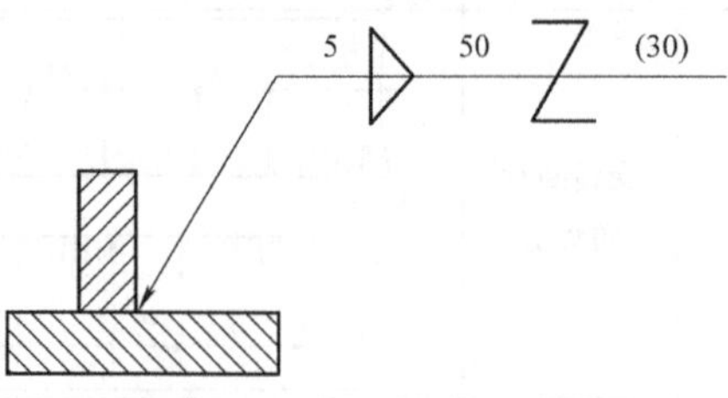

图 7-13　简化标注省略焊缝段数

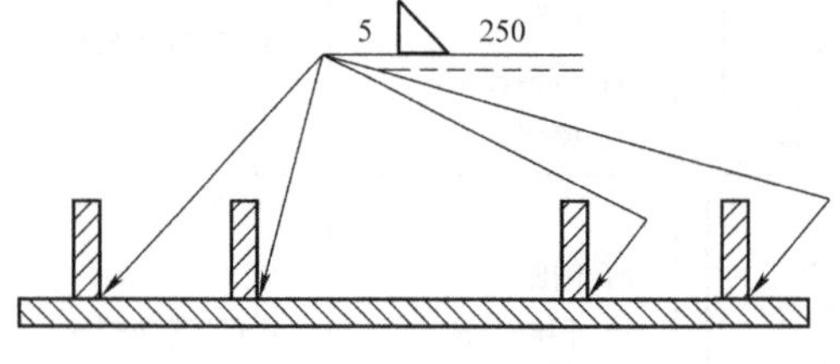

图 7-14　坡口尺寸相同焊缝集中标注

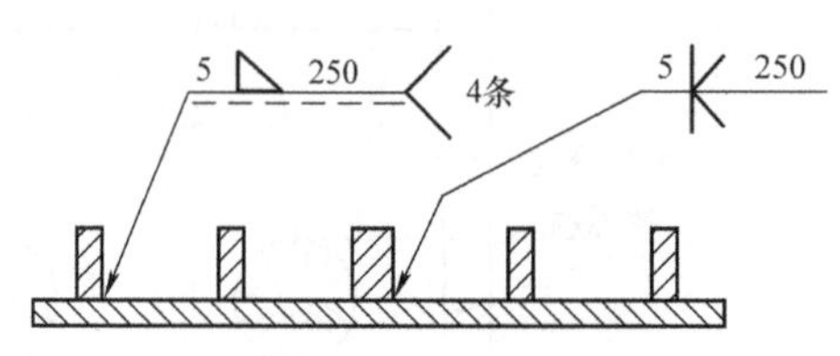

图 7-15　坡口尺寸相同焊缝在尾部符号加注出数量

6）为了使图样清晰或当标注位置受到限制时，可以采用简化代号（或符号）代替通用的符号标注焊缝，但必须在该图的下方或在标题栏附近说明这些简化代号的意义，如图 7-16 所示。这时，简化代号和符号的大小应是图样中所注代号和符号的 1.4 倍。

7）在不致引起误解的情况下，当箭头线指向焊缝，而非箭头侧又无焊缝要求时，可省略非箭头侧的基准线（虚线），如图 7-17 所示。

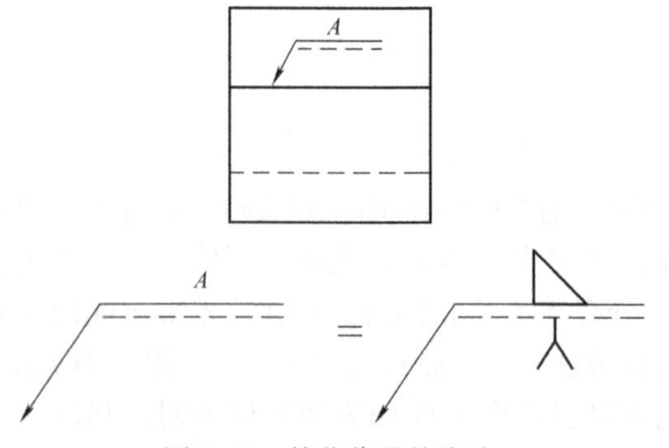

图 7-16　简化代号的注法

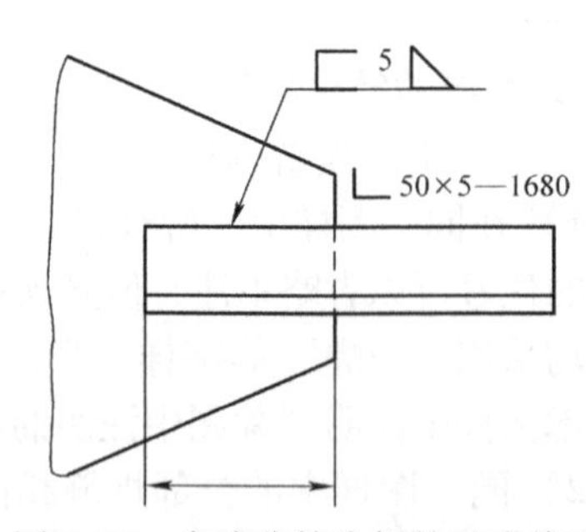

图 7-17　省略非箭头侧的基准线和焊缝长度尺寸的注法

8）当焊缝的起始和终止位置明确时，允许在焊缝标注中省略焊缝长度，如图 7-17 所示。

6. 焊缝的简化标注

焊缝的简化标注示例见表 7-9。

表 7-9　焊缝简化标注示例

符号	视图或剖视图画法示例	焊缝符号及定位尺寸简化注法示例	说明
1	s　L　l　e　l	s‖n×l(e)　L	断续 I 形焊缝在箭头侧；其中 L 是确定焊缝起始位置的定位尺寸
		s‖l(e)　L	焊缝符号标注中省略了焊缝段数和非箭头侧的基准线（虚线）
2	K　l　e　l　e　l	K n×l(e) / K n×l(e)	对称断续角焊缝，构件两端均有焊缝
		K l(e)	焊缝符号标注中省略了焊缝段数；焊缝符号中的尺寸只在基准线上标注一次

（续）

符号	视图或剖视图画法示例	焊缝符号及定位尺寸简化注法示例	说明
3	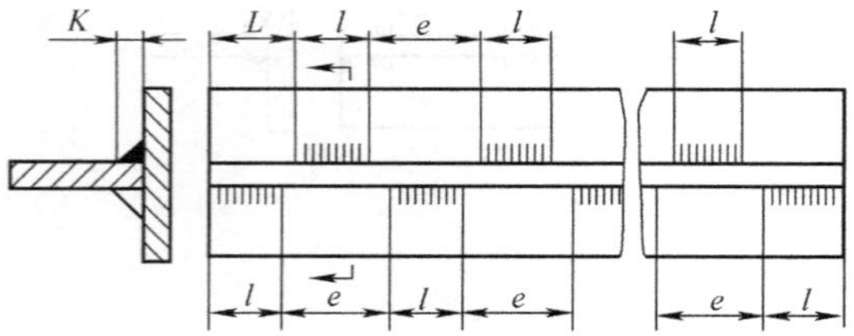	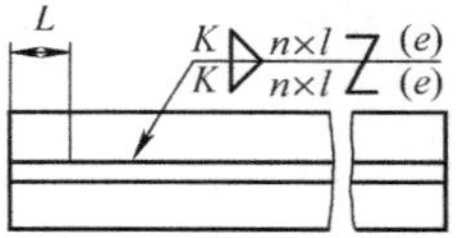	交错断续角焊缝；其中 L 是确定箭头侧焊缝起始位置的定位尺寸；工件在非箭头侧两端均有焊缝
		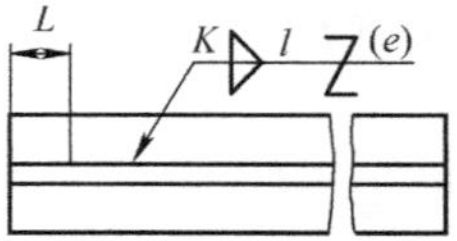	说明见序号 2
4	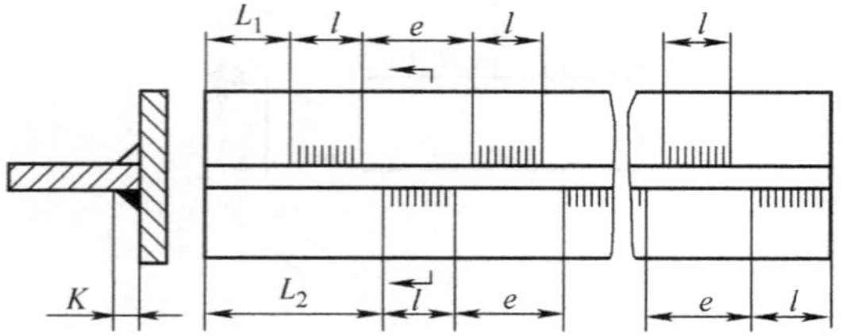	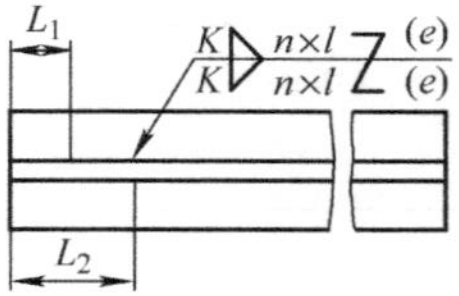	交错断续角焊缝；其中 L_1 是确定箭头侧焊缝起始位置的定位尺寸；L_2 是确定非箭头侧焊缝起始位置的定位尺寸
		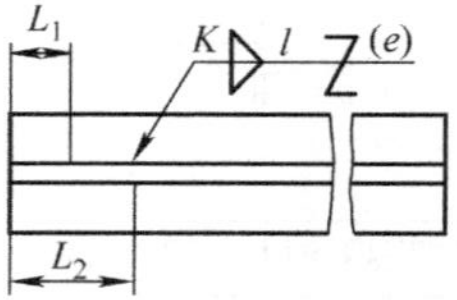	说明见序号 2

5	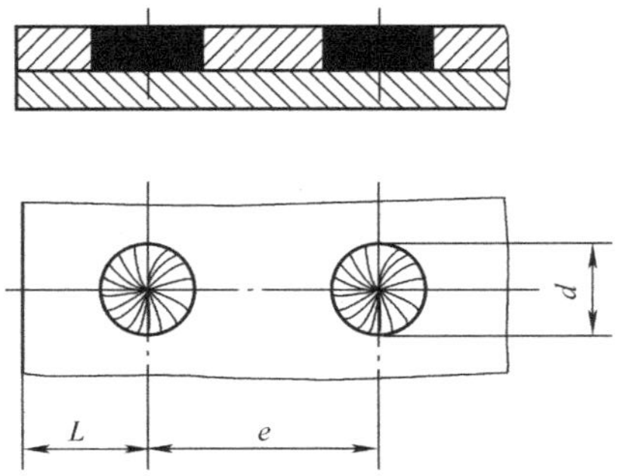 L　e　d	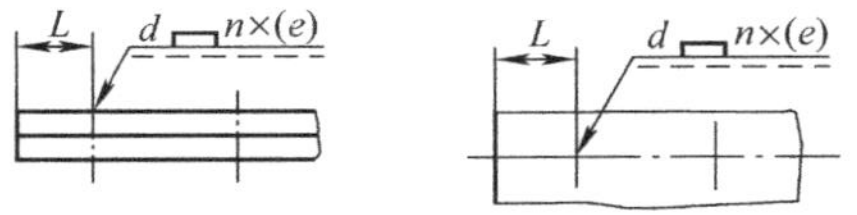 L　d　n×(e)　　L　d　n×(e)	塞焊缝在箭头侧；其中 L 是确定焊缝起始孔中心位置的定位尺寸
		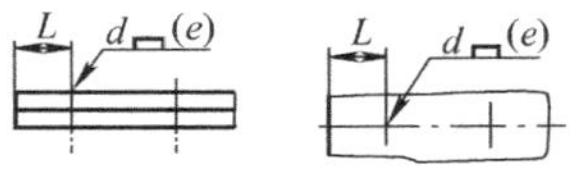 L　d　(e)　　L　d　(e)	说明见序号 1
6	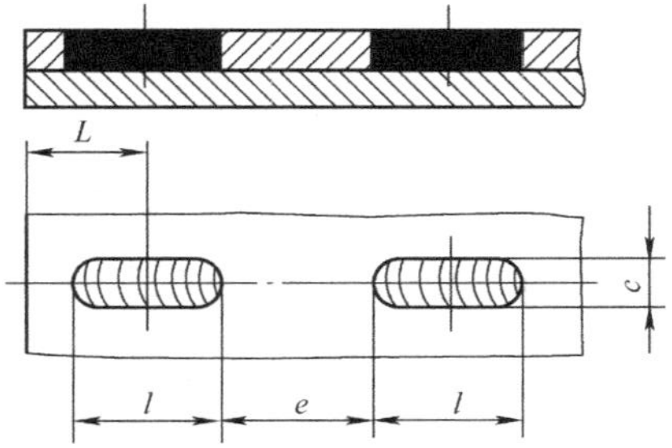 L　l　e　l　c	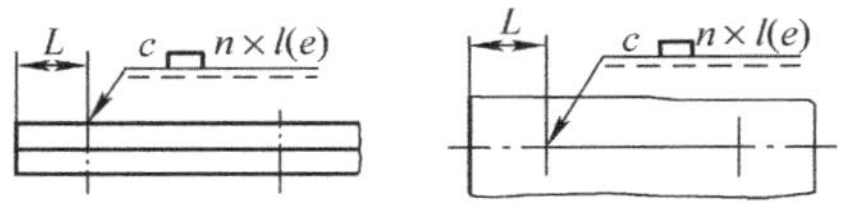 L　c　n×l(e)　　L　c　n×l(e)	槽焊缝在箭头侧；其中 L 是确定焊缝起始槽对称中心位置的定位尺寸
		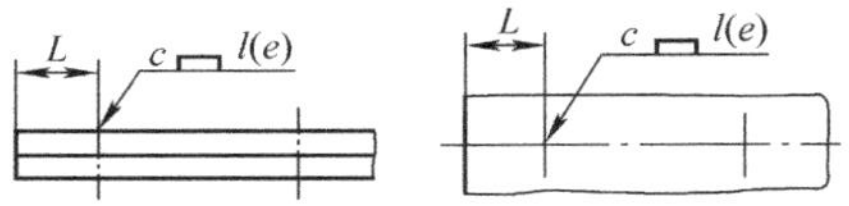 L　c　l(e)　　L　c　l(e)	说明见序号 1

（续）

符号	视图或剖视图画法示例	焊缝符号及定位尺寸简化注法示例	说明
7	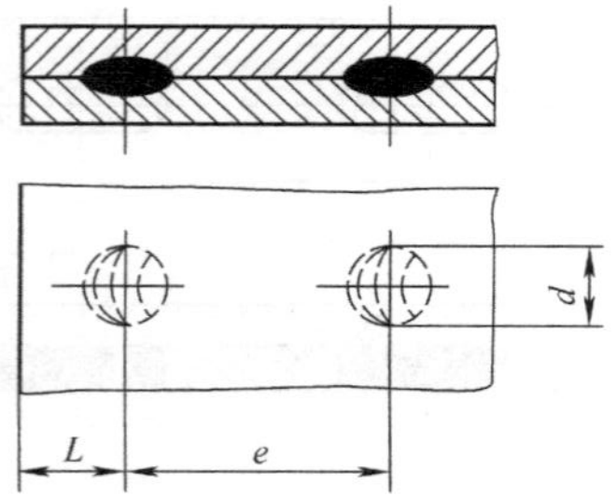	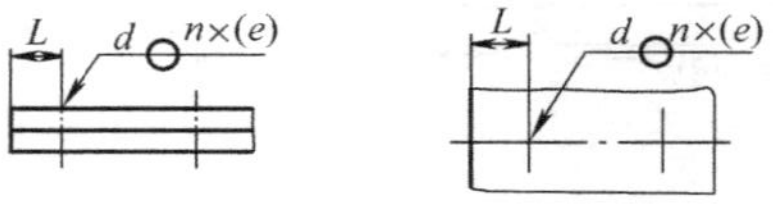	点焊缝位于中心位置；其中 L 是确定焊缝起始焊点中心位置的定位尺寸
			焊缝符号标注中省略了焊缝段数
8	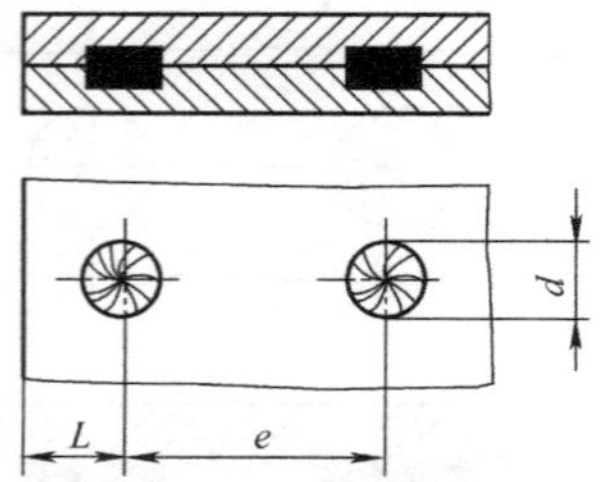	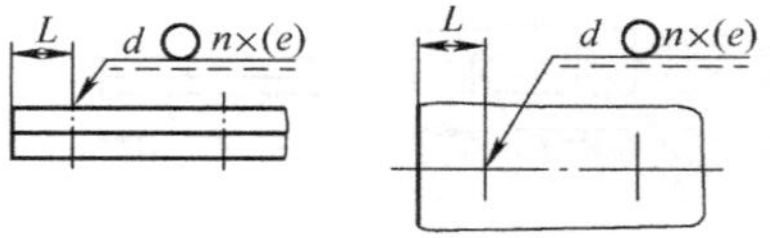	点焊缝偏离中心位置，在箭头侧
		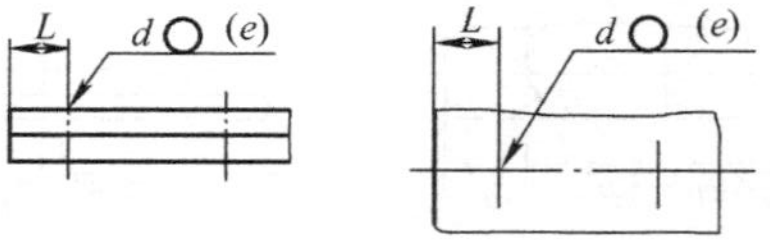	说明见序号 1

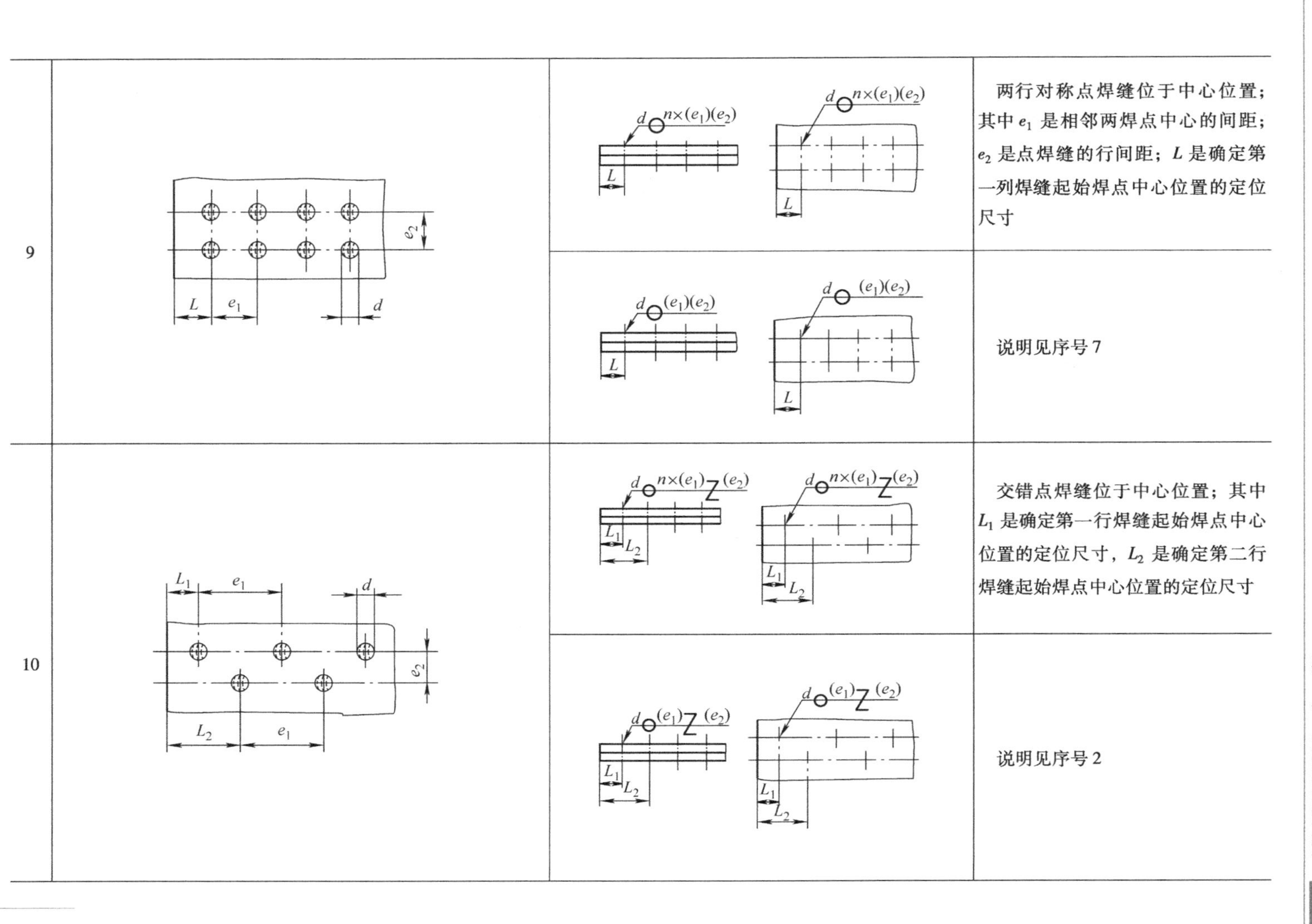

序号	示意图	标注方法	说明
9		$d\bigcirc n\times(e_1)(e_2)$	两行对称点焊缝位于中心位置；其中 e_1 是相邻两焊点中心的间距；e_2 是点焊缝的行间距；L 是确定第一列焊缝起始焊点中心位置的定位尺寸
		$d\bigcirc(e_1)(e_2)$	说明见序号7
10		$d\bigcirc n\times(e_1)Z(e_2)$	交错点焊缝位于中心位置；其中 L_1 是确定第一行焊缝起始焊点中心位置的定位尺寸，L_2 是确定第二行焊缝起始焊点中心位置的定位尺寸
		$d\bigcirc(e_1)Z(e_2)$	说明见序号2

（续）

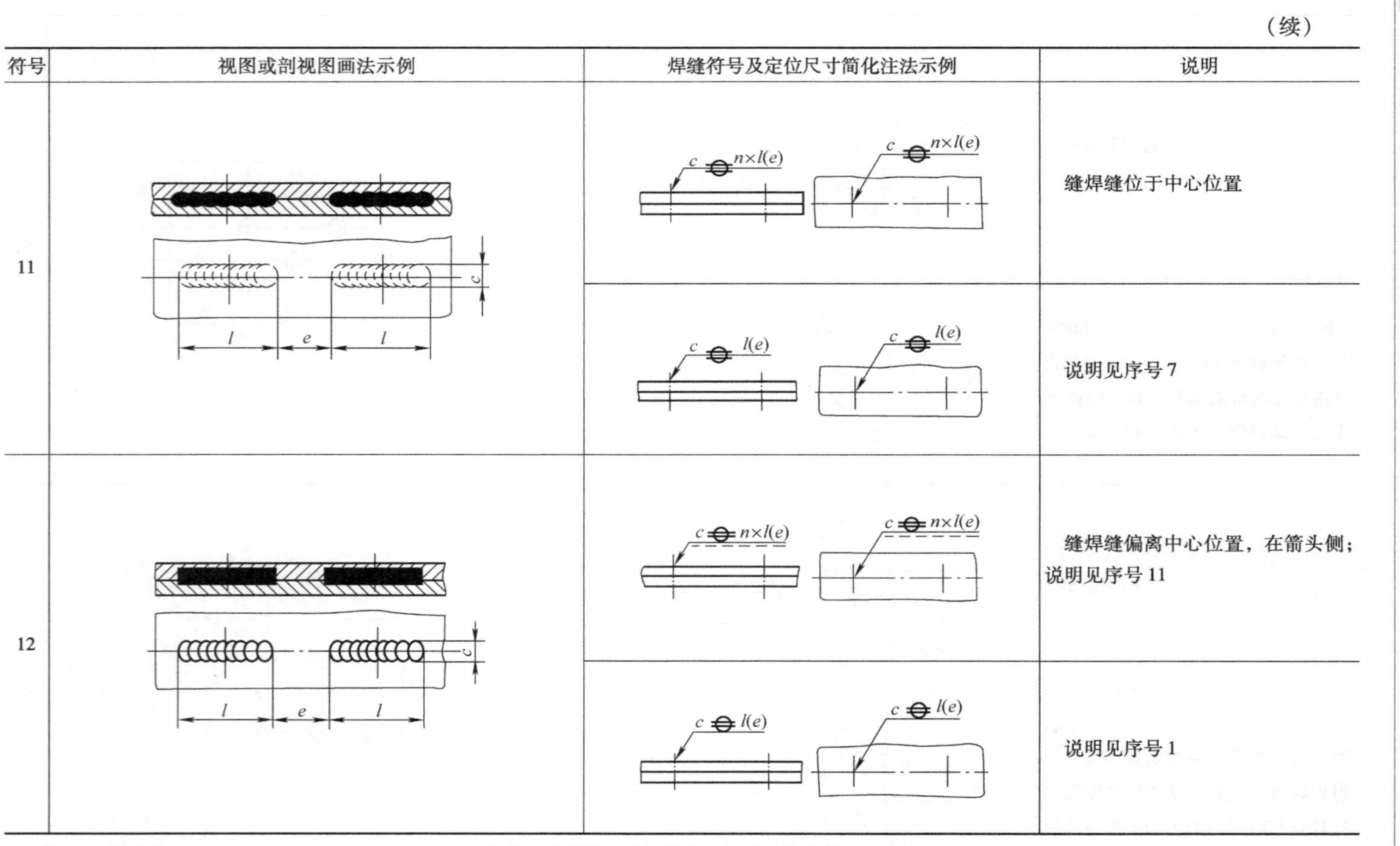

符号	视图或剖视图画法示例	焊缝符号及定位尺寸简化注法示例	说明
11			缝焊缝位于中心位置
			说明见序号 7
12			缝焊缝偏离中心位置，在箭头侧；说明见序号 11
			说明见序号 1

注：1. 图中 L、L_1、L_2、l、e、e_1、e_2、s、d、c、n 等是尺寸代号，在图样中应标出具体数值。

2. 在焊缝符号标注中省略焊缝段数和非箭头侧的基准线（虚线）时，必须认真分析，不得产生误解。

7. 特殊焊缝的标注

特殊焊缝的标注示例见表7-10。

表7-10　特殊焊缝的标注示例

名称符号	示意图	标注方法
喇叭形焊缝	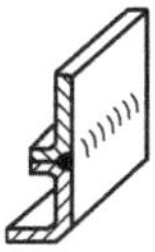	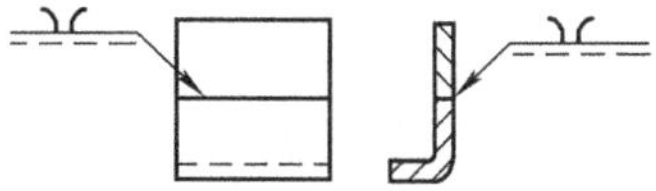
单边喇叭形焊缝	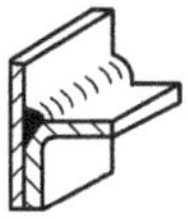	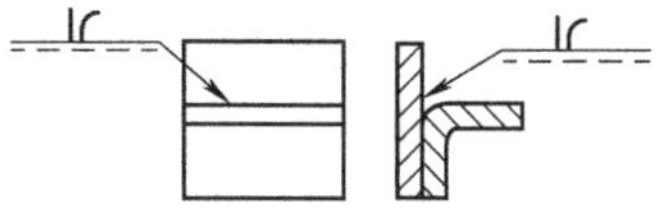
堆焊缝	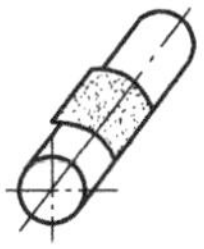	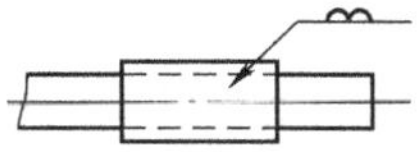
锁边焊缝		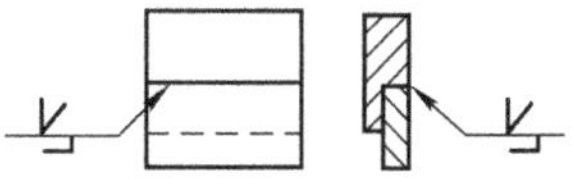

8. 关于尺寸的其他规定

确定焊缝位置的尺寸不在焊缝符号中标注，应将其标注在图样上。

在基本符号的右侧无任何尺寸标注又无其他说明时，意味着焊缝在工件的整个长度方向上是连续的。

在基本符号的左侧无任何尺寸标注又无其他说明时，意味着对焊缝应完全焊透。

塞焊缝、槽焊缝带有斜边时，应标注其底部的尺寸。

7.2　焊接图识读的注意事项

1. 焊接图的特点

了解焊接图画法，是读焊接图的基础。焊接图从形式上看很像装配图，但它与装配图又有所不同，装配图表达的是部件或机器，而焊接图表达的仅仅是一个零件（焊接件）。因此，通常说焊接图是装配图的形式，零件图的内容。焊接图的特点如下：

1）对各构件进行编号，并需填写明细栏。

2）焊接图各相邻构件的剖面线的倾斜方向应不同。

3）对于复杂的焊接构件，应单独画出主要构成件的零件图。

4）由板料弯曲卷成的构件，可以画出展开图。

5）个别小构件可附于结构总图上。

6）在大型焊接结构总图中，应画出各构成件的零件图。

2. 识读焊接图的方法

1）看焊接图，分析焊接体。

阅读明细栏了解焊接体构件的名称和数量；分析视图，读懂尺寸，弄清各构件的结构和相对位置。

2）找出图中的焊接符号，明确其表达意义。

3）阅读技术要求，看是否有焊接的技术要求。

7.3 焊接图识读实例

1. 轴承挂架焊接图

轴承挂架的焊接图如图7-18所示。

（1）看焊接图，分析焊接体　该焊接件由四个构件经焊接而成，构件1为立板，构件2为横板，构件3为肋板，构件4为圆筒。根据视图之间的对应关系读懂各构件形状以及它们的相对位置。

（2）找焊接符号，明确其表达意义　从图上所标的焊接符号可知，立板与横板采用双面焊接，上面为单边V形平口焊缝，钝边高为4mm，坡口角度为45°，根部间隙为2mm；下面为角焊缝，焊角高为4mm。肋板与横板及圆筒采用焊角高为5mm的角焊缝，与立板采用焊角高为4mm的双面角焊缝。圆筒与立板采用焊角高为4mm的周围角焊缝。

（3）阅读技术要求　技术要求提出了有关焊接的要求，所有焊缝采用手工电弧焊，不得有透熔蚀等缺陷。

2. 支座焊接图

支座焊接图如图7-19所示。

（1）看焊接图，分析焊接体　阅读明细栏可知该焊接件由3个构件经焊接而成，构件1为垫板；构件2为支承板，数量是2个；构件3为底板。各板的厚度均为8mm。

根据视图之间的对应关系可读懂垫板、支承板和底板的形状以及它们的相对位置。

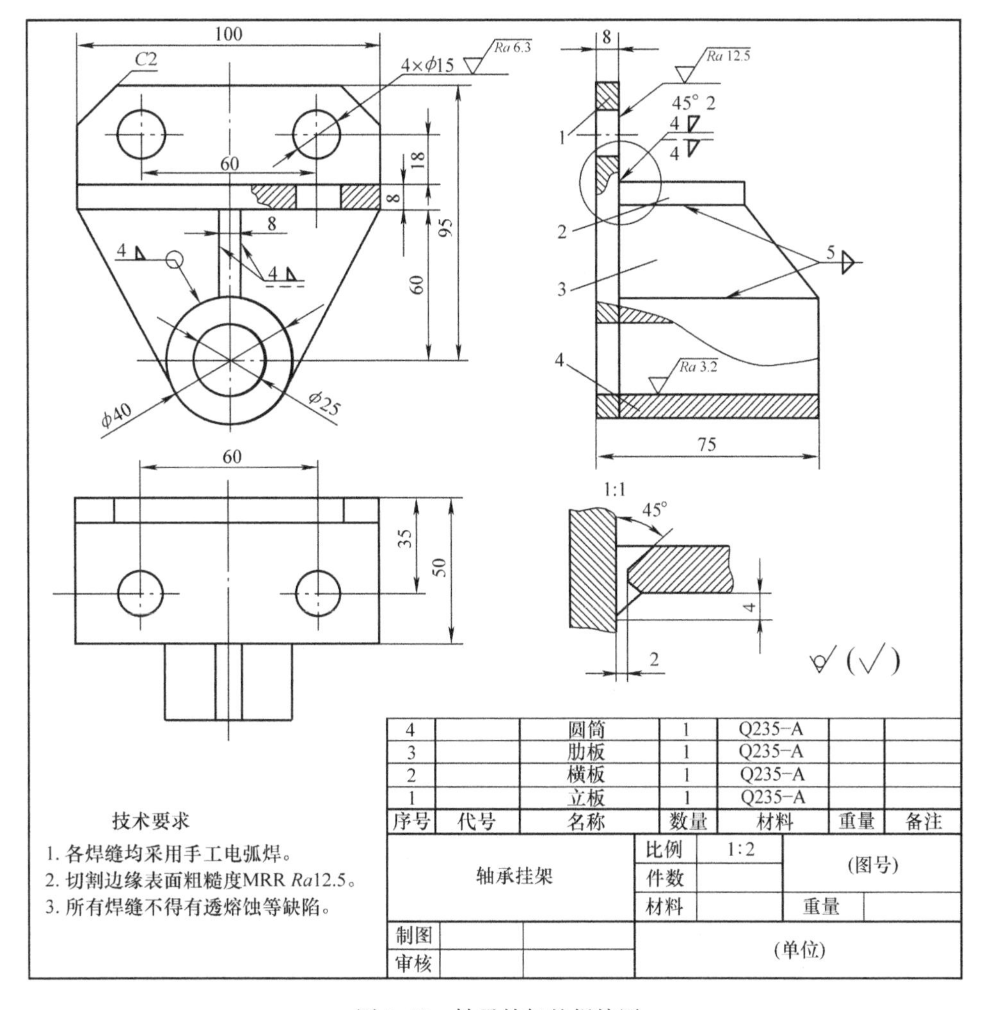

图 7-18　轴承挂架的焊接图

（2）找焊接符号，明确其表达意义

1）主视图上有 3 处焊缝符号，分别表示件 2 支撑板与件 1 垫板之间采用四周全部焊接，角焊缝焊角高为 8mm；件 3 底板与件 2 支承板之间采用双面角焊缝焊接，角焊缝焊角高 6mm。

2）俯视图上有 1 处焊缝符号，表示件 1 垫板与双点画线所示的设备吻合，并与之采用现场焊接，四周全部焊接，角焊缝焊角高为 8mm。

（3）阅读技术要求　技术要求中提出了有关焊接的要求，焊缝无夹渣、气孔，焊后中温回火。

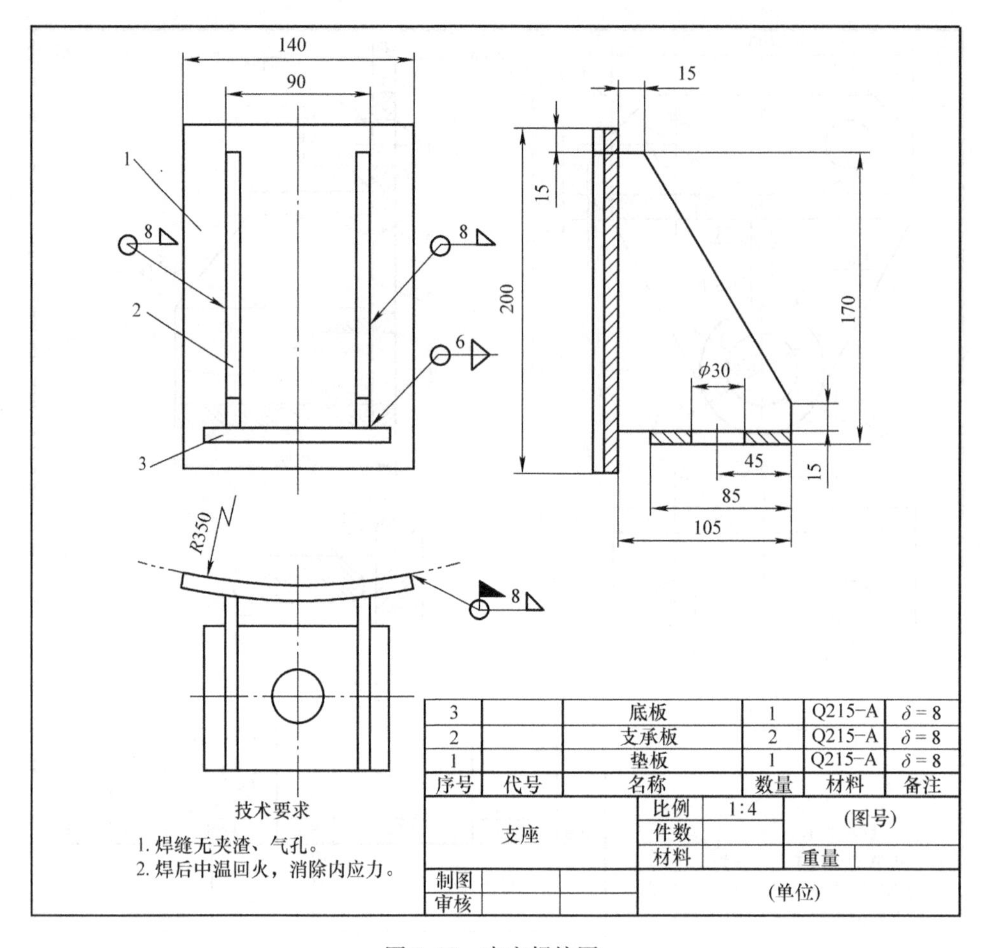
140
90
15
15
200
170
φ30
45
85
105
15
R350
8
8
6
8
1
2
3
技术要求
1. 焊缝无夹渣、气孔。
2. 焊后中温回火，消除内应力。
3 底板 1 Q215-A δ=8
2 支承板 2 Q215-A δ=8
1 垫板 1 Q215-A δ=8
序号 代号 名称 数量 材料 备注
支座
比例 1:4
件数
材料
(图号)
重量
制图
审核
(单位)

图 7-19　支座焊接图

机构运动简图的识读

由于实际构件的外形和结构往往很复杂，在研究分析机构的结构、运动和动力等时，为了使问题简化，有必要抛开那些与运动无关的构件外形和运动副具体构造，仅用简单线条和符号来表示构件和运动副，并用一定的比例表示运动副的位置，这种用来说明机构各构件间相对运动关系的图形，称为机构运动简图。机构运动简图必须与原机构具有完全相同的运动特性，它是一种用简单线条和符号表示机构的工程图形语言。机构运动简图应表明机构的种类，构件的数目及相互传动的路线，以及运动副的种类、数目。

8.1 机构运动简图符号

机构运动简图是工程技术人员用来表达设计方案和进行技术交流的一种简化图样。机构运动简图的图形符号是机构运功简图的重要组成部分，要读懂机构运动简图，必须先认识各种符号所代表的机构和零件。为统一规定运动简图的图形符号，GB/T 4460—2013 规定了常用的一些机构运动简图符号，部分符号见表 8-1 ~ 表 8-8。

表 8-1 运动副的简图图形符号

自由度	名称	基本符号	可用符号
具有一个自由度的运动副	回转副 a) 平面机构 b) 空间机构		
	棱柱副（移动副）		

（续）

自由度	名称	基本符号	可用符号
具有一个自由度的运动副	螺旋副	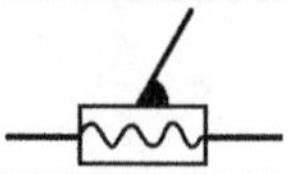	
具有两个自由度的运动副	圆柱副	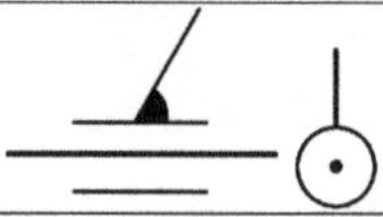	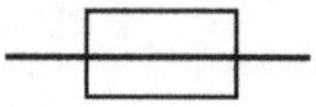
	球销副	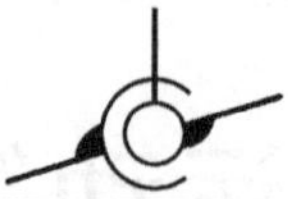	
具有三个自由度的运动副	球面副		
	平面副	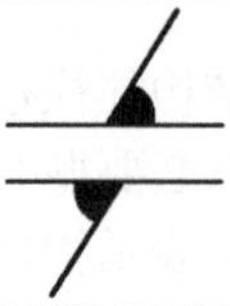	
具有四个自由度的运动副	球与圆柱副	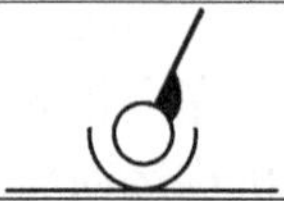	
具有五个自由度的运动副	球与圆柱副		

表 8-2　构件及其组成部分连接的简图图形符号

名称	基本符号	可用符号	附注
机架	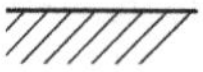		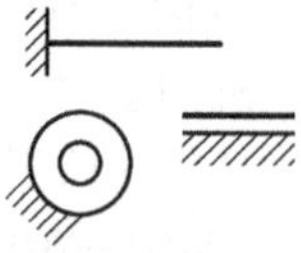
轴、杆			
构件组成部分的永久连接		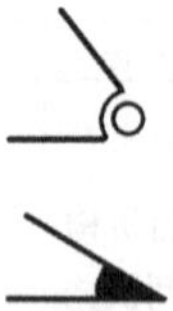	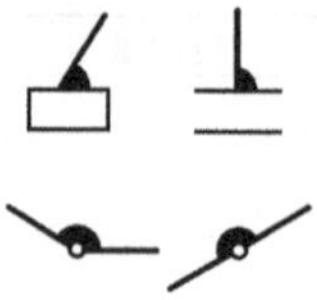
组成部分与轴（杆）的固定连接	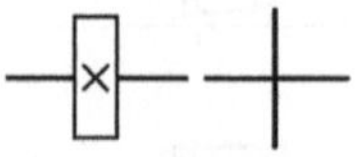		
构件组成部分的可调连接			

表 8-3 多杆构件及其组成部分的简图符号

种类	名称	基本符号	可用符号	附注
单副元素构件	构件是回转副的一部分 a）平面机构 b）空间机构			
	机架是回转副的一部分 a）平面机构 b）空间机构			
	构件是棱柱副的一部分			
	构件是圆柱副的一部分			
	构件是球面副的一部分			
双副元素构件	连接两个回转副的构件			
	连杆 a）平面机构 b）空间机构			

（续）

种类	名称	基本符号	可用符号	附注
双副元素构件	曲柄（或摇杆） a）平面机构 b）空间机构	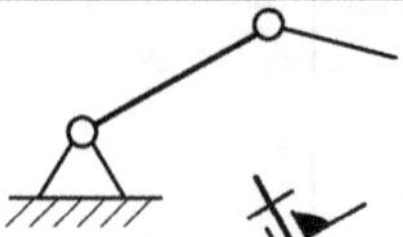 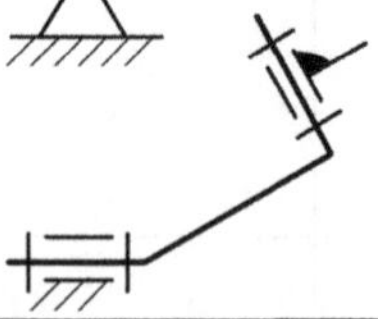		
	偏心轮			
	连接两个棱柱副的构件	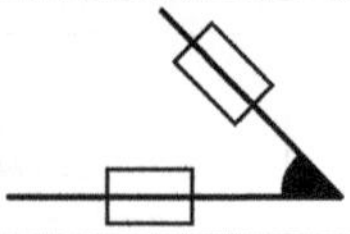		
	通用情况	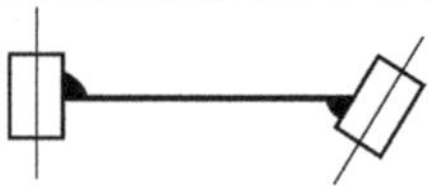		
	滑块	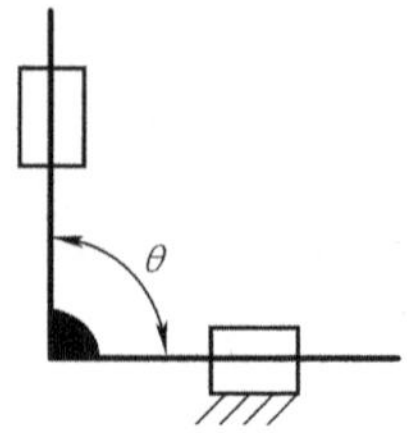 θ	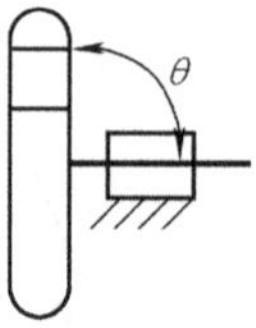 θ	
连接回转副与棱柱副的构件	通用情况	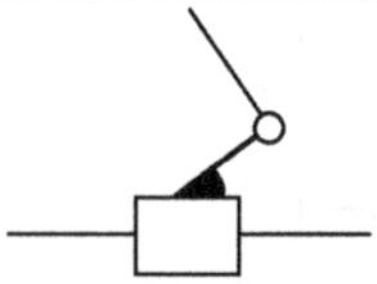		
	导杆	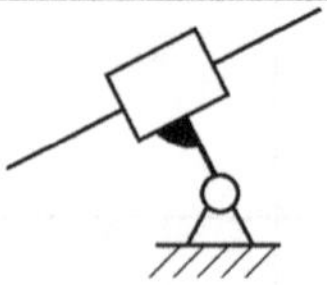 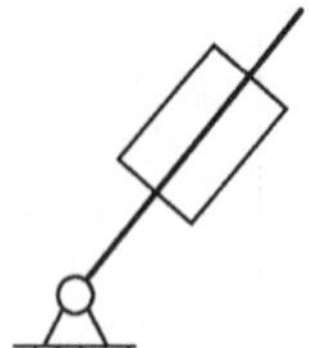		

（续）

种类	名称	基本符号	可用符号	附注
连接转回副与棱柱副的构件	滑块			
三副元素构件				
多副元素构件				符号与双副元素、三副元素构件类似
示例				

表 8-4　摩擦机构与齿轮机构的简图图形符号

种类	名称	基本符号	可用符号	附注
摩擦机构	摩擦轮 1）圆柱轮	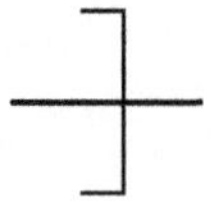	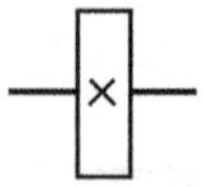	
	2）圆锥轮	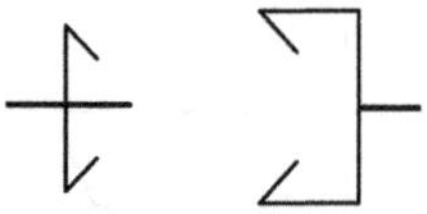	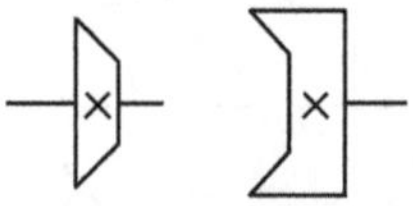	
	3）曲线轮		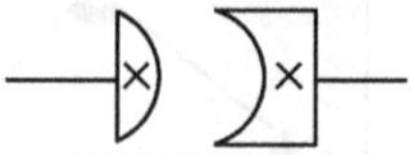	
	4）冕状轮	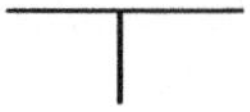	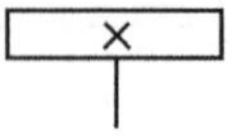	
	5）挠性轮	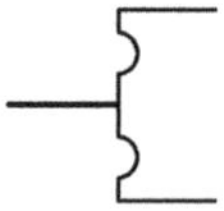		
	摩擦传动 1）圆柱轮	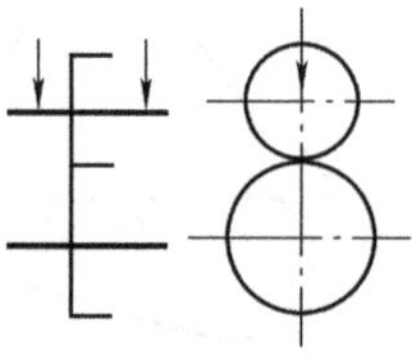	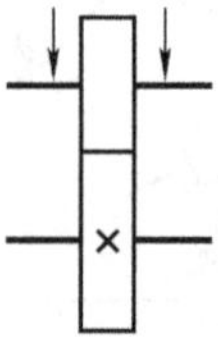	
	2）圆锥轮	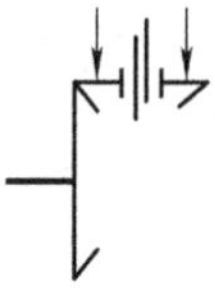	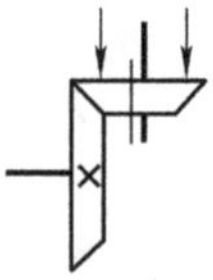	
	3）双曲面轮		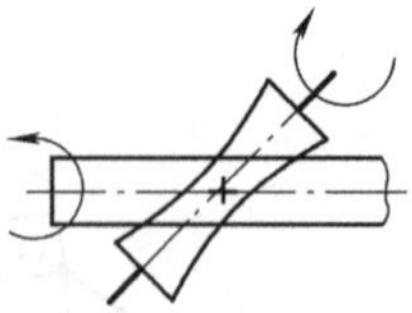	带中间体的可调圆锥轮 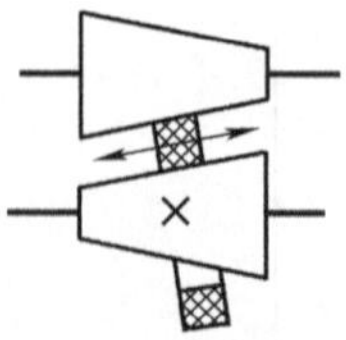
	4）可调圆锥轮	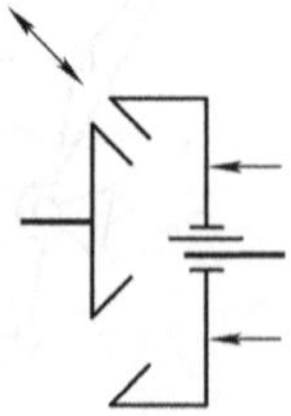	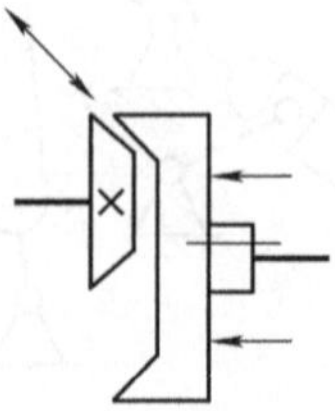	

（续）

种类	名称	基本符号	可用符号	附注
摩擦机构	摩擦传动 5）可调冕状轮	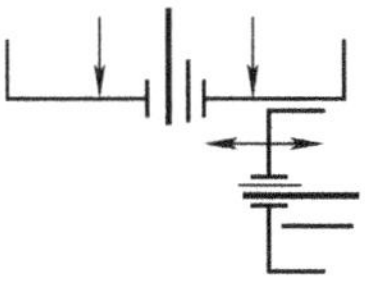	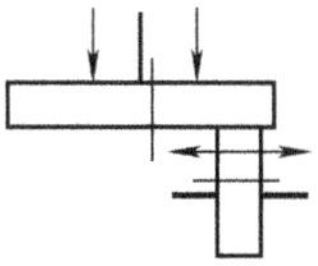	带可调圆环的圆锥轮 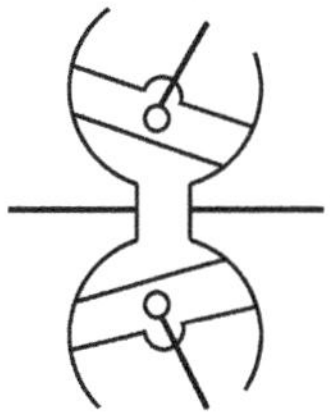 带可调球面轮的圆锥轮 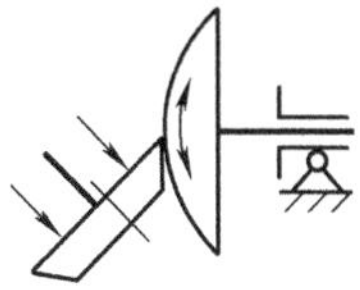
齿轮机构齿轮	1）圆柱齿轮	 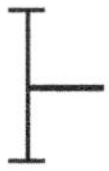	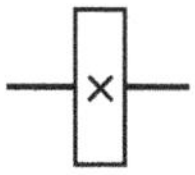	
	2）圆锥齿轮		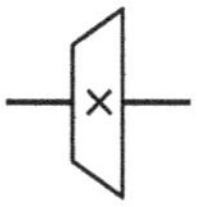	
	3）挠性齿轮	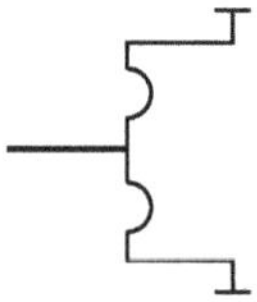		
	齿线符号 1）圆柱齿轮 ①直齿	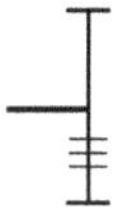	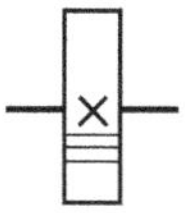	
	②斜齿	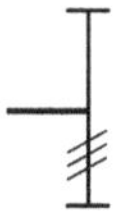	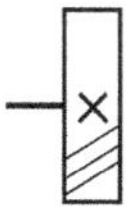	
	③人字齿		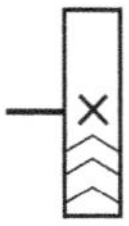	

（续）

种类	名称	基本符号	可用符号	附注
齿轮机构齿轮	齿线符号 2）圆锥齿轮 ①直齿	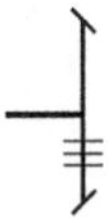	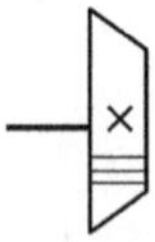	
	②斜齿			
	③弧齿		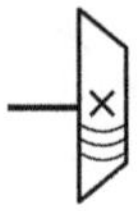	
	齿轮传动 （不指明齿线） 1）圆柱齿轮	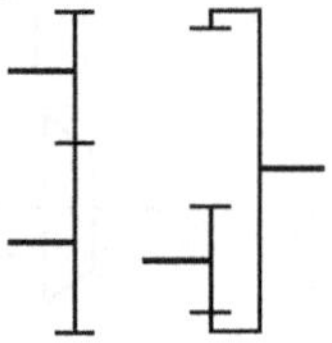	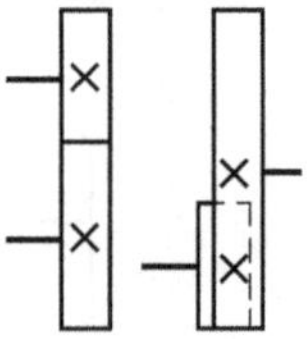	
	2）非圆齿轮	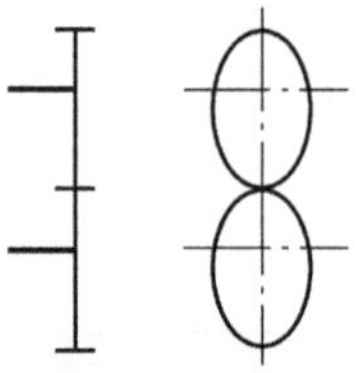	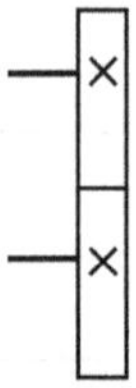	
	3）圆锥齿轮	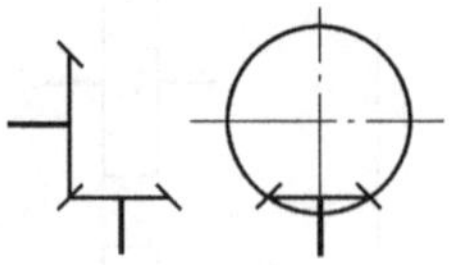	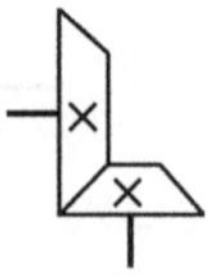	
	4）准双曲面齿轮	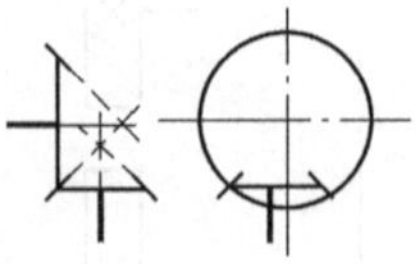	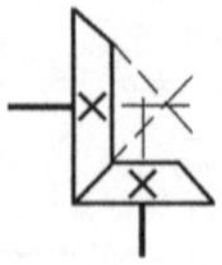	

（续）

种类	名称	基本符号	可用符号	附注
齿轮机构齿轮	齿轮传动 5）蜗轮与圆柱蜗杆	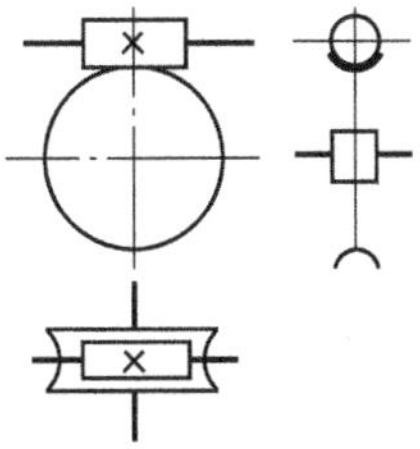	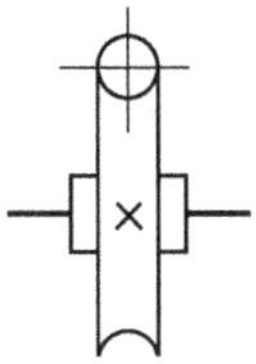	
	6）蜗轮与球面蜗杆	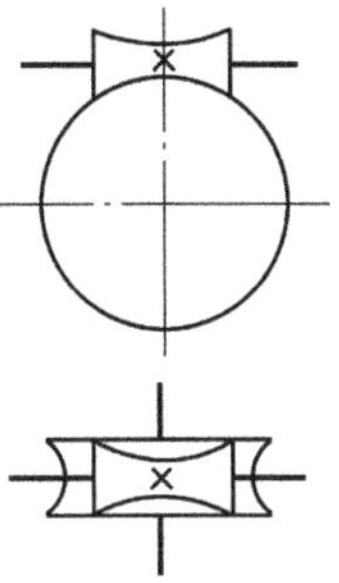	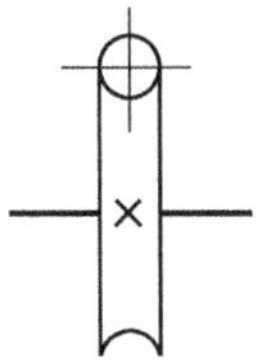	
	7）交错轴斜齿轮	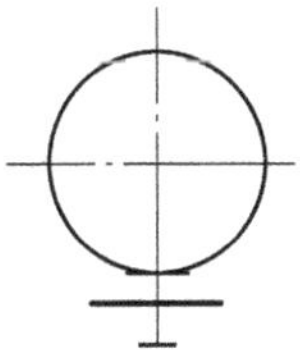	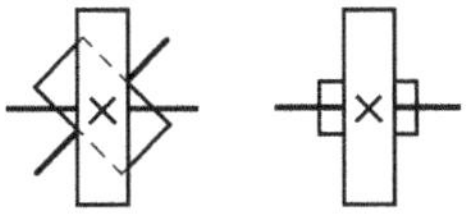	
	齿条传动 1）一般表示	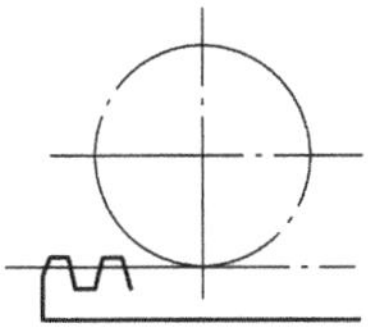	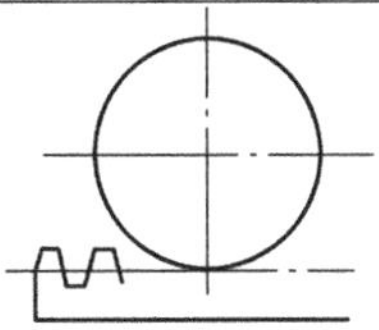	
	2）蜗线齿条与蜗杆 3）齿条与蜗杆		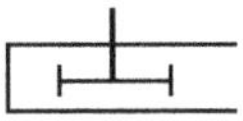 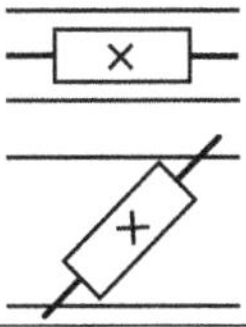	
	扇形齿轮传动	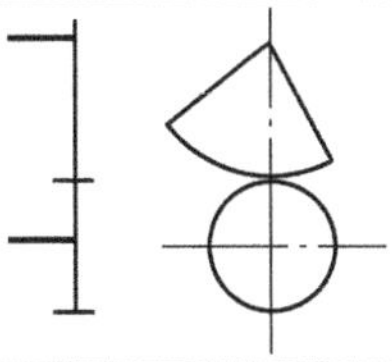	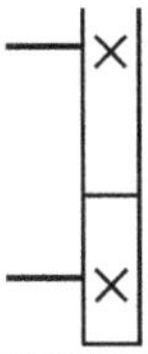	

表 8-5　凸轮机构的简图图形符号

名称	基本符号	可用符号	附注
盘形凸轮	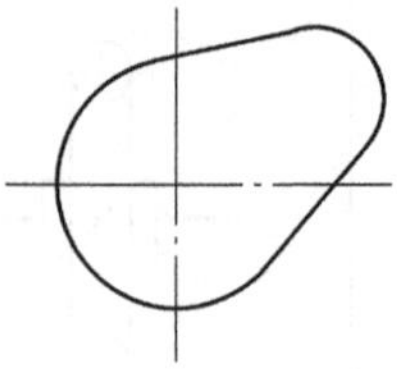		沟槽盘形凸轮 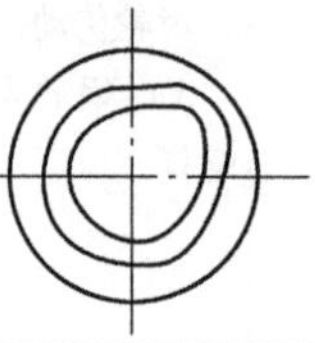
移动凸轮	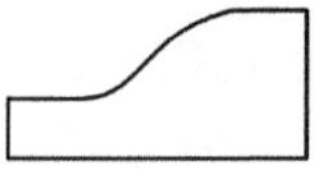		
与杆固接的凸轮	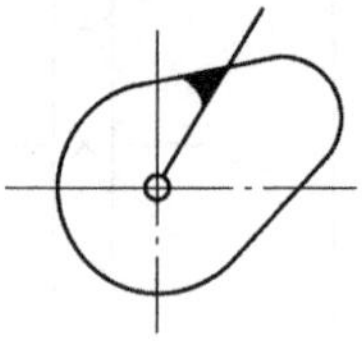		可调连接 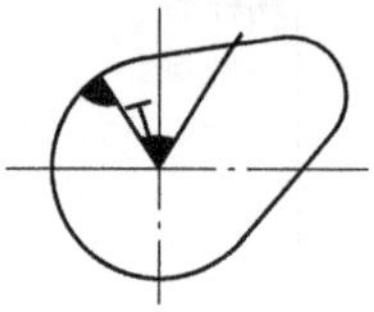
空间凸轮 1）圆柱凸柱 2）圆锥凸轮 3）双曲面凸轮			
凸轮从动杆 1）尖顶从动杆 2）曲面从动杆 3）滚子从动杆 4）平底从动杆			在凸轮副中，凸轮从动杆的符号

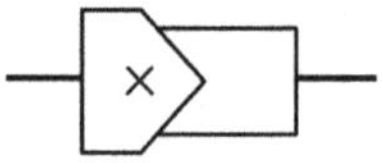

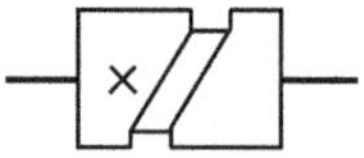

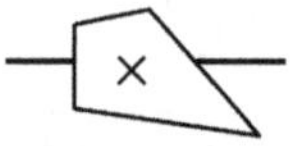

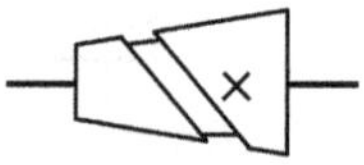

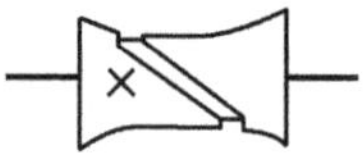

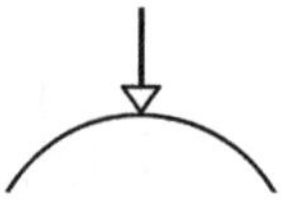

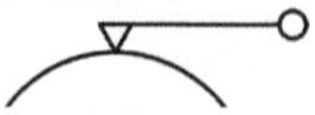

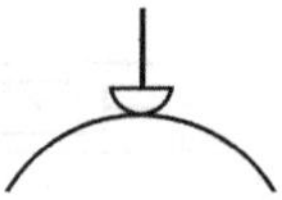

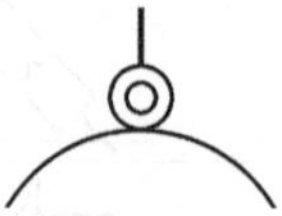

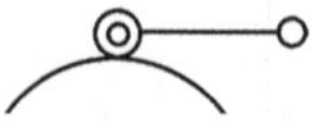

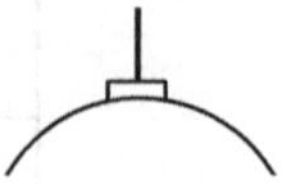

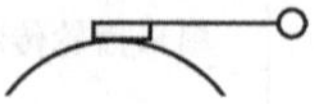

表 8-6　槽轮机构和棘轮机构的简图图形符号

名称	基本符号	可用符号
槽轮机构—— 一般符号	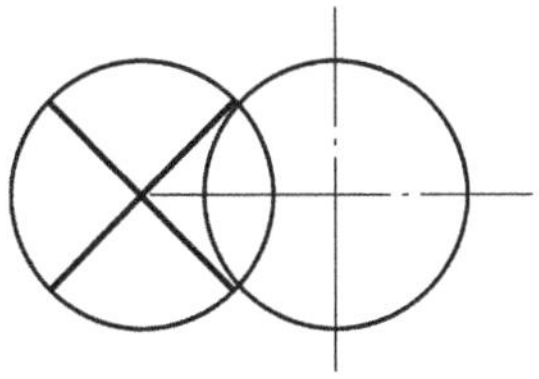	
1）外啮合	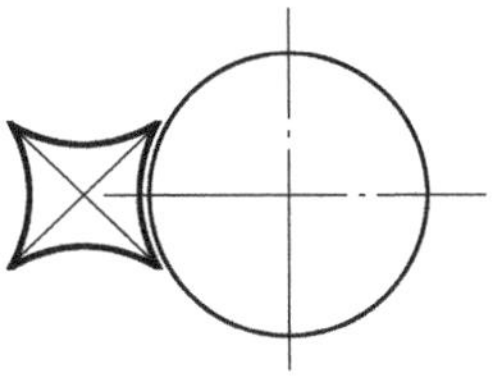	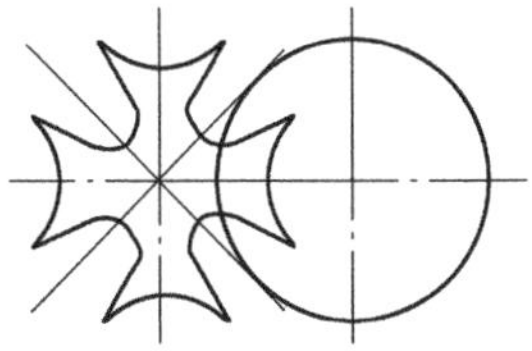
2）内啮合	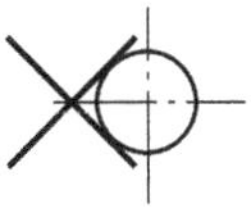	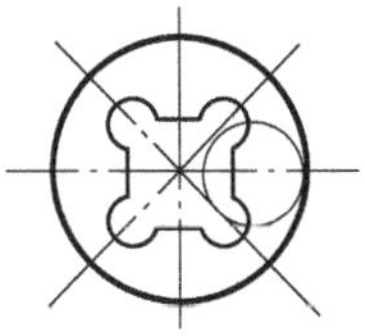
棘轮机构 1）外啮合	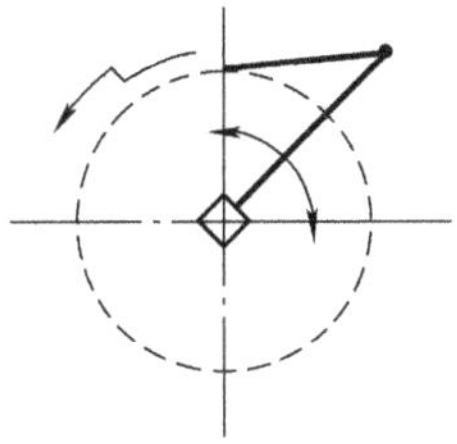	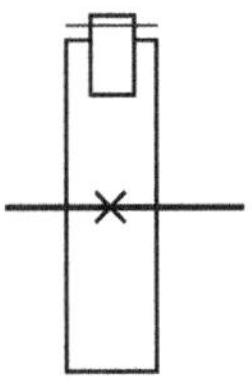 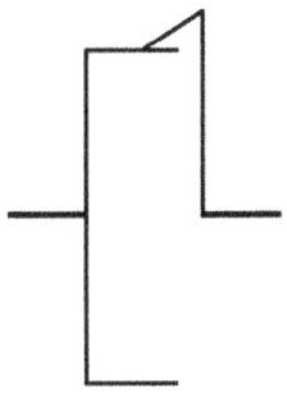
2）内啮合	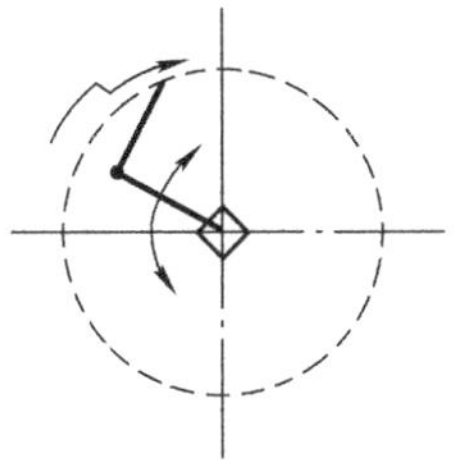	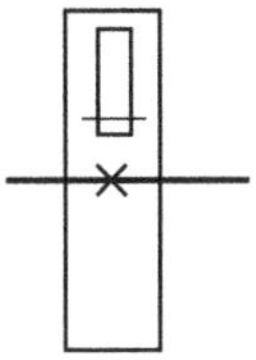 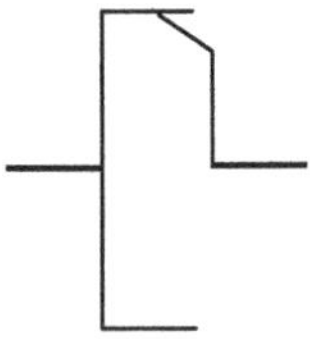
3）棘齿条啮合	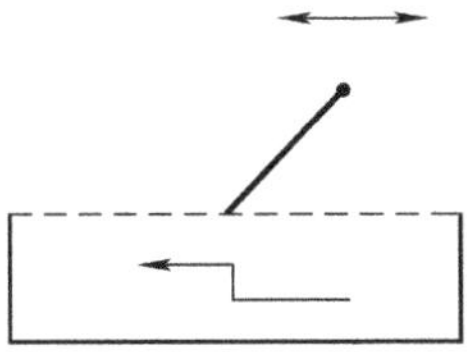	

表 8-7 联轴器、离合器及制动器的简图图形符号

名称	基本符号	可用符号	附注
联轴器 一般符号（不指明类型）	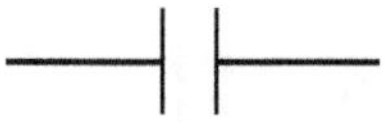		
固定联轴器	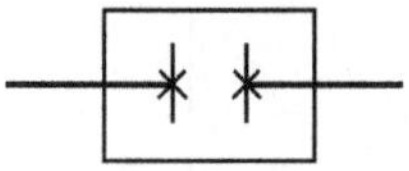		
可移式联轴器	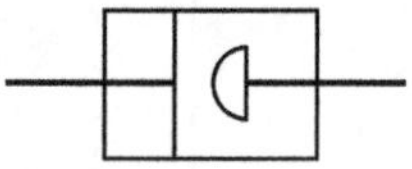		
弹性联轴器	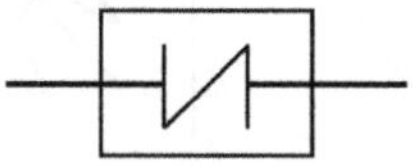		
可控离合器	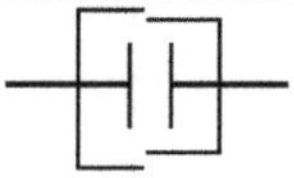		对于可控离合器、自动离合器和制动器，当需要表明操纵方式时，可使用下列符号： M——机动的； H——液动的； P——气动的； E——电动的（如电磁）。 例：具有气动开关启动的单向摩擦离合器 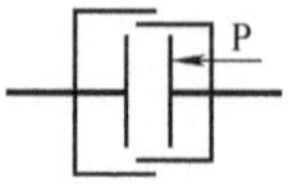 P
啮合式离合器 1）单向式 2）双向式	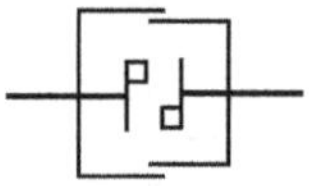 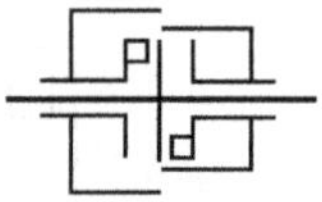	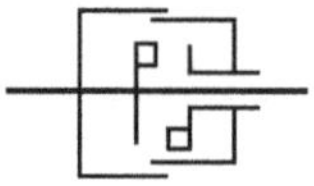	
摩擦离合器 1）单向式 2）双向式	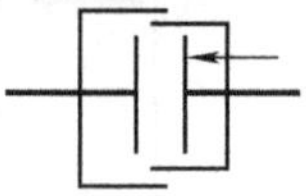 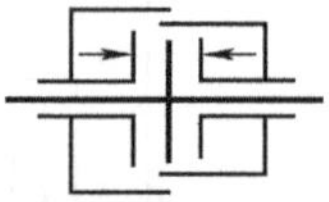	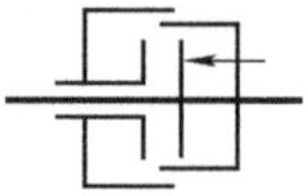 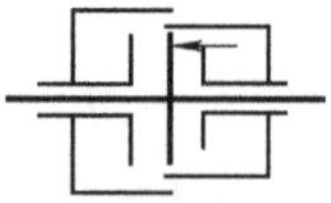	
液压离合器——一般符号	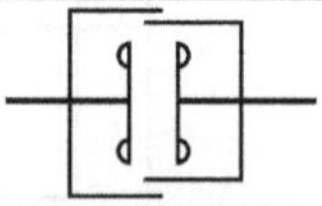		
电磁离合器	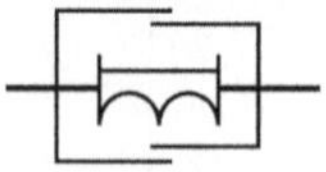		
自动离合器——一般符号	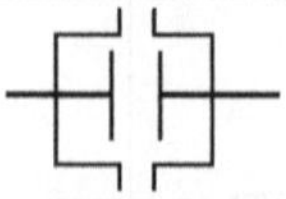		
离心摩擦离合器	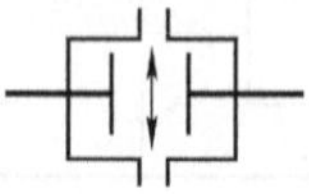		

（续）

名称	基本符号	可用符号	附注
超越离合器	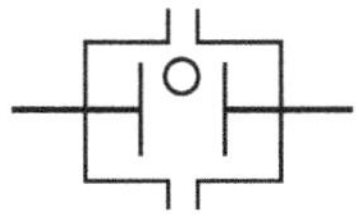		对于可控离合器、自动离合器和制动器，当需要表明操纵方式时，可使用下列符号： M——机动的； H——液动的； P——气动的； E——电动的（如电磁）。 例：具有气动开关启动的单向摩擦离合器 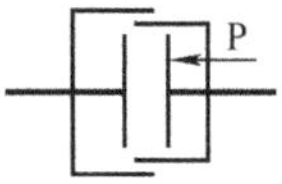 P
安全离合器 1）带有易损元件 2）无易损元件	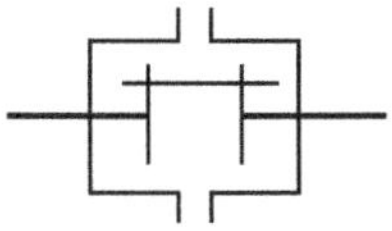 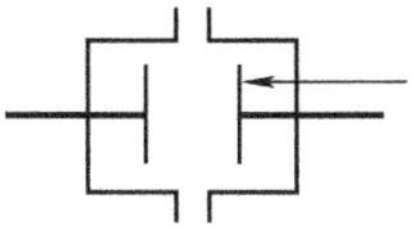		
制动器——一般符号	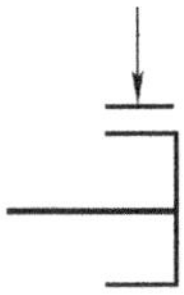		不规定制动器外观

表 8-8　其他机构及其组件简图图形符号

名称	基本符号	可用符号	附注
带传动——一般符号（不指明类型）	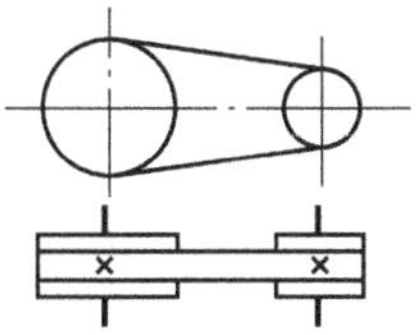 或 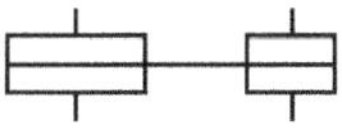		若需指明带类型可采用下列符号： 三角带  圆带 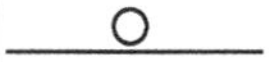 同步齿形带  平带 例：三角带传动 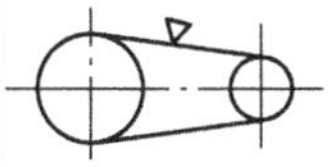
轴上的宝塔轮	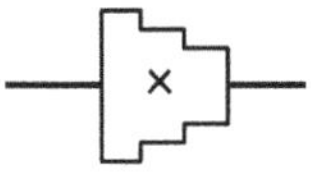		

（续）

名称	基本符号	可用符号	附注
量传动——一般符号（不指明类型）	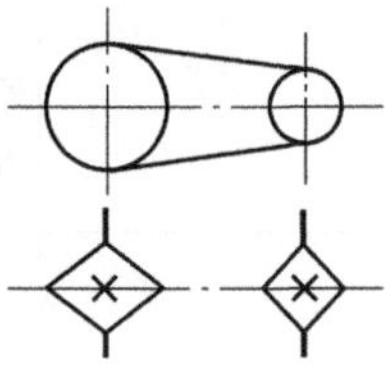		若需指明链条类型，可采用下列符号： 环形链  滚子链 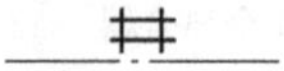 无声链 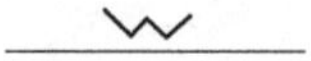 例：无声链传动 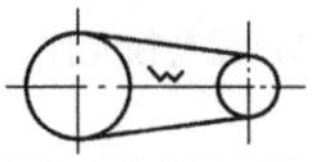
螺杆传动 整体螺母	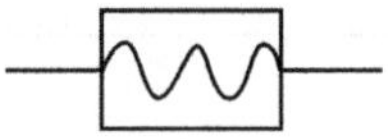		
螺杆传动 开合螺母	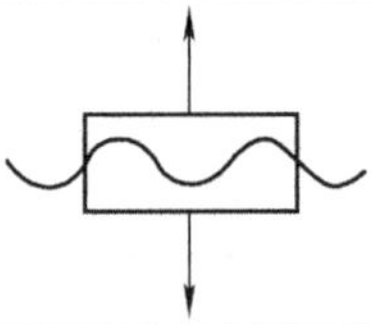	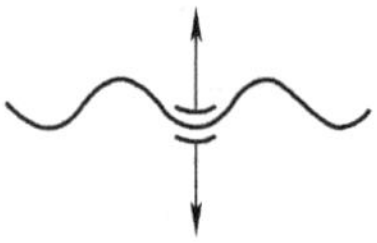	
螺杆传动 滚珠螺母		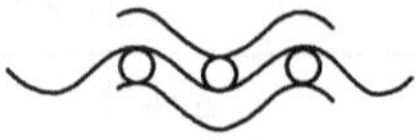	
挠性轴			可以只画一部分 
轴上飞轮	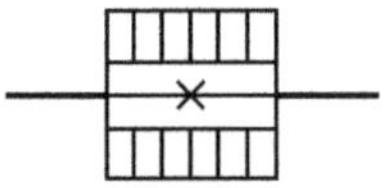	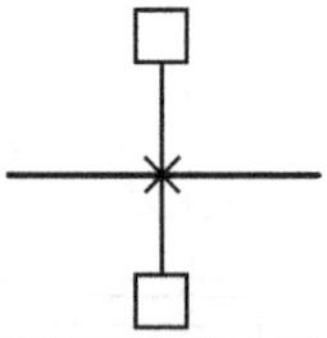	
分度头	 n	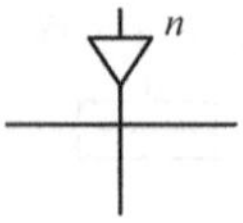 n	n 为分度数
轴承 向心轴承 1）滑动轴承 2）滚动轴承	 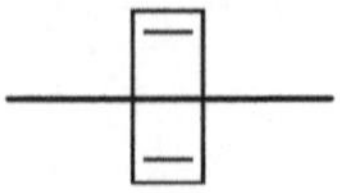		

（续）

名称	基本符号	可用符号	附注
轴承 推力轴承 1）单向 2）双向 3）滚动轴承	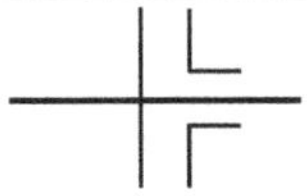		若有需要，可指明轴承型号
轴承 向心推力轴承 1）单向 2）双向 3）滚动轴承			
弹簧 1）压缩弹簧 2）拉伸弹簧 3）扭转弹簧 4）碟形弹簧	ϕ或□		弹簧的符号详见 GB/T 4459.4

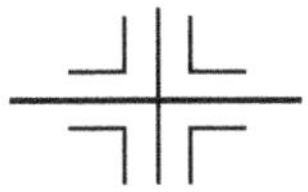

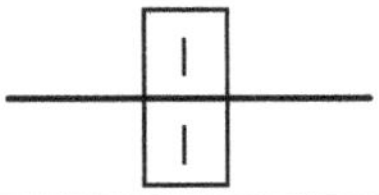

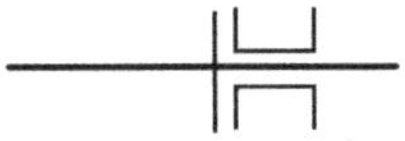

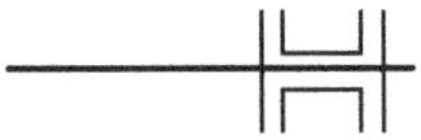

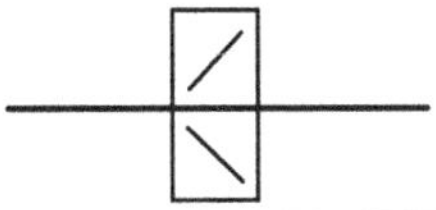

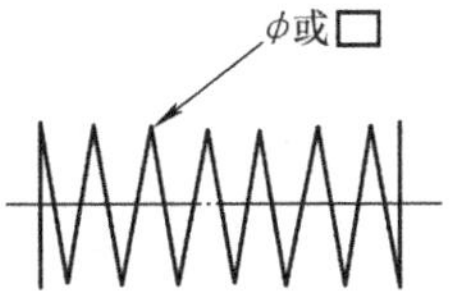

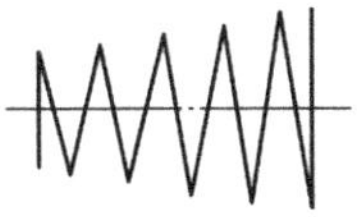

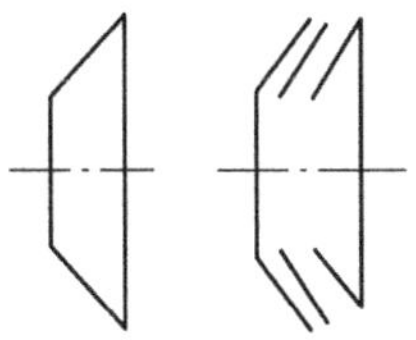

（续）

名称	基本符号	可用符号	附注
5）截锥涡卷弹簧			弹簧的符号详见 GB/T 4459.4
6）涡卷弹簧			
7）板状弹簧			

以上这些图形是研究机构的重要工具，下面就举例说明机构运动简图的识读。

机构运动简图符号是经过几百年机械工程实践逐步发展起来的重要符号语言，是进行抽象思维、实现思维具体化的工具。借助这些符号，设计者可以准确描述人类社会对机器的需求，构思出实现预定运动的概念设计方案。

按所需运动功能要求，由组成机器的要素综合得到的机构运动简图，清晰地描述了机器的概念结构及各组成部分之间的相互关系，确定了各构件之间的连接形式和相对运动。利用机构运动简图在计算机上仿真，可以实现运动轨迹的再现，用以检验机器预定运动功能的实现。

借助机构运动简图，人们可以建立机器系统的力学模型，分析其运动、动力特性，求解作用在各组成构件上的力，为进一步选择零件的材料及其承载能力设计奠定基础。

8.2　识读步骤及注意事项

1. 识读步骤

（1）识别构件　注意区分机架和活动件，不管出现的位置和次数，凡是打斜线的构件都是机架，每个机构中只有一个机架；其次注意区分原动件和从动件，原动件上标有箭头，不标箭头的都是从动件。

（2）识别运动副　从原动件开始，按照运动传递的顺序，逐个确定运动副的类型，即判断是高副还是低副，低副是转动副还是移动副。尤其注意移动副的表达方法比较多，图 8-1 所示为常见移动副的表达方法，都表示构件 1 和 2 之间是移动副连接，其中图 8-1a 表示两个构件都是活动构件，即构件 1 和 2 之间可以相对移动；图 8-1b 表示构件 2 是机架，构件 1 可沿机架移动。

2. 识读的注意事项

1）首先注意图中的复合铰链、虚约束、局部自由度。

两个以上的构件同时在同一处用转动副连接就构成复合铰链。由 k 个构件汇交成的复合铰链应当包含（$k-1$）个转动副。图 8-2 所示是三个构件组成的复合铰链。

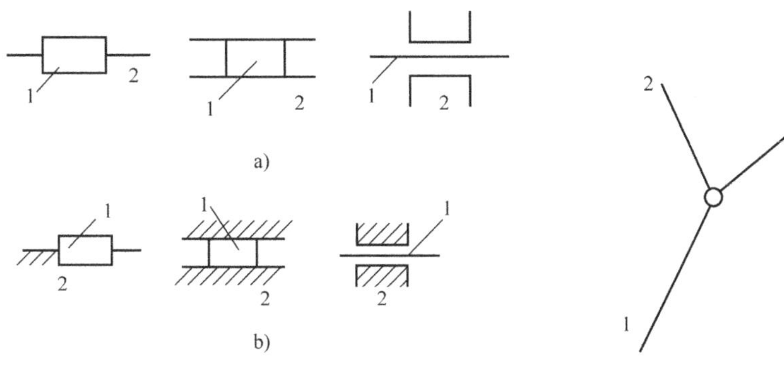

图 8-1　移动副的表达

a）构件 1、2 都是活动构件　b）构件 2 是机架

图 8-2　复合铰链

图 8-3 所示机构两构件（AB、DC）上某两点（E、F）间的距离在运动过程中始终保持不变的构件 EF 就是虚约束，计算自由度时，应除去。如图 8-4a 所示，齿轮轴和机架组成两个轴线重合的转动副，图 8-4b 所示凸轮机构从动件和机架组成导路相重合（或平行）的两个移动副，计算自由度时只计算一个，另

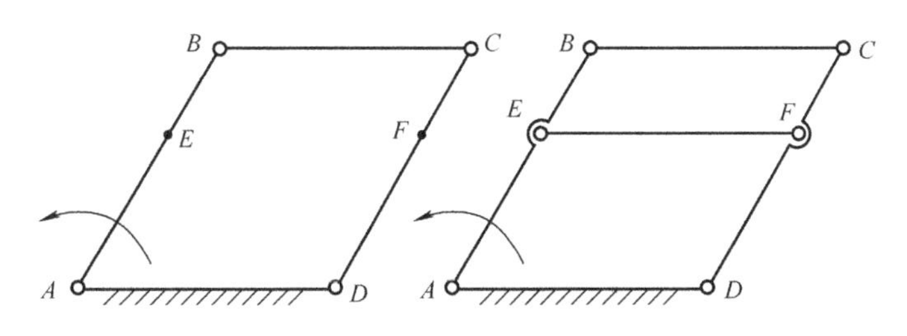

图 8-3　平行四边形机构

一个除去不计。图 8-5 所示对运动不起作用的两个行星轮 2′，计算自由度时应除去不计。

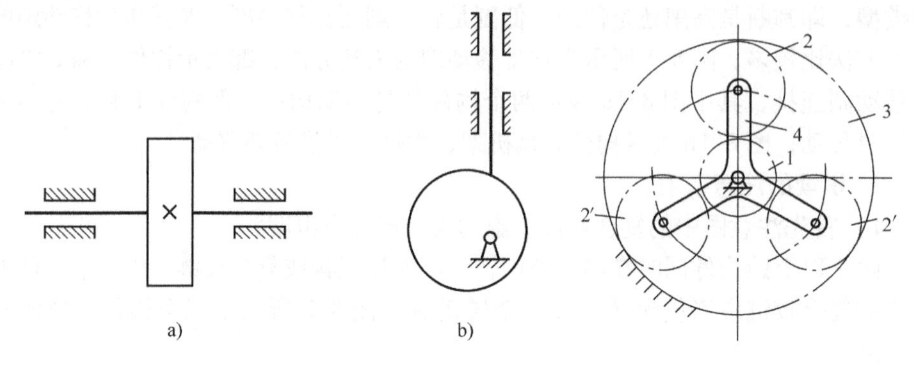

图 8-4　两构件组成若干转动副和移动副

a）转动副　b）移动副

图 8-5　行星轮机构

图 8-6 示，构件 2 和组成的转动副不影响构件 3 的运动，就是局部自由度，计算自由度时要予以排除，视作将 2 和 3 焊接成为一个刚性构件。

2）注意图中的焊接符号，不要把一个构件看成多个构件。

图 8-7 中有两处涂黑，表示焊接，则点画圆 1 和线条 3 焊接表示一个构件，线条 4 和 5 焊接表示一个构件。

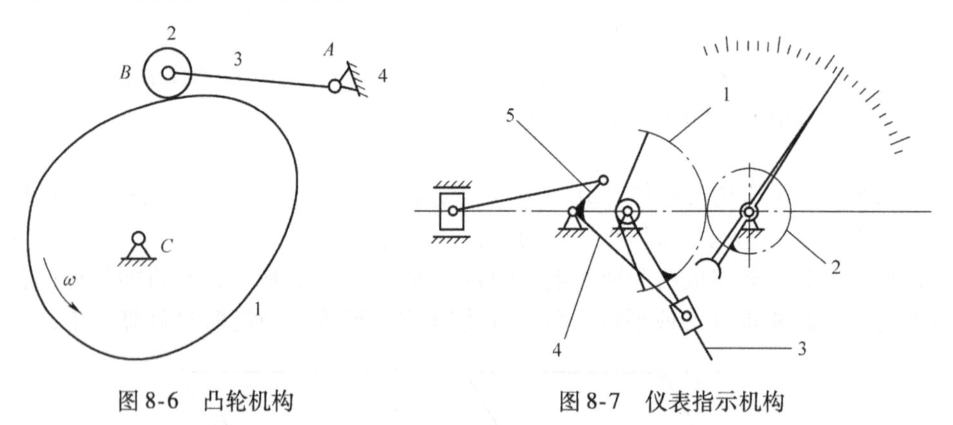

图 8-6　凸轮机构

图 8-7　仪表指示机构

3）注意滑块是一个构件，不能忽略。

图 8-8 中 1 指示的矩形方框就表示滑块，是一个构件，不能漏掉。

4）注意点画线表示的圆是齿轮，不能忽略。

图 8-7 中点画线圆 1 和 2 即表示齿轮的啮合，不能漏掉不算。图 8-10 中的点画线圆同样表示齿轮啮合，数活动构件时不能漏掉。

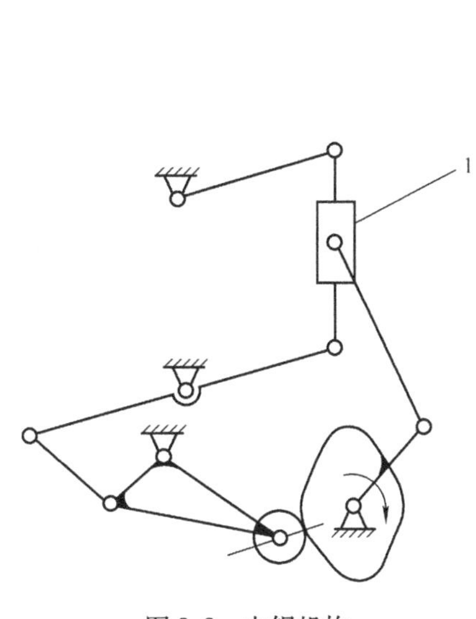

图 8-8　电锯机构

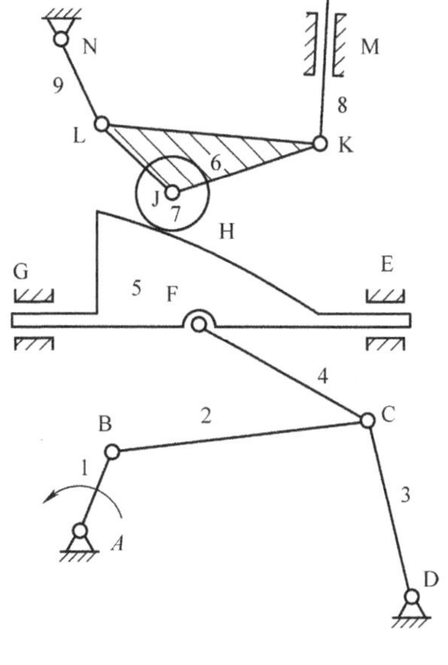

图 8-9　惯性筛机构运动简图

8.3　机构运动简图识读实例

1. 惯性筛机构运动简图

如图 8-9 所示机构运动简图，运动副用大写字母表示，构件用数字表示。

首先识别构件，机架在多个位置出现，A、D、E、G、M、N 处是机架分别与构件 1、3、5、8、9 组成的低副。构件 1 是原动件，其他的构件都是从动件。

其次，从原动件 1 开始，分析构件之间的运动副类型。按照前面运动简图符号的规定，小圆圈表示转动副，即构件 1 和 2，2、3 和 4，4 和 5，6 和 7、8、9，9 和机架分别组成转动副，其中 2、3 和 4 是复合铰链，也就是说此处虽然看上去是 1 个转动副，实际上是 2(=3 - 1) 个转动副。构件 7 和 6 组成的转动副，不影响输出构件 8 的运动，属于局部自由度，只是把滑动摩擦转变为滚动摩擦，减轻摩擦磨损，计算自由度时要排除，就是把 6 和 7 焊接在一起，看成一个刚性构件；E、G、M 处是移动副，其中 E、G 处是构件 5 和机架组成的两个移动副，有一个是虚约束，不起独立限制作用，只为了增加机构的刚性，计算自由度时要除去；构件 5 和 7 是点接触，组成 H 处的高副。

2. 冲压机构运动简图

如图 8-10 所示冲压机构运动简图，运动副用大写字母表示，构件用数字表示。

首先识读构件，机架在多处出现（A、D、F、H、K、N、P处），只能算一个构件，不能多算。B处的滚子和构件7组成的转动副属于局部自由度，在计算机构自由度时，要排除局部自由度，所以滚子不算构件，凸轮与齿轮2焊接在一起，是一个构件。所以该机构共有10个构件，活动构件有9（=10-1）个。

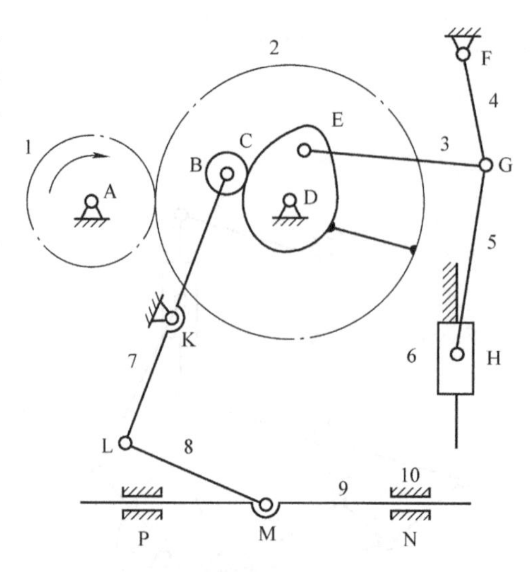

图8-10　冲压机构运动简图

其次，从原动件1开始，分析构件之间的运动副类型。按照前面的运动简图符号规定，小圆圈表示转动副，即构件1和10，2和10，3和2，4和10，3、4和5是由三个构件的组成的复合铰链，5和6，7和10，7和8，8和9，即该机构共有10个转动副；构件6和10组成移动副，构件9和10在N、P两处形成两个移动副，有一处是虚约束，除去不计，因此该机构有两个移动副，综合前面转动副，该机构共有12个低副。构件7端部的滚子和构件2的凸轮形成高副，还要注意构件1和2表示齿轮啮合，也是高副，不能漏算，则该机构共有2个高副。

3. 车床主传动系统机构运动简图

车床大都有主传动系统和进给传动系统，主传动系统用来实现车床的主运动，由动力源（电动机）通过变速等装置带动主轴旋转，一般装在车床的主轴箱内，主要由轴、轴承、齿轮、离合器等构件组成，通常要根据工件的大小、材料、加工精度和刀具的硬度来改变车床主轴的转速。

图8-11所示为CA6140普通车床主传动系统的机构运动简图。首先由电动机带动带轮旋转，把运动传递给轴Ⅰ，轴Ⅰ上的双向摩擦离合器M1是用来控制主轴的正反转及停车的。当离合器M1向左压紧时，运动经双联滑移齿轮传到轴Ⅱ，使轴正转；当离合器M1向右压紧时，则轴Ⅰ的运动经轴Ⅶ上的中间齿轮z_{34}传递给轴Ⅱ上的齿轮z_{30}，使轴反转。轴Ⅱ的运动再由三联滑移齿轮传递到轴Ⅲ，使轴既可正转又可反转。轴Ⅲ的运动分两路传递到主轴Ⅵ，当主轴上的啮合离合器M2向左结合时，轴Ⅲ的运动经齿轮z_{63}和z_{50}直接传递到主轴Ⅵ上；当啮合离合器M2向右结合时，轴Ⅲ的运动经双联滑移齿轮传递给轴Ⅳ，再由双联滑移齿轮传递给轴Ⅴ，最后经一对斜齿轮z_{26}、z_{58}将运动传递给主轴Ⅵ。

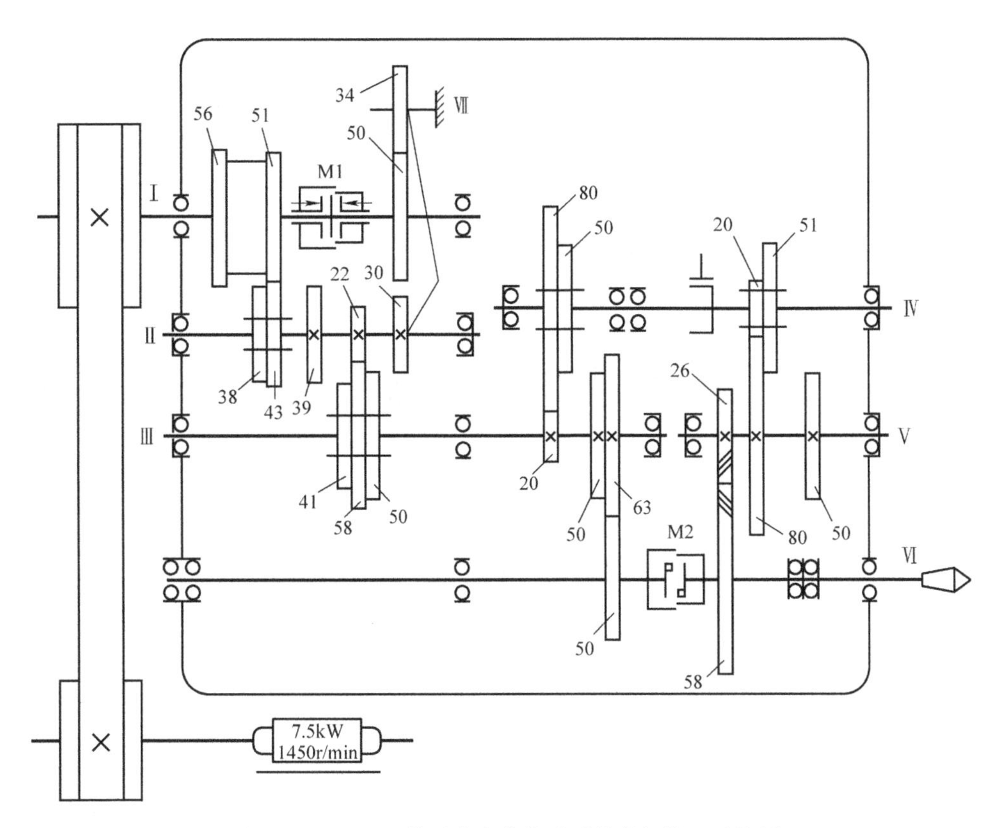

图 8-11　CA6140 普通车床主传动系统的机构运动简图

液压气动系统图的识读

9.1 液压传动工作原理和系统的组成及特点

1. 液压传动的工作原理

液压传动是根据液体静压力传动原理，利用密闭系统中的受压液体来传递运动和动力的一种传动方式。现以液压千斤顶为例，简述液压传动的工作原理。

液压千斤顶的工作原理如图 9-1 所示，当将液压千斤顶的杠杆 5 向上抬时，小液压缸 4 中的小活塞 3 向上移动，小液压缸 4 无杆腔内的容积增大形成局部真空，排油单向阀 10 关闭。油箱 13 中的液体在大气压力作用下，经吸油管 1 打开进油单向阀 2 流入小液压缸 4 无杆腔；当将杠杆 5 向下压时，小活塞受驱动力 F_1 的作用，向下移动 s_1 的位移量，小液压缸 4 无杆腔容积减小，油液受挤压，

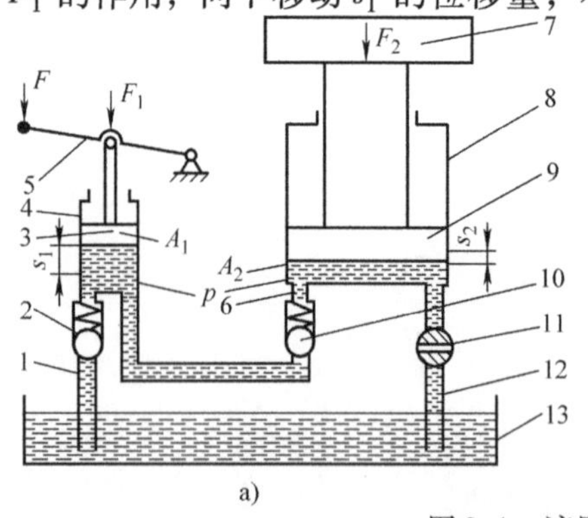

a)

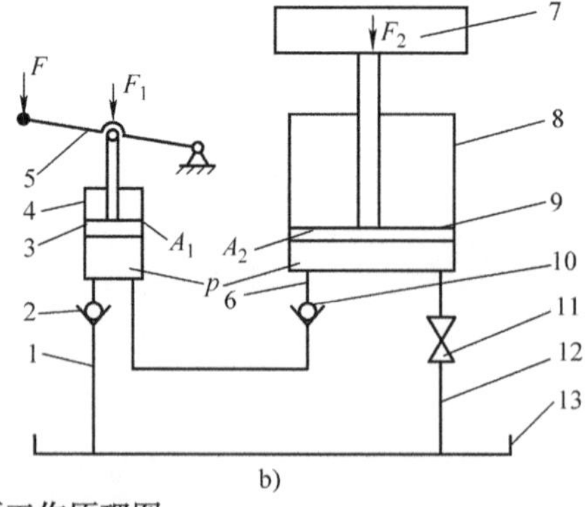

b)

图 9-1　液压千斤顶工作原理图

a) 结构原理图　b) 图形符号图

1—吸油管　2—进油单向阀　3—小活塞　4—小液压缸（手动液压泵）　5—杠杆　6—压油管　7—重物（外负载）　8—大液压缸（执行元件）　9—大活塞　10—排油单向阀　11—截止阀　12—回油管　13—油箱

小液压缸4无杆腔内压力p升高，关闭进油单向阀2，打开排油单向阀10，油液经压油管6流入大液压缸8无杆腔，使大活塞9向上移动s_2的位移量，克服重物7的重力F_2而做功，即完成一次压油动作；如此不断地使杠杆5上下移动，就会有油液不断地流入大液压缸8无杆腔，使重物7逐渐举升；当停止杠杆5的上下运动时，大液压缸8无杆腔中的油压p关闭排油单向阀10，使油液不能倒流，大活塞9和重物7就停止在举升位置被锁住不动；当需要大活塞9和重物7向下返回原始位置时，可打开截止阀11，在重物7重力F_2的作用下，大活塞9和重物7即可回原始位置。

由液压千斤顶的工作原理可知，小液压缸4与进油单向阀2和排油单向阀10一起完成吸油与压油，将杠杆的机械能转换为油液的压力能输出，称为手动液压泵。大液压缸8将油液的压力能转换为机械能输出，顶起重物7，称为举升液压缸即执行元件。图9-1中的所有元件组成了一个最简单的液压传动系统，实现了运动和力的传递。

2. 液压传动系统的组成

一个完整的液压传动系统由以下五个主要部分组成：

（1）液压动力元件　液压动力元件是将原动机输出的机械能转换成液体压力能的元件，它向液压传动系统提供压力油。常见的是液压泵。

（2）液压执行元件　液压执行元件是将液体的压力能转换成机械能的元件，液压缸驱动外负载做直线运动，液压马达驱动外负载做回转运动。

（3）液压控制元件　液压控制元件是对液压传动系统中液体的压力、流量和流动方向进行控制和调节的阀类，如压力、流量和方向等控制阀。

（4）液压辅助元件　液压辅助元件是上述三个组成部分以外的其他元件，如液压油箱、滤油器、管道和接头等。

（5）液压工作介质　液压工作介质是传递能量和信号的介质。

3. 液压传动系统的特点

（1）液压传动系统的优点

1）体积小，重量轻，单位重量输出的功率大。如在同等功率下，液压马达的重量只有电动机的10%～20%，能输出很大的力和力矩。

2）液压传动系统的执行元件可在运行过程中方便地实现无级调速，调速范围大。

3）液压装置传动平稳，响应速度快，惯性小，换向冲击小，便于实现频繁换向。

4）液压传动系统借助压力控制阀等可自动实现过载保护，传动介质为油液，能实现自润滑，使用寿命长。

5）液压元件已实现了标准化、系列化和通用化，使液压传动系统的设计、制造和使用都比较方便。

（2）液压传动系统的缺点

1）液压传动系统对油液的污染比较敏感，需有良好的过滤和防护措施。

2）液压传动的流量和压力损失大，传动效率较低。

3）液压传动系统中由于存在液压油的泄漏和可压缩性，无法实现严格的传动比。

4）液压传动对油温变化较敏感，这会影响其工作的稳定性，所以液压传动系统不宜在很高或很低的温度下工作，工作温度一般为 -15 ~60℃较合适。

5）液压元件的制造精度要求较高，因此造价也高。

9.2 液压与气压传动系统图形符号

图 9-1a 所示的液压传动系统结构原理图是一种半结构式的，其直观性强，易于理解，但图形比较复杂，尤其当系统中元件数量多时，绘制起来就很麻烦。图 9-1b 所示的液压千斤顶工作原理图是用液压传动系统图形符号绘制成的，其简洁明了，便于绘制。

图形符号表示元件的功能，而不表示元件的具体结构和参数。本书中的图形符号采用国家标准 GB/T 786.1—2009《流体传动系统及元件图形符号和回路图 第 1 部分：用于常规用途和数据处理的图形符号》。

1. 图形符号的基本要素

图形符号的基本要素包括线、连接和管接头、流路和方向指示、机械基本要素、控制机构要素、调节要素和附件，常用图形符号的基本要素见表 9-1。

表 9-1　图形符号的基本要素

类型	图形	说明	类型	图形	说明
线	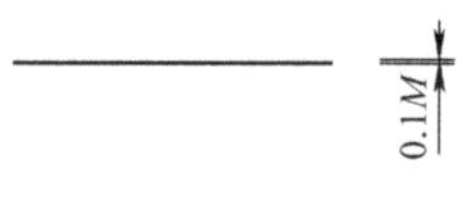 0.1M	供油管路，回油管路，元件外壳和外壳符号	连接和管接头	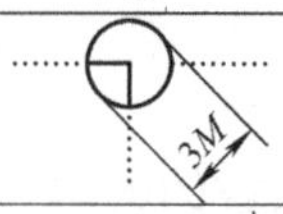 3M	三向旋塞阀
	 0.1M	组合元件框线		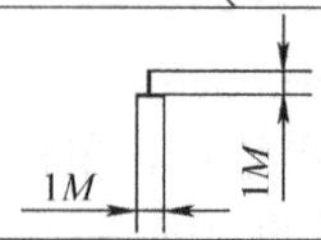 1M　1M	封闭管路或接口
	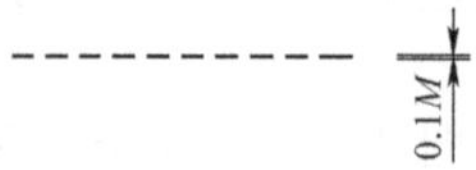 0.1M	内部和外部先导（控制）管路，泄油管路，冲洗管路，放气管路		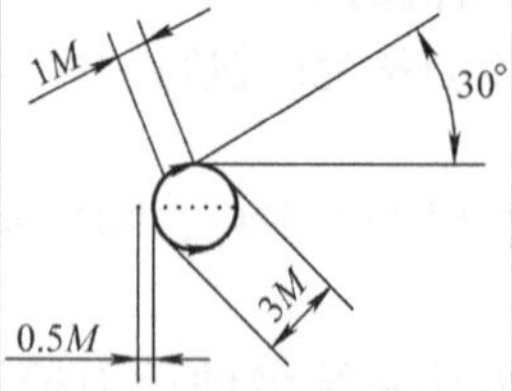 1M　30°　3M　0.5M	旋转管接头
连接和管接头	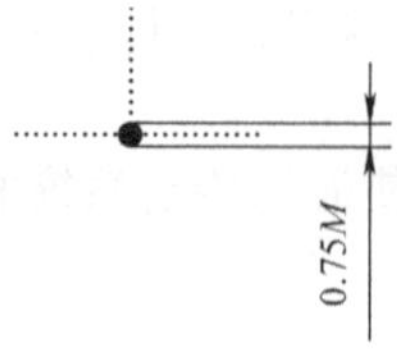 0.75M	两个流体管路的连接		 2.5M　4M	软管管路

（续）

类型	图形	说明	类型	图形	说明
连接和管接头	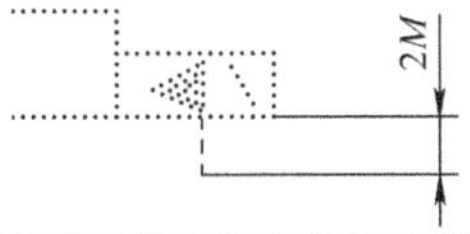 2M	控制管路或泄油管路接口	流路和方向指示	60° 9M	双方向旋转指示箭头
	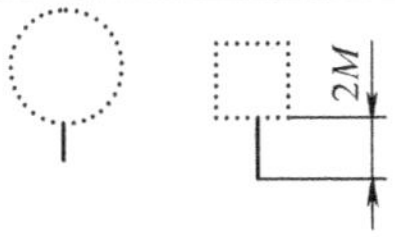 2M	接口		45° 2.5M	压力指示
流路和方向指示	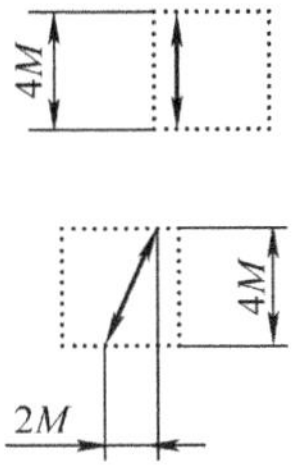 4M 4M 2M	流体流过阀的路径和方向		2.5M	速度指示
	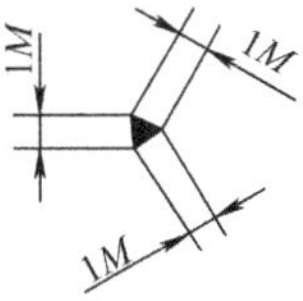 1M 1M 1M	液压力作用方向		45° 2.5M	扭矩指示
	60° 9M	逆时针方向旋转指示箭头	机械基本要素	0.75M	单向阀运动部分，小规格
	1M 1M 1M	气压力作用方向		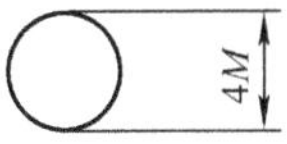 4M	测量仪表框线（控制元件，步进电机）
	60° 9M	顺时针方向旋转指示箭头		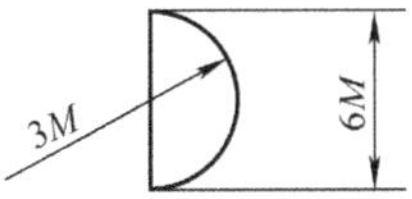 3M 6M	摆动泵或马达框线（旋转驱动）
				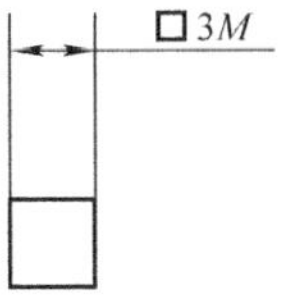 □3M	开关，变换器和其他器件框线

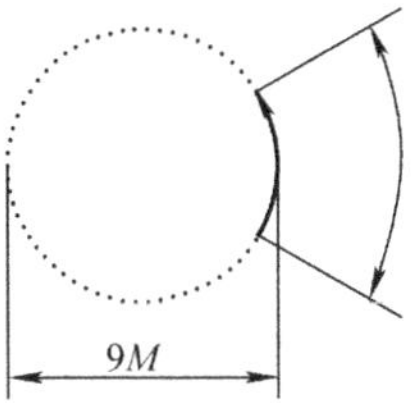

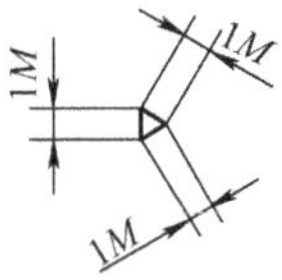

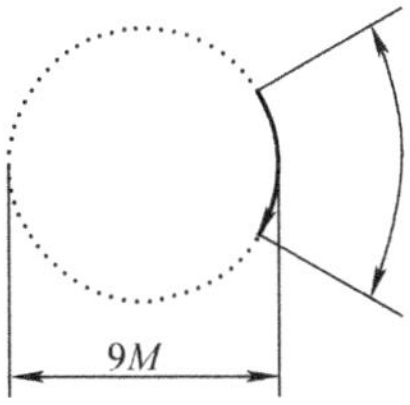

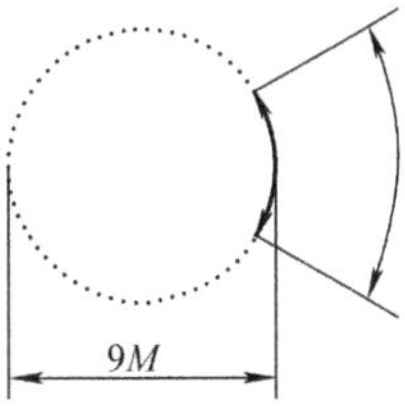

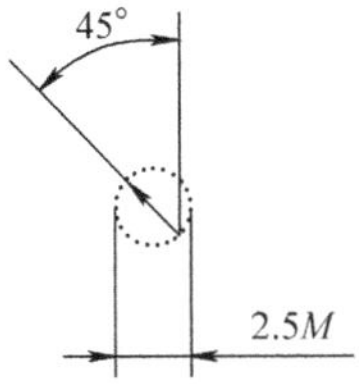

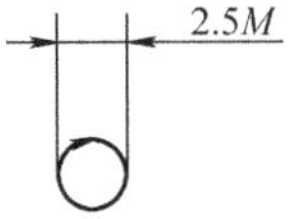

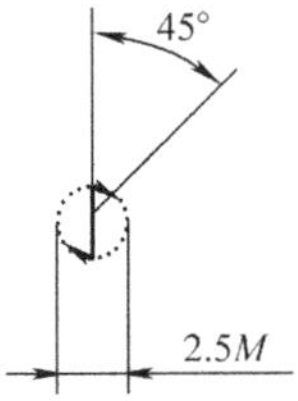

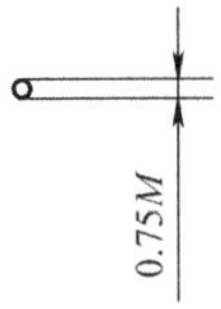

（续）

类型	图形	说明
机械基本要素	3M, 2M	控制方法框线（标准图）
	9M, 4M	缸
	2M, 4M	缸的活塞
	0.125M, 1.25M, 2.5M, 2.5M	M 表示马达
	1M	单向阀运动部分，大规格
	6M	能量转换元件框线（泵、压缩机、马达）
	□2M	控制方法框线，蓄能器重锤
	□4M	流体处理装置框线（过滤器，分离器，油雾器和热交换器）
机械基本要素	5M, 3M	显示装置框线（拉长图）
	9M, 1M	活塞杆
	0.5M, 3M	机械连接，轴，杆，机械反馈
	90°, 0.75M	单向阀阀座，小规格
	1M, 3M, 4.5M	流量控制阀，节流通道节流，取决于黏度
	6M, 4M	油缸弹簧
控制机构要素	0.75M, 2M	推力控制机构元件
	3M, 2M, 0.75M, 1.5M	推拉控制机构元件

（续）

类型	图形	说明
控制机构要素	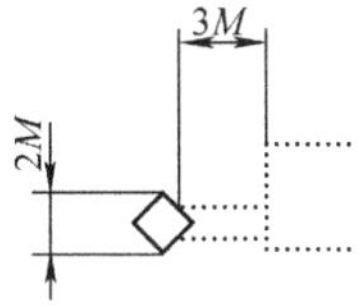 3M　2M	控制元件：可动把手
	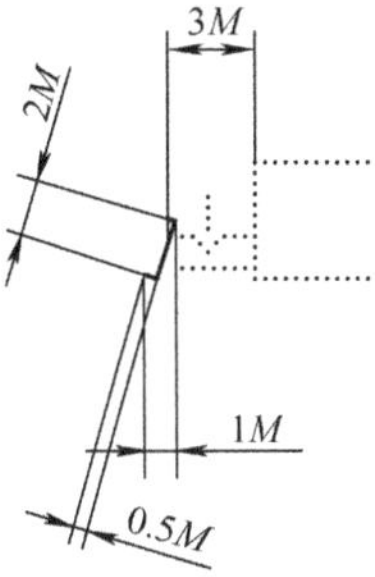 3M　2M　1M　0.5M	控制元件：踏板
	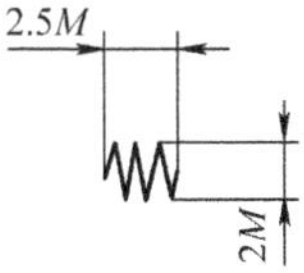 2.5M　2M	控制元件：弹簧
	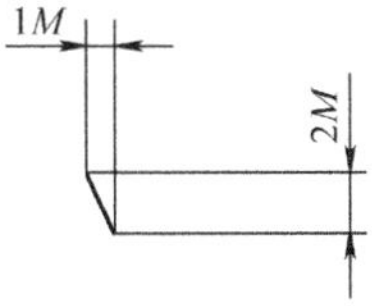 1M　2M	控制元件：绕组，作用方向背离阀芯（电磁铁，力矩马达，力马达）
	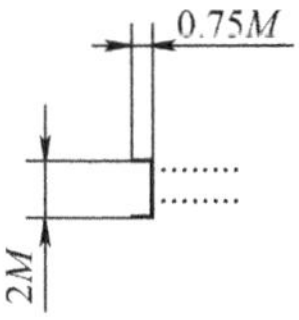 0.75M　2M	拉力控制机构元件
	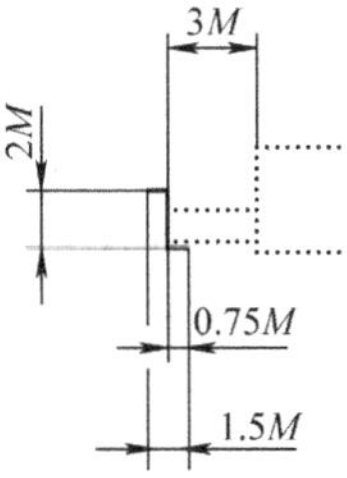 3M　2M　0.75M　1.5M	回转控制机构元件
控制机构要素	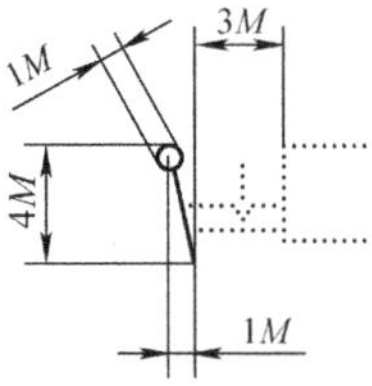 1M　3M　4M　1M	控制元件：手柄
	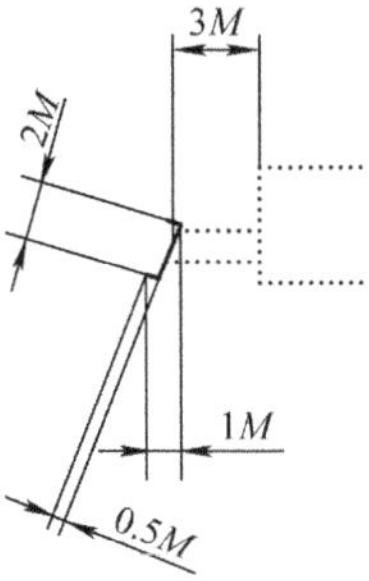 3M　2M　1M　0.5M	控制元件：双向踏板
	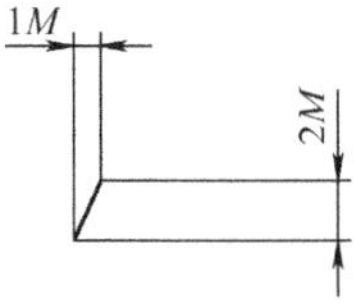 1M　2M	控制元件：绕组，作用方向指向阀芯（电磁铁，力矩马达，力马达）
	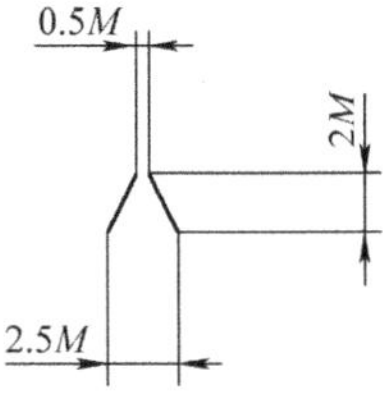 0.5M　2M　2.5M	控制元件：双绕组，反方向作用
调节要素	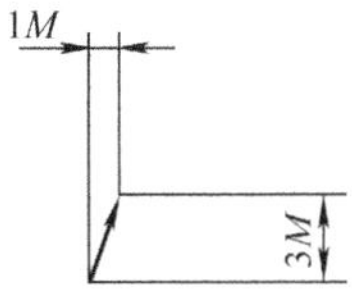 1M　3M	可调整，如行程限制
	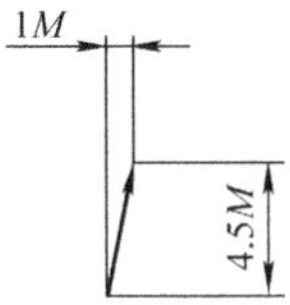 1M　4.5M	弹簧或比例电磁铁的可调整

（续）

类型	图形	说明
调节要素	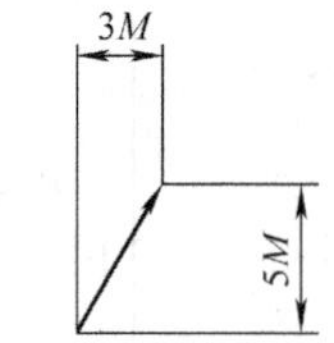 3M 5M	节流孔的可调整 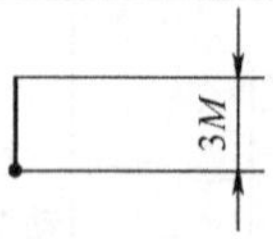
	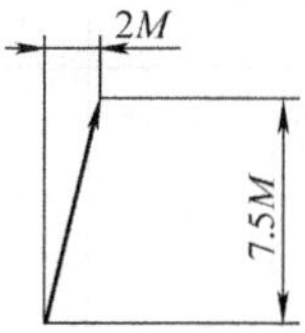 2M 7.5M	末端缓冲的可调整 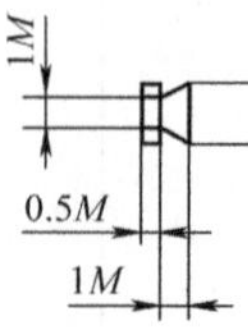
	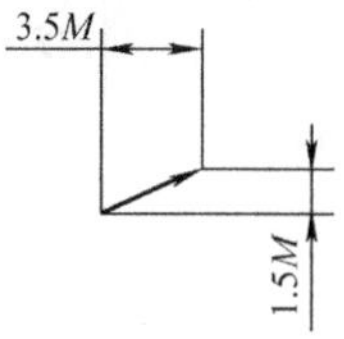 3.5M 1.5M	节流器的可调整 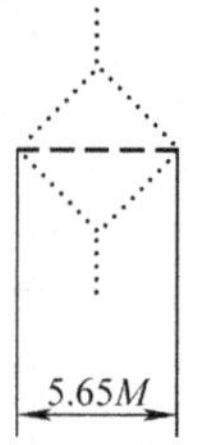
	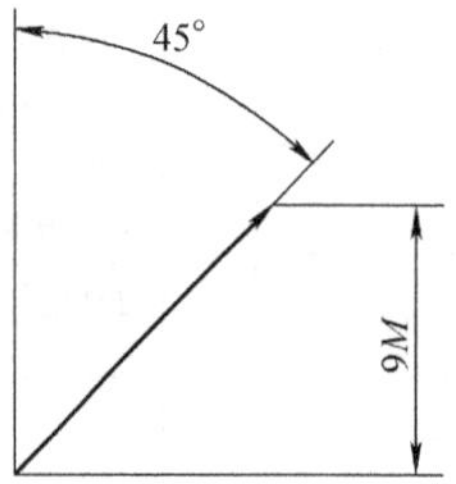 45° 9M	泵或马达的可调整 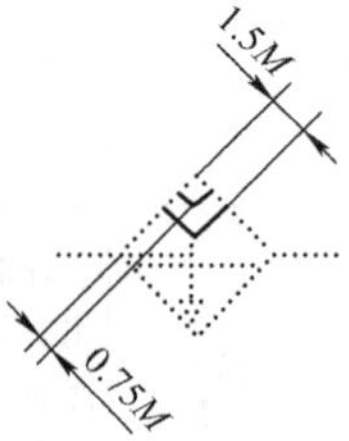
附件	1.75M 0.35M 0.35M 0.85M	输出信号，电控开关
		输出信号，电气数字信号
	4M	液位显示

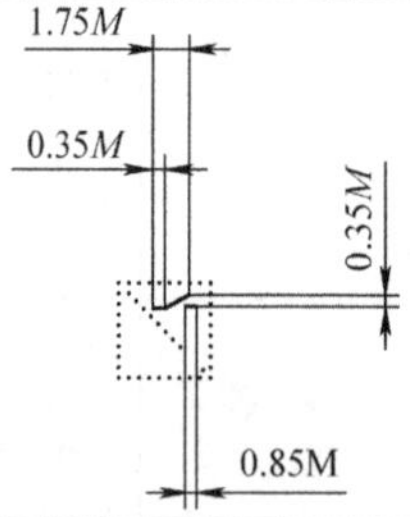

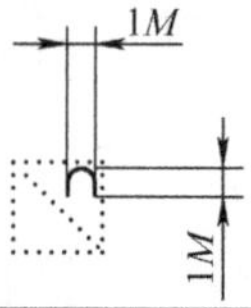

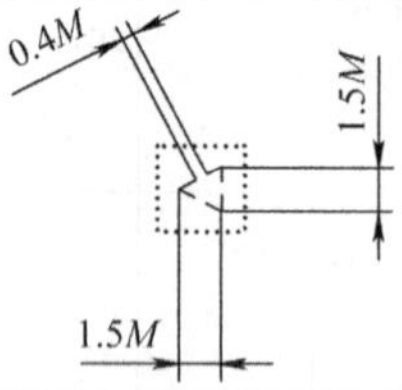

类型	图形	说明
附件	3M	温度指示
	1M 2M 0.5M 1M	声音指示器元件
	5.65M	过滤器元件
	1.5M 0.75M	过滤器真空功能
	1M 1M	输出信号，电气模拟信号
	0.4M 1.5M 1.5M	集成电子器件
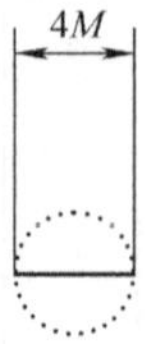	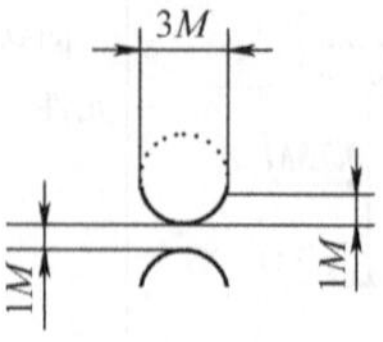 3M 1M 1M	流量指示

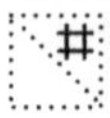

（续）

类型	图形	说明
附件	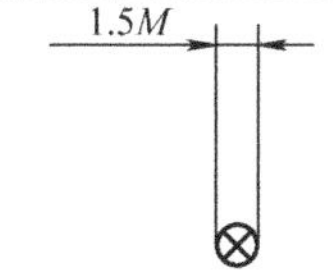 1.5M	光学指示器元件
	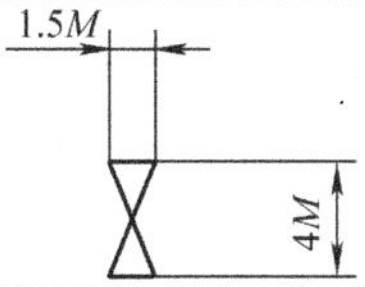 1.5M，4M	截止阀
	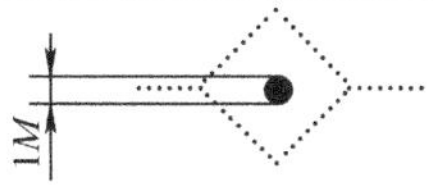 1M	过滤器聚结功能
	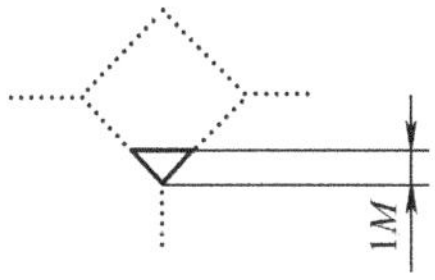 1M	流体分离器元件，手动排水
	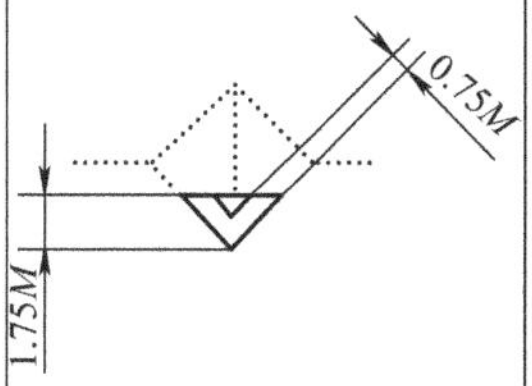 0.75M，1.75M	自动流体分离器元件
	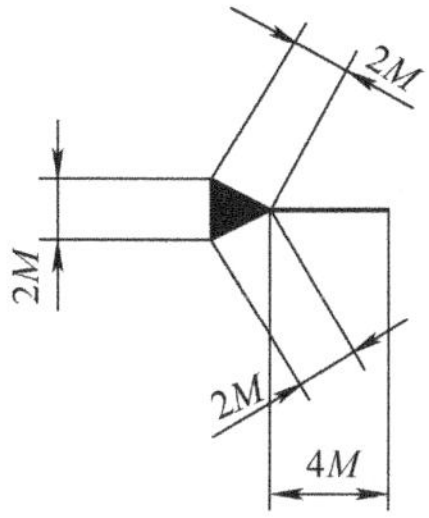 2M，2M，2M，4M	液压源
	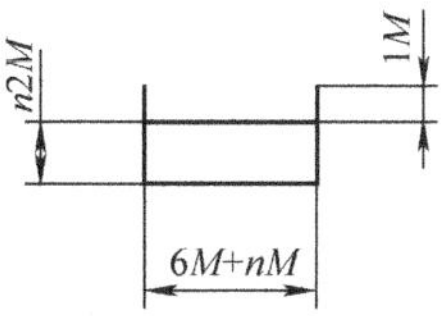 n2M，1M，6M+nM	有盖油箱
附件	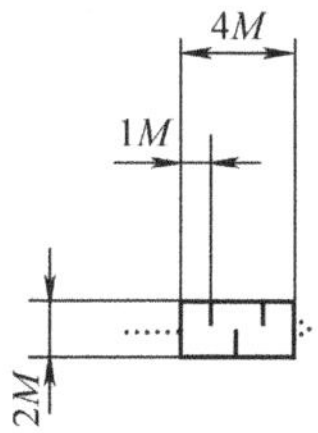 4M，1M，2M	消声器
	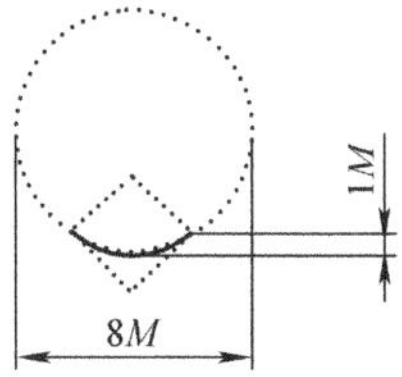 1M，8M	离心式过滤器元件
	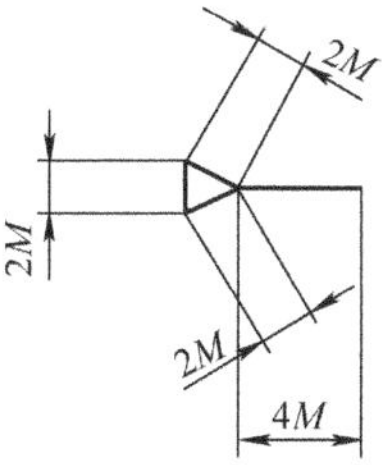 2M，2M，2M，4M	气压源
	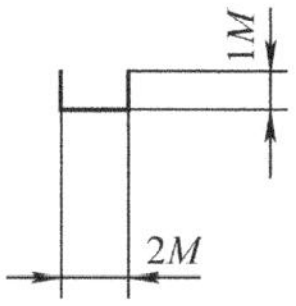 1M，2M	回到油箱
	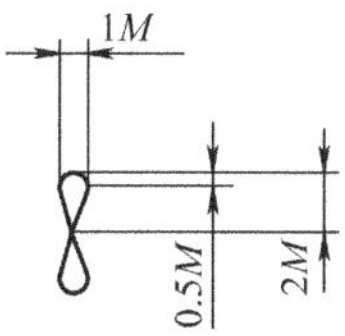 1M，0.5M，2M	风扇

注：M = 2.0mm。

2. 阀的控制符号和阀符号

常用阀的控制符号和阀符号见表 9-2。

表 9-2　阀的控制符号及阀符号

类型	符号	说明	类型	符号	说明
阀的控制符号	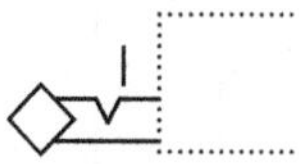	带有分离把手和定位销的控制机构	阀的控制符号		机械反馈
	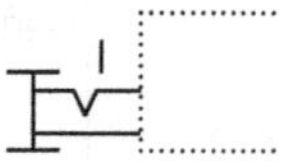	带有定位装置的推或拉控制机构			具有外部先导供油，双比例电磁铁，双向操作，集成在同一组件，连续工作的双先导装置的液压控制机构
		使用步进电机的控制机构			
		单作用电磁铁，动作背离阀芯	方向控制阀	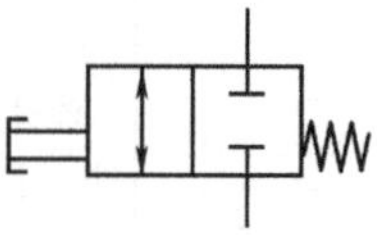	二位二通方向控制阀，两通，两位，推压控制机构，弹簧复位，常闭
		单作用电磁铁，动作指向阀芯，连续控制			
		电气操纵的气动先导控制机构			二位三通方向控制阀，滚轮杠杆控制，弹簧复位
		带有可调行程限制装置的顶杆			
		用作单方向行程操纵的滚轮杠杆			二位四通方向控制阀，电磁铁操纵，弹簧复位
		单作用电磁铁，动作指向阀芯			二位四通方向控制阀，电磁铁操纵液压先导控制，弹簧复位
		双作用电气控制机构，动作指向或背离阀芯			二位四通方向控制阀，液压控制，弹簧复位
		单作用电磁铁，动作背离阀芯，连续控制			二位五通方向控制阀，踏板控制
		电气操纵的带有外部供油的液压先导控制机构			二位二通方向控制阀，两通，两位，电磁铁操纵，弹簧复位，常开

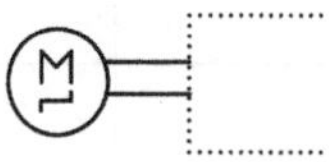

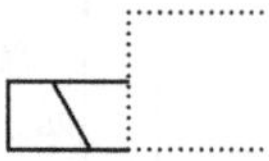

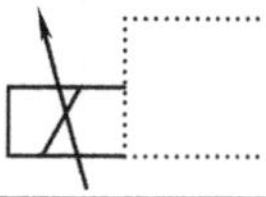

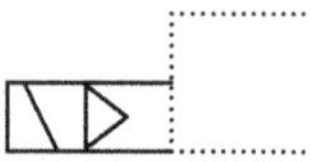

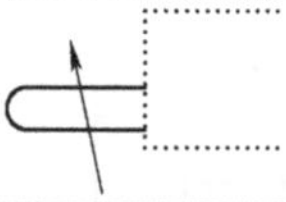

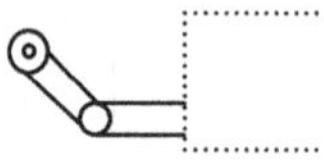

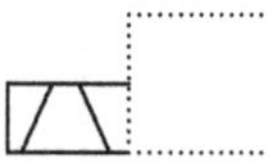

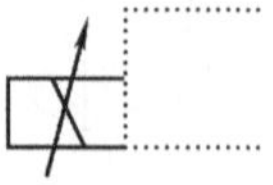

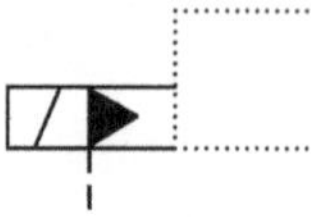

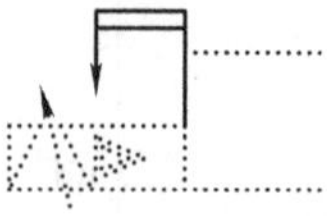

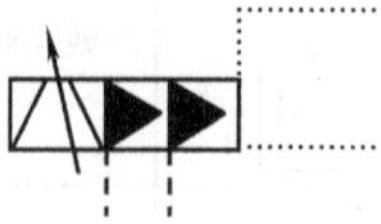

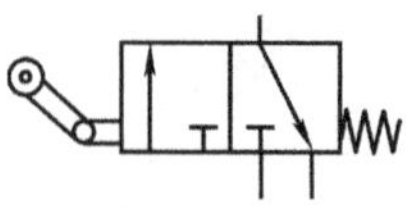

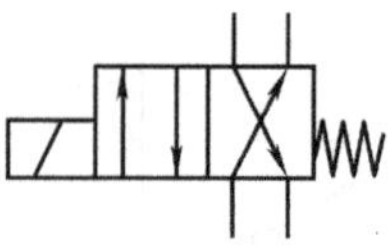

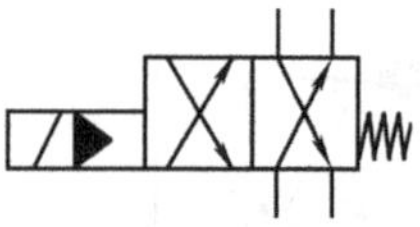

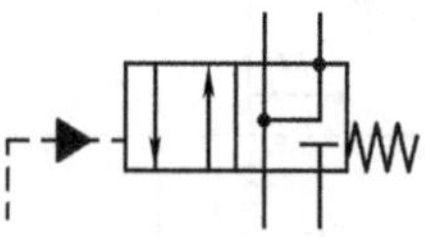

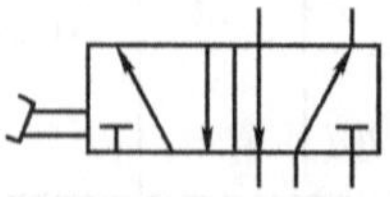

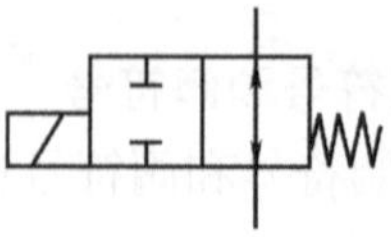

（续）

类型	符号	说明	类型	符号	说明
方向控制阀	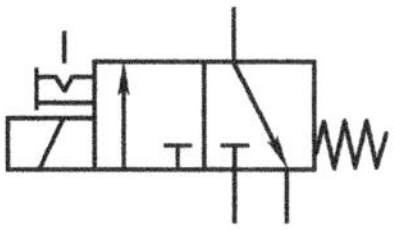	二位三通方向控制阀，单电磁铁操纵，弹簧复位，定位销式手动定位	压力控制阀		顺序阀，手动调节设定值
	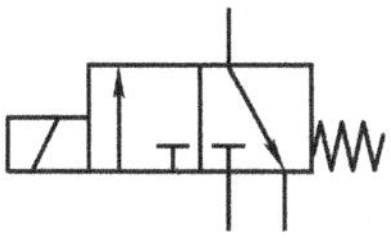	二位三通方向控制阀，电磁铁操纵，弹簧复位，常闭			外部控制的顺序阀
		三位四通方向控制阀，电磁铁操纵先导级和液压操作主阀，主阀及先导级弹簧对中，外部先导供油和先导回油			三通减压阀（液压）
		三位四通方向控制阀，液压控制，弹簧对中			二通减压阀，直动式，外泄型
		二位三通液压电磁换向座阀，带行程开关	流量控制阀		可调节流量控制阀
压力控制阀		溢流阀，直动式，开启压力由弹簧调节			流量控制阀，滚轮杠杆操纵，弹簧复位
		顺序阀，带有旁通阀			三通流量控制阀，可调节，将输入流量分成固定流量和剩余流量
		内部流向可逆调压阀			集流阀，保持两路输入流量相互恒定
		二通减压阀，先导式，外泄型			可调节流量控制阀，单向自由流动
					二通流量控制阀，可调节，带旁通阀，固定设置，单向流动，基本与黏度和压力差无关
					分流器，将输入流量分成两路输出

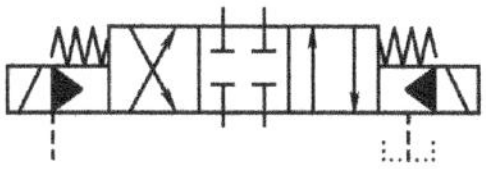

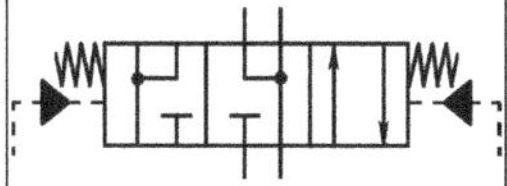

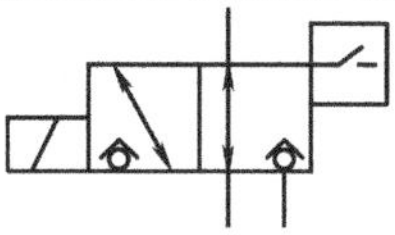

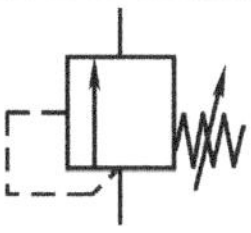

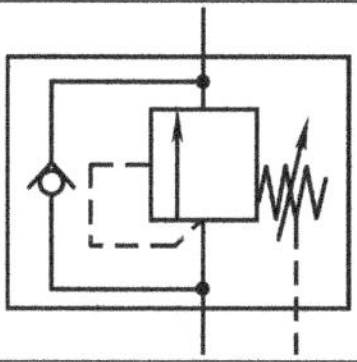

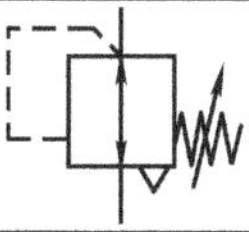

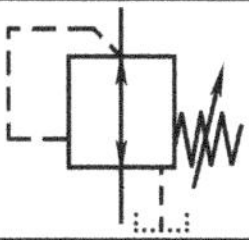

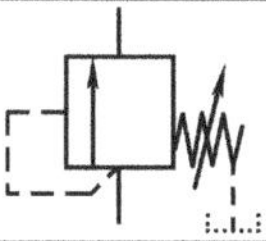

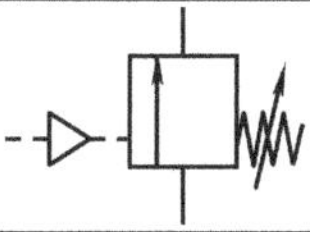

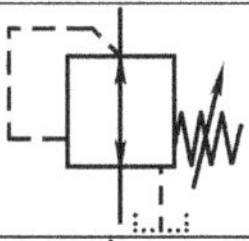

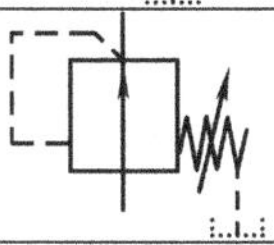

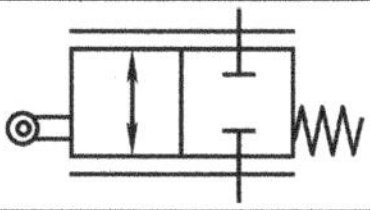

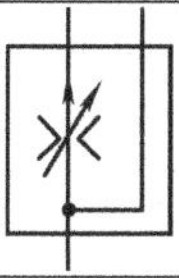

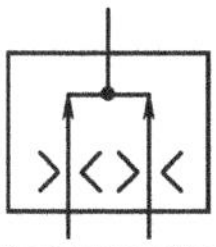

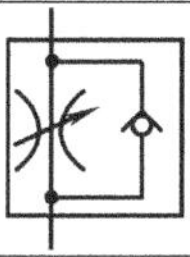

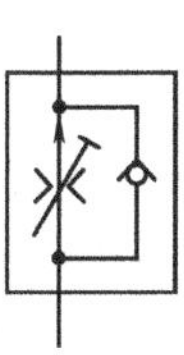

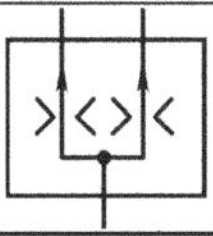

3. 泵和马达的符号

常用泵和马达的符号见表9-3。

表9-3 泵和马达的符号

符号	说明	符号	说明
	变量泵		双向流动，带外泄油路单向旋转的变量泵
	双向变量泵或马达单元，双向流动，带外泄油路，双向旋转		单向旋转的定量泵或马达
	马达		空气压缩机
	变方向定流量双向摆动马达		真空泵
	操纵杆控制，限制转盘角度的泵		限制摆动角度，双向流动的摆动气缸或摆动马达
	单作用的半摆动气缸或摆动马达		静液传动驱动单元，由一个能反转、带单输入旋转方向的变量泵和一个带双输出旋转方向的定量马达组成
***	表现出控制和调节元件的变量泵，箭头表示调节能力可扩展，控制机构和元件可以在箭头任意一边连接 * * * 没有指定复杂控制器	p_1 p_2	连续增压器，将气体压力 p_1 转换为较高的液体压力 p_2

4. 缸的符号

常用缸的符号见表9-4。

表 9-4　缸的符号

符号	说明	符号	说明
	单作用单杆缸，靠弹簧力返回行程，弹簧腔带连接油口		双作用单杆缸
	双作用双杆缸，活塞杆直径不同，双侧缓冲，右侧带调节		单作用缸，柱塞缸
	单作用伸缩缸		双作用伸缩缸
	单作用压力介质转换器，将气体压力转换为等值的液体压力，反之亦然	p_1 p_2	单作用增压器，将气体压力 p_1 转换为更高的液体压力 p_2

5. 附件的符号

常用附件的符号见表 9-5。

表 9-5　附件的符号

类型	符号	说明	类型	符号	说明
连接和管接头		软管总成	连接和管接头	1 2 3 1 2 3	三通旋转接头
		不带单向阀的快换接头，断开状态			带单向阀的快换接头，断开状态
		带两个单向阀的快换接头，断开状态			不带单向阀的快换接头，连接状态
		带一个单向阀的快插管接头，连接状态			带两个单向阀的快插管接头，连接状态

（续）

类型	符号	说明
测量仪和指示器	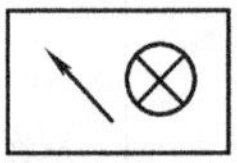	光学指示器
	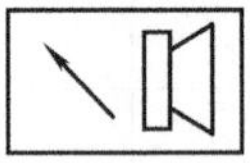	声音指示器
		压差计
		液位指示器（液位计）
		流量计
	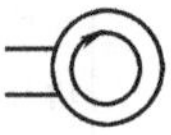	转速仪
	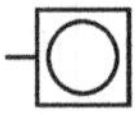	计数器
	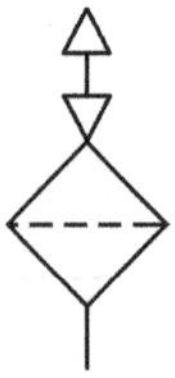	油箱通气过滤器
	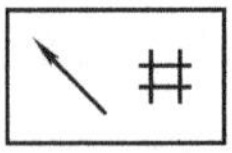	数字式指示器
		压力测量单元（压力表）
		温度计
		流量指示器
	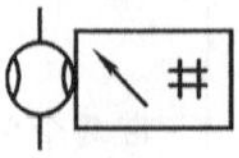	数字式流量计
		转矩仪

类型	符号	说明
测量仪和指示器	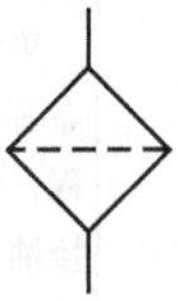	过滤器
		带附属磁性滤芯的过滤器
过滤器和分离器	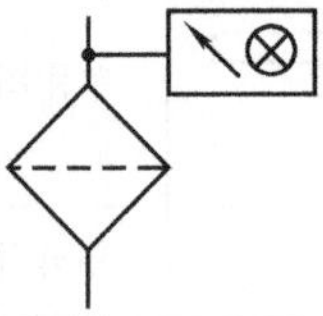	带光学阻塞指示器的过滤器
	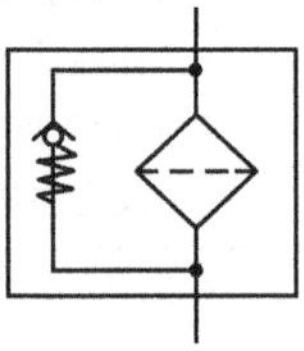	带旁路单向阀的过滤器
		不带冷却液流道指示的冷却器
	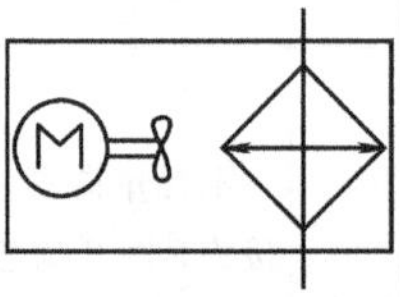	电动风扇冷却的冷却器
	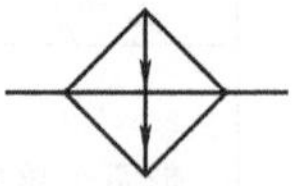	温度调节器
	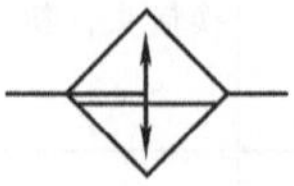	双向分离器
	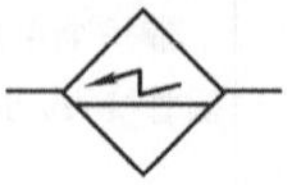	静电分离器

（续）

类型	符号	说明
过滤器和分离器		带手动排水分离器的过滤器
		吸附式过滤器
		空气干燥器
		手动排水式油雾器
		带压力表的过滤器
		离心式分离器
		液体冷却的冷却器
		加热器
		自动排水聚结式过滤器
		真空分离器
过滤器和分离器		手动排水流体分离器
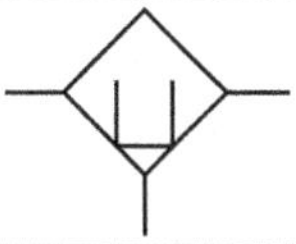	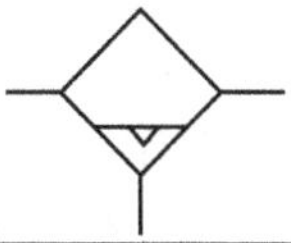	自动排水流体分离器
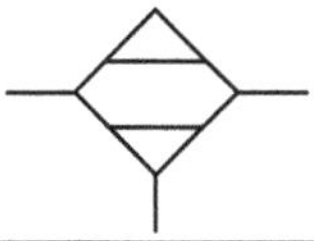	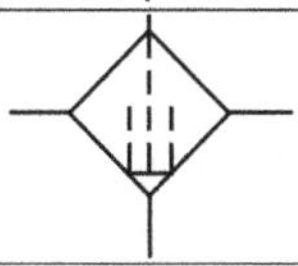	油雾分离器
		油雾器
		手动排水式重新分离器
蓄能器		气罐
		 囊隔式充气蓄能器（囊式蓄能器）
		气瓶
		隔膜式充气蓄能器（隔膜式蓄能器）
		活塞式充气蓄能器（活塞式蓄能器）
	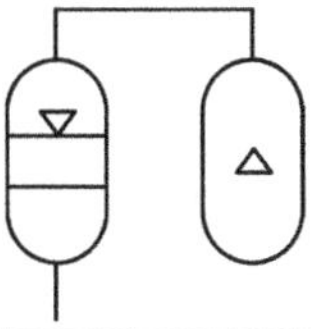	带下游气瓶的活塞式蓄能器

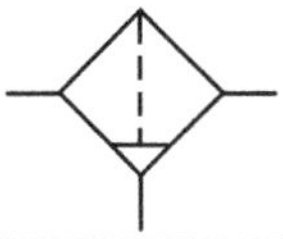

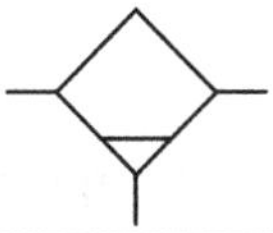

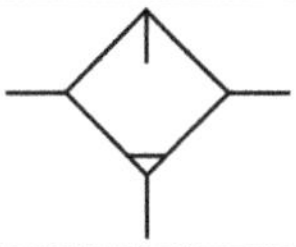

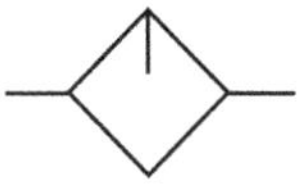

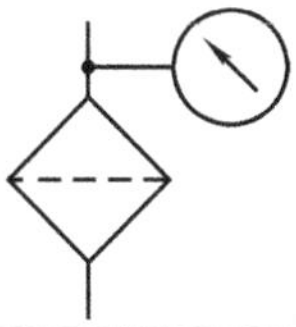

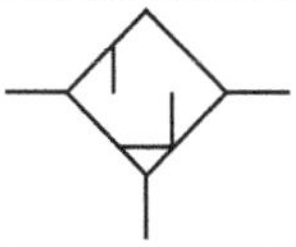

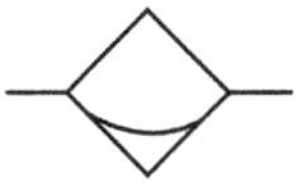

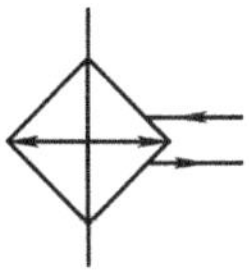

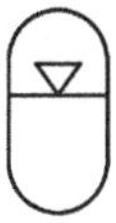

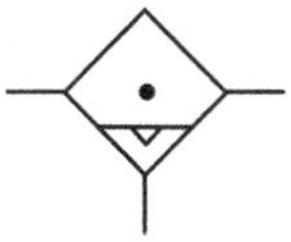

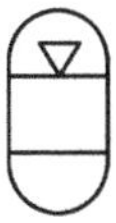

9.3 液压系统图识读的注意事项及实例

9.3.1 液压系统图识读的注意事项

液压系统是由基本回路组成的，它表示一个系统的基本工作原理，即系统执行元件所能实现的各种动作。液压系统图应按照本章介绍的标准图形符号绘制，系统图仅仅表示各个液压元件及它们之间的连接与控制方式，并不代表它们的实际尺寸大小和空间位置。

正确、迅速地分析和阅读液压系统图，对于液压设备的设计、分析、研究、使用、维修、调整和故障排除等都具有重要的指导作用。

1. 液压系统图的识读技巧

1）必须掌握液压元件的结构、工作原理、特点和各种基本回路的应用，了解液压系统的控制方式、职能符号及其相关标准。

2）结合液压设备及其液压原理图，多读多练，逐渐掌握各种典型液压系统的特点，对于今后阅读新的液压系统，可起到以点带面、触类旁通和熟能生巧的作用。

3）阅读液压系统图的具体方法有传动链法、电磁铁工作循环表法和等效油路图法等。

2. 液压系统图的识读步骤

1）全面了解设备的功能、工作循环和对液压系统提出的各种要求，有助于我们能够有针对性地进行阅读。

2）仔细研究液压系统中所有液压元件及它们之间的联系，弄清各个液压元件的类型、原理、性能和功用。要特别注意用半结构图表示的专用元件的工作原理；要读懂各种控制装置及变量机构。

3）仔细分析并写出各执行元件的动作循环和相应的油液所经过的路线。为便于阅读，最好先将液压系统中的各条油路分别进行编码，然后按执行元件划分读图单元，每个读图单元先看动作循环，再看控制回路、主油路。要特别注意系统从一种工作状态转换到另一种工作状态时，是由哪些元件发出的信号，又是使哪些控制元件动作并实现的。

3. 液压系统图的分析

在读懂液压系统原理图的基础上，还必须进一步对该系统进行分析，这样才能评价液压系统的优缺点，使设计的液压系统性能不断完善。液压系统图的分析可考虑以下几个方面：

1）液压基本回路的确定是否符合主机的动作要求。

2）各主油路之间、主油路与控制油路之间有无矛盾和干涉现象。

3）液压元件的代用、变换和合并是否合理、可行。

4）液压系统的特点、性能的改进方向。

9.3.2　液压系统图识读实例

1. 识读北汽 QY8 型汽车起重机液压系统原理图

图9-2 表达了液压系统的机构组成与工作原理。QY8 型汽车起重机的起重作业由升降机构、变幅机构、伸缩机构、回转机构、支腿部分等组成，全部为液压驱动，液压泵驱动力由汽车发动机提供。从液压泵排出的高压油，经操纵阀分配，流向液压马达或液压缸，进行各种动作。

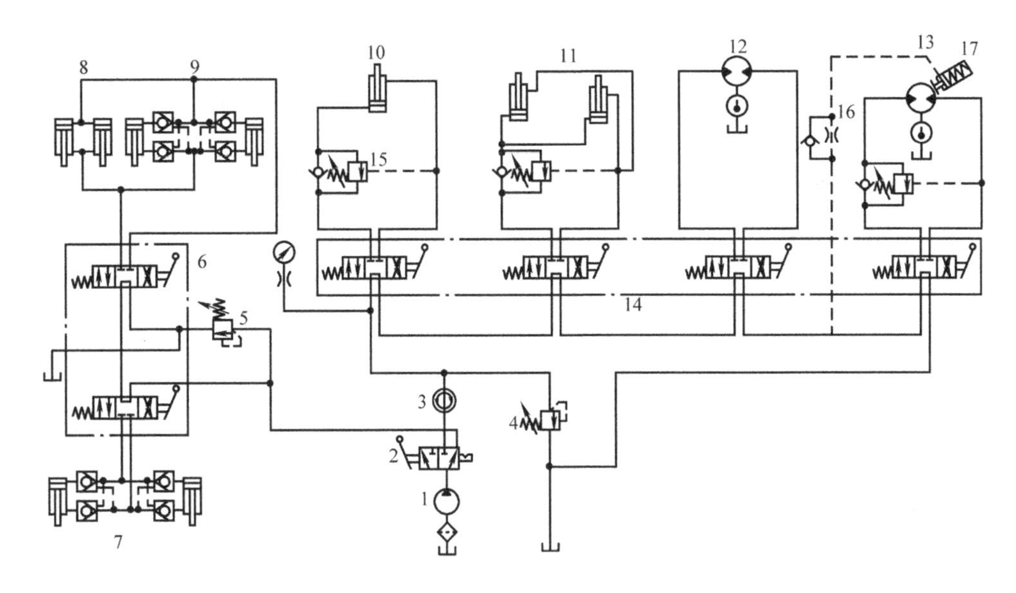

图9-2　QY8 型汽车起重机液压系统原理图

1—高压柱塞泵　2—手动换向阀　3—旋转管接头　4—上车溢流阀　5—下车溢流阀　6—支腿操纵阀　7—前支腿液压缸　8—稳定器液压缸　9—后支腿液压缸　10—吊臂伸缩液压缸　11—吊臂变幅液压缸　12—上车回转马达　13—起升马达　14—上车操纵阀　15—平衡阀　16—单向节流阀　17—制动器液压缸

QY8 型汽车起重机液压系统包括下车回路和上车回路，高压柱塞泵1 输出的压力油经两位两通手动换向阀2 切换后分别为上、下车回路供油。下车回路由两个三位四通手动换向支腿操纵阀6 分别驱动前支腿液压缸7、后支腿液压缸9 和支腿稳定器液压缸8。上车回路由四个三位四通手动换向上车操纵阀14 分别驱动吊臂伸缩液压缸、吊臂变幅液压缸、上车回转马达和起升马达。当所有换向阀都处于中位时，液压泵通过换向阀的 M 型中位机能卸荷。

（1）稳定支腿回路　稳定器液压缸 8 的作用是在下放后支腿前，先将原来被车重压缩的后桥板簧锁住，使支腿升起时车轮不再与地面接触。该装置使起重作业时支腿升起的高度较小，使整车的重心较低，稳定性好。支腿回路的操作要求是：起重作业前先放后支腿，后放前支腿；作业结束后先收前支腿，再收后支腿。

（2）吊臂伸缩回路　吊臂伸缩液压缸 10 的下腔连接了平衡阀 15，其作用是为了防止伸缩液压缸及其工作部件在悬空停止期间因自重而自行下滑，或在下行运动中由于自重而造成失控超速的不稳定运动。该平衡阀由单向阀和外控式顺序阀并联构成。液压缸上行时，液压油由单向阀通过；液压缸下行时，必须靠上腔进油压力打开顺序阀，而使进油路保持足够压力的前提是液压缸必须缓慢、稳定地下落。吊臂变幅液压缸和起升马达的油路也有相同的平衡阀设计。

（3）变幅回路　变幅回路是由一个三位四通手动换向阀控制两个活塞式吊臂变幅液压缸 11，用以改变起重机吊臂的俯仰角度。

（4）上车回转回路　上车回转回路控制一个上车回转马达 12 的双向转动，上车回转马达通过齿轮－外齿圈机构驱动起重机上车转台回转。因其转速低，惯性力小，制动换向时对油路的压力冲击小，所以未设置双向缓冲装置。

（5）升降回路　升降回路是控制一个大转矩液压起升马达 13，用以带动绞车完成重物的提升和下落。单向节流阀 16 的作用是，避免升至半空的重物再次起升之前，由于重物使马达反转而产生滑降现象。制动器液压缸 17 与回油接通，靠弹簧力使起重机制动，只有当起升换向阀工作，马达转动的情况下，制动器液压缸才将制动瓦块松开。

稳定支腿回路、吊臂伸缩回路、变幅回路、上车回转回路及升降回路等五个回路的工作油路是：

（1）稳定支腿回路

后支腿下放进油路：油箱→滤油器→高压柱塞泵→换向阀右位→前支腿换向阀中位→后支腿换向阀右位→稳定器油缸，锁住板簧→液压锁→后支腿油缸上腔。

后支腿下放回油路：后支腿油缸下腔→液压锁→后支腿换向阀右位→油箱，后支腿下放。

前支腿下放进油路：油箱→滤油器→高压柱塞泵→换向阀右位→前支腿换向阀右位→液压锁→前支腿油缸上腔。

前支腿下放回油路：前支腿油缸下腔→液压锁→前支腿换向阀右位→后支腿换向阀中位→油箱，前支腿下放。

后支腿收回进油路：油箱→滤油器→高压柱塞泵→换向阀右位→前支腿换向阀中位→后支腿换向阀左位→稳定器油缸，放开板簧→液压锁→后支腿油缸下腔。

后支腿收回回油路：后支腿油缸上腔→液压锁→后支腿换向阀左位→油箱，后支腿收回。

前支腿回收进油路：油箱→滤油器→高压柱塞泵→换向阀右位→前支腿换向阀左位→液压锁→前支腿油缸下腔。

前支腿回收回油路：前支腿油缸上腔→液压锁→前支腿换向阀左位→后支腿换向阀中位→油箱，前支腿回收。

（2）吊臂伸缩回路

臂梁伸出进油路：油箱→滤油器→高压柱塞泵→换向阀左位→伸缩换向阀左位→单向阀→吊臂伸缩油缸大腔。

臂梁伸出回油路：伸缩油缸小腔→伸缩换向阀左位→变幅换向阀中位→回转换向阀中位→起升换向阀中位→油箱。

臂梁收回进油路：油箱→滤油器→高压柱塞泵→换向阀左位→伸缩换向阀右位→伸缩油缸小腔。

臂梁收回回油路：伸缩油缸大腔→伸缩平衡阀→伸缩换向阀右位→变幅换向阀中位→回转换向阀中位→起升换向阀中位→油箱。

（3）变幅回路

增幅进油路：油箱→滤油器→高压柱塞泵→换向阀左位→伸缩换向阀中位→变幅换向阀左位→单向阀→变幅油缸大腔。

增幅回油路：变幅油缸小腔→变幅换向阀左位→回转换向阀中位→起升换向阀中位→油箱。

减幅进油路：油箱→滤油器→高压柱塞泵→换向阀左位→伸缩换向阀中位→变幅换向阀右位→变幅油缸小腔。

减幅回油路：变幅油缸大腔→变幅平衡阀→变幅换向阀右位→回转换向阀中位→起升换向阀中位→油箱。

（4）上车回转回路

上车右转进油路：油箱→滤油器→高压柱塞泵→换向阀左位→伸缩换向阀中位→变幅换向阀中位→回转换向阀左位→回转马达左腔。

上车右转回油路：回转马达右腔→回转换向阀左位→起升换向阀中位→油箱。

上车左转进油路：油箱→滤油器→高压柱塞泵→换向阀左位→伸缩换向阀中位→变幅换向阀中位→回转换向阀右位→回转马达右腔。

上车左转回油路：回转马达左腔→回转换向阀右位→起升换向阀中位→油箱。

（5）升降回路

起升重物进油路：油箱→滤油器→高压柱塞泵→换向阀左位→伸缩换向阀中位→变幅换向阀中位→回转换向阀中位→起升换向阀左位（同时→单向节流阀→松开起升制动缸）→单向阀→起升马达左腔。

起升重物回油路：起升马达右腔→起升换向阀左位→油箱。

下落重物进油路：油箱→滤油器→高压柱塞泵→换向阀左位→伸缩换向阀中位→变幅换向阀中位→回转换向阀中位→起升换向阀右位（同时→单向节流阀→松开起升制动缸）→起升马达右腔。

下落重物回油路：起升马达左腔→起升平衡阀→起升换向阀右位→中心回转接头→油箱。

2. 识读徐工 QY16C 汽车起重机液压系统图

徐工 QY16C 汽车起重机液压系统图如图 9-3 所示。汽车起重机的起重作业由起升机构、变幅机构、伸缩机构、回转机构、支腿部分等组成，全部为液压驱动。汽车发动机经取力器驱动一个三联齿轮泵，得到高压油。从液压泵排出的高压油，经操纵阀分配，流向液压马达或液压缸，进行各种动作。

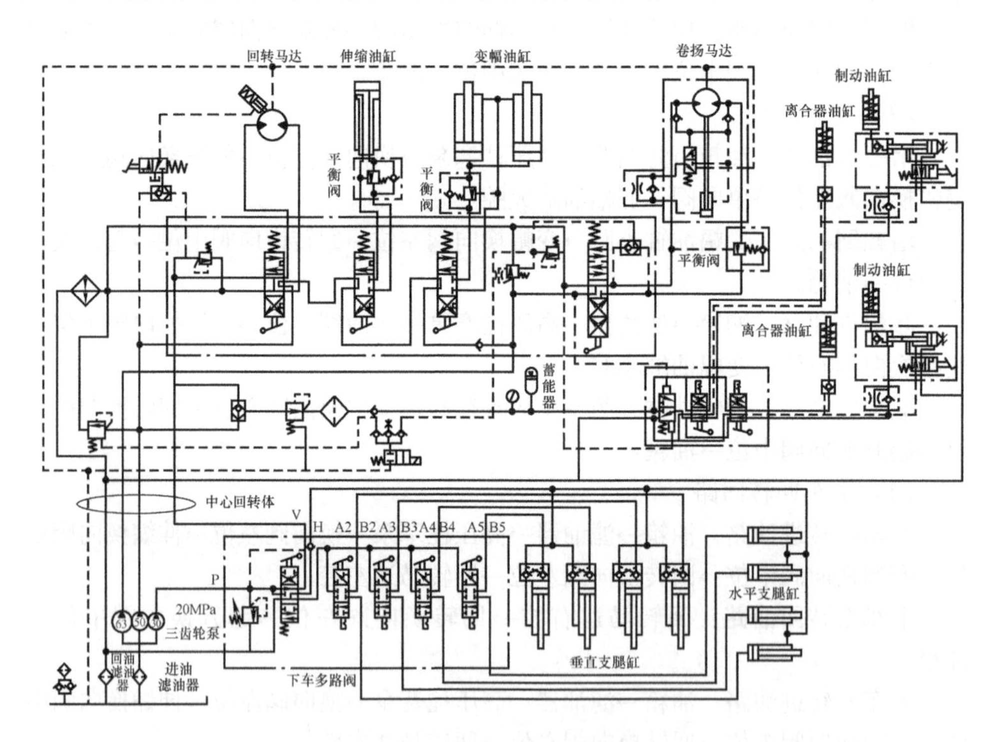

图 9-3　徐工 QY16C 汽车起重机液压系统图

其液压系统工作原理同前一种车型相比，具有如下特点：

1）上车因惯性力大，制动换向时对油路的压力冲击也大，所以需要在系统中设置制动踏板，控制马达制动缸制动。

2）采用减压阀为储能器提供降低的、稳定的压力。

3）卷扬马达为伺服变量马达。当负载较小时，卷扬马达进口压力较低，二位三通液动换向阀处于右位，变量缸使卷扬马达排量处于较小位置，卷扬马达处于高速小转矩工作点；当负载较大时，卷扬马达进口的压力较高，二位三通液动换向阀处于左位，变量缸使卷扬马达排量处于加大位置，卷扬马达处于低速大转矩工作点。

4）制动油路采用踏板位置控制制动力的原理。当踏下踏板时，伺服阀下移，压力油与活塞缸差动连接，活塞缸下移，推动制动泵输出一定的压力油，使制动液压缸制动，同时，活塞缸使伺服阀阀套移动，将伺服阀关闭。

9.4　气压传动工作原理和系统的组成及特点

1. 气压传动工作原理

如同充足气体的轮胎可以承受很高的压力一样，密闭系统内的压缩空气也可以进行能量传递。气压传动就是以压缩空气为工作介质来传递运动和动力的一种传动方式。它依靠密闭系统内气体密度的增加，压力增强，来形成压力能，传递动力；依靠密闭容积的变化或气体膨胀，消耗气体的压力能，来传递运动。

图9-4所示为剪切机的气动系统工作原理，图示位置为工料被剪前的情况。当工料1由上料装置（图中未画出）送入剪切机并到达规定位置时，机动阀4的顶杆受压而使阀内通路打开，气控换向阀3的控制腔与大气相通，阀芯受弹簧力作用而下移，由空气压缩机9产生并储存在储气罐8中的压缩空气，经空气过滤器7、减压阀6和油雾器5及气控换向阀3，进入气缸2的下腔，从而推动气缸活塞向上运动，带动剪刃将工料1切断。同时气缸上腔的压缩空气通过气控换向阀3排入大气。工料剪下后，即与机动阀4脱开，机动阀复位，所在的排气通道被封闭，气控换向阀3的控制腔气压升高，迫使阀芯上移，气路换向，气缸活塞带动剪刃复位，准备第二次下料。可以看出，该气压传动系统的工作原理是利用空气压缩机将电动机输出的机械能转变为空气的压力能，具有压力能的压缩空气经剪切机构克服切断工料的阻力又转换为机械能而做功；同时，由于换向阀的控制作用使压缩空气的通路不断改变，气缸活塞方可带动剪切机构频繁地实现剪切与复位的动作循环。

图9-4a所示为剪切机气动系统的结构原理，图9-4b所示为用图形符号表示的剪切机气动系统。可以看出，气动图形符号和液压图形符号的表示有很明显的一致性和相似性，但也存在区别。例如，气动元件向大气排气，就不同于液压元

件回油接入油箱的表示方法。

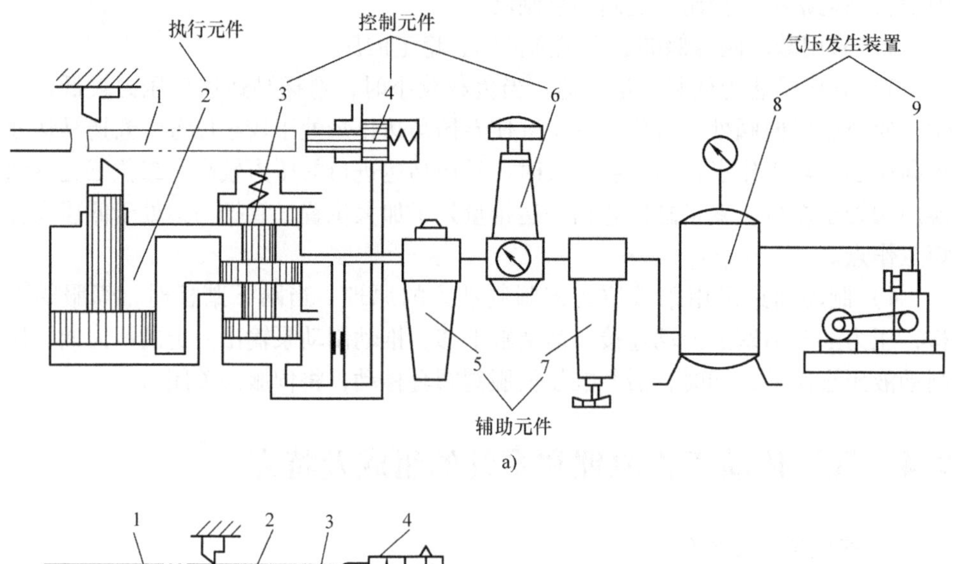

a)

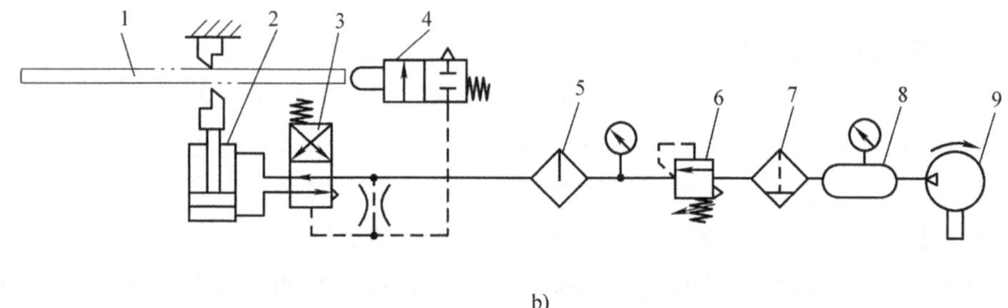

b)

图9-4 剪切机的气动系统工作原理

a）结构原理 b）气动系统

1—工料 2—气缸 3—气控换向阀 4—机动阀 5—油雾器 6—减压阀 7—空气过滤器 8—储气罐 9—空气压缩机

2. 气压传动系统的组成

典型的气压传动系统常由以下四部分组成：

（1）气压发生装置　气压发生装置的主体部分是空气压缩机，它将原动机（如电动机）输出的机械能转变为气体的压力能，为各类气动设备提供动力。

（2）执行元件　执行元件包括各种气缸和气马达，它的功用是将气体的压力能转变为机械能，供给机械部件。

（3）控制元件　控制元件包括各种阀类，例如各种压力阀、流量阀、方向阀和逻辑元件等，用以控制压缩空气的压力、流量和流动方向以及执行元件的工作程序，以保证执行元件完成预定的运动。

（4）辅助元件　辅助元件是使压缩空气净化、干燥、润滑、消声以及用于元件间连接所需的装置，以保持气动系统可靠、稳定和持久地工作，例如各种过滤器、干燥器、消声器、油雾器及管件等。

3. 气压传动的特点

与机械、液压、电气传动相比，气压传动的特点是：

1）以空气为工作介质，来源方便，用后排气处理简单，不污染环境。

2）由于空气流动损失小，压缩空气可集中供气，远距离输送。

3）与液压传动相比，气动动作迅速、反应快、维护简单、管路不易堵塞，且不存在介质变质、补充和更换等问题。

4）工作环境适应性强，可安全可靠地应用于易燃易爆场所。

5）气动装置结构简单、轻便、安装维护容易，压力等级低，故使用安全。

6）空气具有可压缩性，气动系统能够实现过载自动保护。

气压传动也存在着一定缺点，如受气体可压缩性的影响，气缸动作速度－负载特性差；因工作压力较低（一般为0.4～0.8MPa），气动系统输出力较小；因工作介质空气本身没有润滑性，需另加装置进行给油润滑；气动系统排气有较大的噪声等。

9.5　气动系统图识读的注意事项及实例

1. 气动系统图识读的注意事项

在阅读气动系统图时，其读图技巧一般可归纳为以下几点：

1）看懂图中各气动元件的图形符号，了解它的名称及一般用途。

2）分析图中的基本回路及功用。

由于一个空气压缩机能向多个气动回路供气，因此，通常在设计气动回路时，空气压缩机是另行考虑的，在回路图中也往往被省略，但在设计时必须考虑原空气压缩机的容量，以免在增设回路后引起使用压力下降。气动回路一般不设排气管道，即不像液压那样一定要将使用过的油液排回油箱。另外，气动回路中气动元件的安装位置对其功能影响很大，对空气过滤器、减压阀、油雾器的安装位置也需要特别注意。

3）了解系统的工作程序及程序转换的发信元件。

4）按工作程序图逐个分析其程序动作，这里特别要注意主控阀芯的切换是否存在障碍。若设备说明书中附有逻辑框图，则用它作为指引来分析气动回路原理图将更加方便。

5）一般规定工作循环中的最后程序终了时的状态作为气动回路的初始位置（或静止位置），因此，回路原理图中控制阀及行程阀的供气及进出口的连接位置，应按回路初始位置状态连接。这里必须指出的是，回路处于初始位置时，回路中的每个元件并不一定都处于静止位置（原位）。

6）一般所介绍的回路原理图，仅是整个气动控制系统中的核心部分，一个完整的气动系统还应有源装置、气源调节装置（气动三联件）及其他气动辅助元件等。

2. 气动系统图识读实例

（1）识读气液动力滑台气压传动系统图　气液动力滑台是采用气－液阻尼缸作为执行元件。由于它的上面可安装单轴头、动力箱或工件，因而在机床上常用作实现进给运动的部件，其传动系统图如图 9-5 所示。

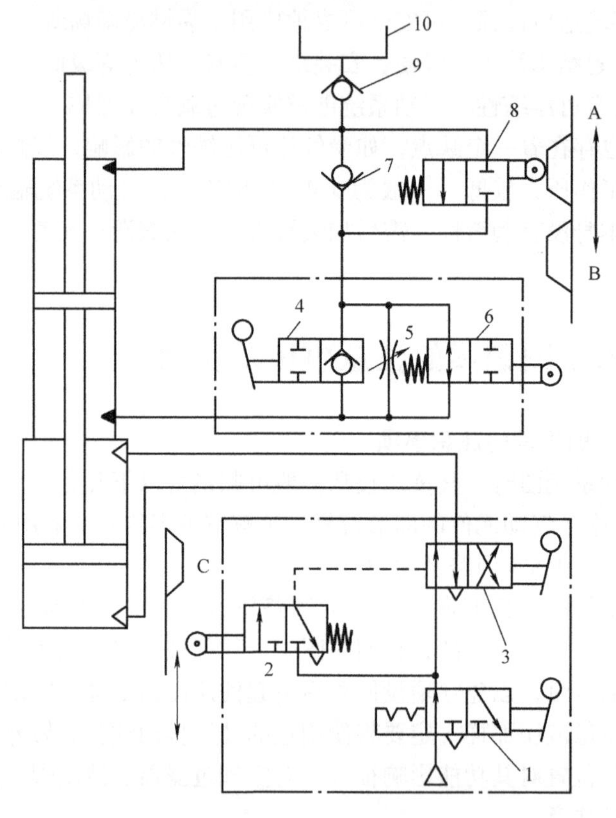

图 9-5　气液动力滑台气压传动系统图

1、3、4—手动阀　2、6、8—行程阀　5—节流阀　7、9—单向阀　10—补油箱

图中阀 1、2、3 和阀 4、5、6 实际上分别被组合在一起，成为两个组合阀。完成下面两种工作循环：

1）快进、慢进、快退、停止。

当图中手动阀 4 处于图示状态时，就可实现上述循环的进给程序，其动作原理为：当手动阀 3 切换至右位时，实际上就是给予进刀信号，在气压作用下，气缸中活塞开始向下运动，液压缸中活塞下腔的油液经行程阀6的左位和单向阀7进入液压缸活塞的上腔，实现了快进；当快进到活塞杆上的挡铁B切换行程阀6（使它处于右位）后，油液只能经节流阀5进入活塞上腔，调节节流阀的开度，即可调节气液阻尼缸运动速度，所以，这时才开始慢进，工作进给；当慢进到挡铁C使行程阀2切换至左位时，输出气信号使手动阀3切换至左位，这时气缸活塞开始向上运动。液压缸活塞上腔的油液经行程阀8的左位和手动阀4的单向阀进入液压缸的下腔，实现了快退；当快退到挡铁A切换行程阀8至图示位置而使油液通道被切断时，活塞就停止运动。所以改变挡铁A的位置，就能改变“停”的位置。

2）快进、慢进、慢退、快退、停止。

把手动阀4关闭（处于左位）时，就可实现上述的双向进给程序，其动作原理为：动作循环中的快进、慢进的动作原理与上述相同。当慢进至挡铁C切换行程阀2至左位时，输出气信号使手动阀3切换至左位，气缸活塞开始向上运动，这时液压缸活塞上腔的油液经行程阀8的左位和节流阀5进入液压缸活塞下腔，也即实现了慢退（反向进给）；当慢退到挡铁B离开阀6的顶杆而使其复位（处于左位）后，液压缸活塞上腔的油液就经行程阀8的左位、再经行程阀6的左位而进入液压缸活塞下腔，开始快退；快退到挡铁A切换行程阀8至图示位置时，油液通路被切断，活塞就停止运动。

图中补油箱10和单向阀9仅仅是为了补偿系统中漏油而设置的，因而一般可用油杯来代替。

（2）识读数控加工中心换刀气压传动系统图　某型数控加工中心换刀气压传动系统工作原理如图9-6所示。该系统可以在换刀过程中完成主轴定位、主轴送刀、拔刀、向主轴锥孔吹气和插刀等一系列加工时的必要动作。

该数控加工中心换刀气压传动系统工作原理如下：

当数控加工中心发出换刀指令时，主轴立刻停止旋转，同时6YA通电，二位三通电磁换向阀13右位处于工作状态，来自气源17的压缩空气经气压传动三联件16、二位三通电磁换向阀13右位、单向节流阀8进入主轴定位气压缸1无杆腔，气压缸1的活塞杆向外伸出，使主轴自动定位。定位后压下无触点开关，使4YA通电，二位五通电磁换向阀14右位处于工作状态，压缩空气经二位五通电磁换向阀14右位、快速排气阀3进入气液增压缸2的无杆腔，增压腔的高压油推动活塞杆向外伸出，实现主轴松刀，同时2YA通电，三位五通电磁换向阀15右位处于工作状态，压缩空气经三位五通电磁换向阀15右位、单向节流阀10进入气压缸4无杆腔，气压缸4有杆腔排气，气压缸4活塞杆向外伸出，实现拔刀。然后再由回转刀库交换刀具，同时7YA通电，二位二通电磁换向阀12左位处于工作状态，压缩空气经二位二通电磁换向阀12左位、单向节流阀7向主轴

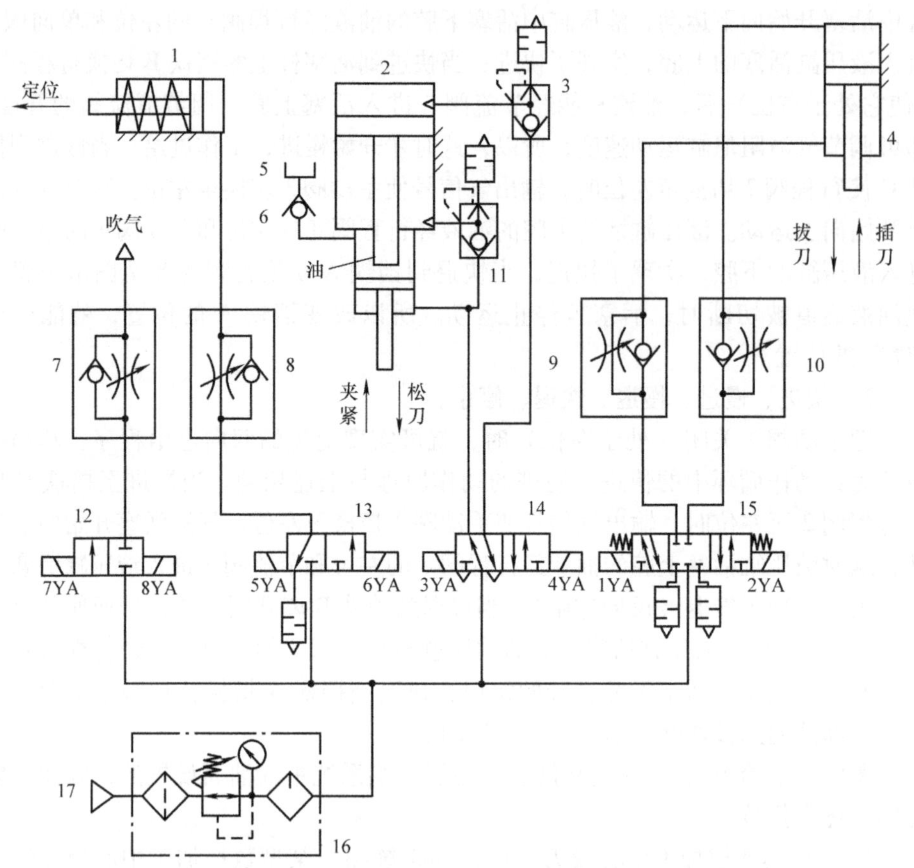

图 9-6　某型数控加工中心换刀气压传动系统工作原理

1、4—气压缸　2—气液增压缸　3、11—快速排气阀　5—油缸　6—单向阀

7、8、9、10—单向节流阀　12—二位二通电磁换向阀　13—二位三通电磁换向阀　14—二位五通电磁换向阀

15—三位五通电磁换向阀　16—气压传动三联件　17—气源

锥孔吹气。稍后 7YA 断电、8YA 通电，停止吹气，然后 2YA 断电、1YA 通电，三位五通电磁换向阀 15 左位处于工作状态，压缩空气经三位五通电磁换向阀 15 左位、单向节流阀 9 进入气压缸 4 有杆腔，气压缸 4 无杆腔排气，气压缸 4 活塞杆向里缩回，实现插刀动作。随后 4YA 断电、3YA 通电，二位五通电磁换向阀 14 左位处于工作状态，压缩空气经二位五通电磁换向阀 14 左位进入气液增压缸 2 有杆腔，使活塞杆缩回，通过主轴的机械传动机构夹紧刀具。最后 6YA 断电、5YA 通电，二位三通电磁换向阀 13 左位处于工作状态，主轴定位气压缸 1 无杆腔经单向节流阀 8、二位三通电磁换向阀 13 左位排气，主轴定位气压缸 1 的活塞杆在弹簧力的作用下复位，恢复到开始状态，至此完整的换刀动作循环结束。

电气工程图的识读

10.1　电气工程图概述

1. 电气工程图的种类

电气工程图是广泛应用的一种工程图样，用来阐述电气工程的构成和功能，描述电气设备的工作原理，提供安装接线和维护使用信息。由于电气工程项目的规模不同，各工程项目所用电气图的种类和数量也不同。按照应用类别，电气工程图可以由以下几部分组成。

(1) 图纸目录及前言　图纸目录用于检索、查阅图纸，包括序号、图名、图纸编号、张数、备注等。前言用于概述工程项目的相关内容和要点，包括设计说明、图例、设备材料明细表、工程经费概算表等。其中，设计说明主要阐述该电气工程项目的设计依据、基本指导思想与原则，以及补充图中未能表明的信息（工程特点、施工方法、工艺要求、特殊设备的使用方法及其他使用与维护注意事项等）；图例一般是列出本套图纸涉及的一些特殊图例；设备材料明细表列出该项目中主要电气设备的名称、型号、规格和数量等。

(2) 电气系统图和框图　电气系统图主要表示整个工程或其中某一项目的供电方式和电能输送之间的关系，有时也用来表示某一装置各主要组成部分之间的电气关系。

(3) 电气平面图　电气平面图用来表示各种电气设备与线路平面的布置位置，是进行建筑电气设备安装的重要依据。电气平面图包括外线总电气平面图和各专业电气平面图。外线总电气平面图以建筑总平面图作为基础，绘制出变电所、架空线路、地下电力电缆等的具体位置，并注明有关施工方法。有些外线总电气平面图还注明建筑物的面积、电气负荷分类、电气设备容量等。专业电气平面图包含动力电气平面图、照明平面图、变电所电气平面图、防雷与接地平面图等。专业电气平面图在建筑平面图的基础上绘制。由于电气平面图缩小的比例较大，因此不能表现电气设备的具体位置，只能反映电气设备之间的相对位置关系。

（4）设备布置图　设备布置图用于表达各种电气设备平面与空间的位置、安装方式及其相互关系，由平面图、立面图、断面图、剖面图及各种构件详图等组成。设备布置一般都是按三视图的原理绘制，与一般机械工程图没有原则性的区别。

（5）电路图　电路图是指用电路元件符号表示电路连接的图样，用于表示系统、分系统、装置、部件、设备、软件等实际电路工作原理及各元件及其连接关系。电路图用来指导设备与系统的安装、接线、调试、使用与维护。因其仅表示功能，所以不需要考虑项目的实体尺寸、形状或位置。

（6）安装接线图　安装接线图是表示某一设备内部各种电气元件之间位置关系及接线关系的图样，用来指导电气安装、接线、查线。它是与电路图相对应的一种图。

2. 电气工程图的特点

1）简图是电气图的主要表现形式。

简图采用电气图形符号、带注释的方框或简化外形图绘制，用于表示系统或设备中各组成部分的相互关系。

2）元件和连接线是电气图描述的主要内容。

3）功能布局法和位置布局法是电气图的两种基本布局方法。

功能布局法中，元件布局只考虑功能关系不考虑位置关系，如系统图、电路图。位置布局法中，元件布局对应于实际位置关系，如接线图、平面图。

4）图形符号、文字符号和项目代号是电气图的基本要素。

一个电气系统由许多部件构成，部件称作项目，项目用图形符号表示，图形符号有相应文字符号。用设备编号区分同类设备，设备符号和文字符号一起构成项目代号。如 FR 代表热继电器，不同的热继电器用 FR_1、FR_2、FR_3 表示。

5）电气工程图具有多样性。

系统图、框图、电路图、接线图等描述能量流和信息流。逻辑图描述逻辑流。功能表图、程序框图等描述功能流。

10.2　电路图的识读要领与方法

电路图内容全面，应用广泛，是电气工程图的核心部分，也是机械行业从业人员应掌握的基本电类知识，本书主要讲解电路图的识读要领和方法。

1. 电路图的识读要领

1）结合电工、电子技术基础知识看图。在实际生产的各个领域中，所有电路（如输变配电、电力拖动、照明、电子电路、仪器仪表和家电产品等）都是建立在电工、电子技术理论基础之上的。因此，要想迅速、准确地看懂电气图，必须具备一定的电工、电子技术知识。例如三相笼型异步电动机的正转和反转控制，就利用了电动机的旋转方向由三相电源的相序来决定的原理，用倒顺开关或两个接触器进行切换，改变输入电动机的电源相序，从而改变电动机的旋转方向。

2）结合电气元件的结构和工作原理看图。在电路中有各种电气元件，如配电电路中的负荷开关、断路器、熔断器、互感器、电表等；电力拖动电路中常用的各种继电器、接触器和各种控制开关等；电子电路中常用的各种二极管、晶体管、晶闸管、电容器、电感器及各种集成电路等。因此在看电气图时，首先应了解这些电气元件的性能、结构、工作原理、相互控制关系及在整个电路中的地位和作用。

3）结合典型电路识图。典型电路就是常见的基本电路，如电动机的启动、制动、正反转控制、过载保护、时间控制、顺序控制、行程控制电路；晶体管整流、振荡和放大电路；晶闸管触发电路；脉冲与数字电路等。不管多么复杂的电路，几乎都是由若干典型电路组成的。因此，熟悉各种典型电路，在看图时就能迅速地分清主次，抓住主要矛盾，从而看懂较复杂的电路图。

4）熟悉国家统一规定的电气设备的图形符号、文字符号及相关的国家标准，了解国际电工委员会（IEC）规定的通用符号和物理量符号。

常用的电气图形及符号见表10-1。

表10-1　常用电气图形及符号

名称	图形符号	文字符号	名称	图形符号	文字符号
接地		E	压敏电阻器		RV
保护接地		PE	电容器的一般符号		C
三根导线		—	极性电容器		
插头和插座		X	可调电容器		
电阻器的一般符号		R	电感器，线圈		L
可调电阻器			带磁芯的电感器		
带滑动触点的电阻器			蜂鸣器		H

（续）

名称	图形符号	文字符号
时钟的一般符号		PT
灯的一般符号		EL
熔断器		FU
半导体二极管的一般符号		V
发光二极管		
双向二极管		
一般晶闸管		
PNP 晶体管		

名称	图形符号	文字符号
三相笼式感应电动机	M 3～	M
双绕组变压器		T
自耦变压器		
原电池、电池组		GB
开关的一般符号		S
动断（常闭）触点		
手动操作开关		
自动复位的手动按钮开关		
多位开关		

2. 电路图的识读方法

1）仔细阅读设备说明书、操作手册，了解设备动作方式、顺序，有关设备元件在电路中的作用。

2）对照图纸和图纸说明大体了解电气系统的结构，并结合主标题的内容对整个图纸所表述的电路类型、性质、作用有较明确认识。

3）识读系统原理图要先看图纸说明。结合说明内容看图纸，进而了解整个电路系统的大概状况，组成元件动作顺序及控制方式，为识读详细电路原理图做好必要准备。

4）识读电路图时，先要分清主电路和控制电路、交流电路和直流电路，其次按照先看主电路再看控制电路的顺序看图。看主电路时，通常从下往上看，即从用电设备开始，经控制元件，顺次往电源方向看。通过识读主电路，要搞清用电设备是怎样从电源取电的，电源经过哪些元件到达负载等。看控制电路时，应自上而下、从左向右看，即先看电源，再看各条回路。通过看控制电路，要搞清它的回路构成、各元件间的联系（如顺序、互锁等）、控制关系和在什么条件下回路构成通路或断路，分析各回路元件的工作状况及其对主电路的控制情况，从而搞清楚整个系统的工作原理。

10.3　电路图识读实例

识读 M7130 型平面磨床电路图。

1. 电路组成

M7130 型平面磨床的电路图如图 10-1 所示。它分为主电路、控制电路、电磁吸盘电路及照明电路四部分。

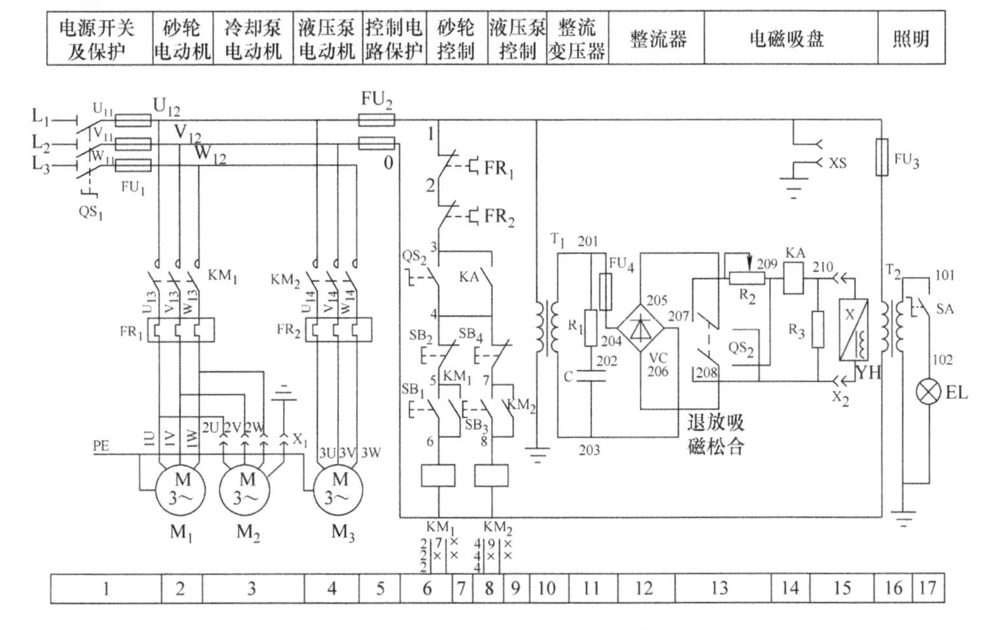

图 10-1　M7130 型平面磨床电路图

2. 电路图分析

（1）主电路分析　主电路共有 3 台电动机。M_1 为砂轮电动机，由接触器

KM_1 控制，用热继电器 FR_1 进行过载保护；M_2 为冷却泵电动机，由于床身和切削液箱是分装的，所以冷却泵电动机通过接插器 X_1 与砂轮电动机 M_1 的电源线相连，并在主电路实现顺序控制；M_3 为液压泵电动机，由接触器 KM_2 控制，热继电器 FR_2 进行过载保护。3 台电动机的短路保护均由熔断器 FU_1 实现。

（2）控制电路分析　控制电路采用交流 380V 电压供电，由熔断器 FU_2 进行短路保护，转换开关 QS_2 与欠电流继电器 KA 的常开触头并联，只有 QS_2 或 KA 的常开触头闭合，3 台电动机才有条件启动，KA 的线圈串联在电磁吸盘 YH 工作回路中，只有当电磁吸盘得电工作时，KA 线圈才通过足够电流，KA 常开触头闭合。此时按下起动按钮 SB_1（或 SB_3）使接触器 KM_1（或 KM_2）线圈获电，触点闭合，砂轮电动机 M_1 或液压泵电动机 M_3 才能运转。这样实现了工件只有在被电磁吸盘 YH 吸住的情况下，砂轮和工作台才能进行磨削加工，保证了安全。砂轮电动机 M_1 和液压泵电动机 M_3 均采用了接触器自锁正转控制线路。它们的启动按钮分别是 SB_1、SB_3，停止按钮分别是 SB_2、SB_4。

（3）电磁吸盘电路分析

1）电磁吸盘的结构与工作原理。电磁吸盘是用来固定加工工件的一种夹具，它的外壳由钢制箱体和盖板组成；在它的中部凸起的芯体上绕有线圈，盖板则用非磁性材料隔离成若干钢条，在线圈中通入直流电流，芯体和隔离的钢条将被磁化，当工件被放在电磁吸盘上时，也将被磁化而被牢牢吸住。

电磁吸盘与机械夹具比较，具有不损坏工件，夹紧迅速，能同时吸持若干小工件，以及加工中工件发热可自由伸缩，加工精度高等优点。不足之处是夹紧力不如机械夹紧，调节不便，需用直流电源供电，不能吸持非磁性材料等。

2）电磁吸盘控制电路。电磁吸盘回路包括整流电路、控制电路和保护电路三部分。整流电路由整流变压器 T_1 和桥式整流器 VC 组成，输出 110V 直流电压。QS_2 是电磁吸盘的转换开关（又叫退磁开关），有“吸合”“放松”和“退磁”三个位置，当 QS_2 扳到“吸合”位置时，触头 205～208 和 206～209 闭合，VC 整流后的直流电压输入电磁吸盘 YH，工件被牢牢吸住。同时欠电流继电器 KA 线圈获电，KA 常开触头闭合，接通砂轮电动机 M_1 和液压泵电动机 M_3 的控制电路。磨削加工完毕，先将 QS_2 扳到“放松”位置，YH 的电路被切断，由于工件仍具有剩磁而不能被取下，因此必须退磁。再将 QS_2 扳到“退磁”位置，触头 205～207 和 206～208 闭合，此时由变压器 T_1 和桥式整流器 VC 组成的变流器，输出 110V 直流电压；通过退磁电阻 R_2 对电磁吸盘 YH 退磁。退磁结束后，将 QS_2 扳到“放松”位置即可将工件取下。如果工件对退磁要求严格或不易退磁时，可将附件交流退磁器的插头插入插座 XS，使工件在交变磁场的作用下退磁。若将工件夹在工作台上，而不需要电磁吸盘时，应将 YH 的 X_2 插头拔下，同时将 QS_2 扳到“退磁”位置，QS_2 的常开触头（3～4）闭合，接通电动机的控制电路。

3）电磁吸盘保护环节。电磁吸盘具有欠电流保护、过电压保护及短路保护等。为了防止电磁吸盘电压不足或加工过程中出现断电，造成工件脱出而发生事故，故在它脱离电源的一瞬间，它的两端会产生较大的自感电动势，使线圈和其他电器由于过电压而损坏，故用放电电阻 R_3 来吸收线圈释放的磁场能量。电容器 C 与电阻 R_1 的串联是为了防止电磁吸盘回路交流侧的过电压。熔断器 FU_4 为电磁吸盘提供短路保护。

（4）照明电路分析　照明变压器 T_2 为照明灯 EL 提供了 36V 的安全电压。熔断器 FU_3 进行短路保护。

参考文献

[1] 全国技术产品文件标准化技术委员会．技术制图　图纸幅面和格式：GB/T 14689—2008 [S]. 北京：中国标准出版社，2008.

[2] 全国技术产品文件标准化技术委员会．技术制图　标题栏：GB/T 10609.1—2008 [S]. 北京：中国标准出版社，2008.

[3] 全国技术产品文件标准化技术委员会．技术制图　明细栏：GB/T 10609.2—2009 [S]. 北京：中国标准出版社，2009.

[4] 全国技术产品文件标准化技术委员会．技术制图　字体：GB/T 14691—1993 [S]. 北京：中国标准出版社，1993.

[5] 全国技术制图标准化技术委员会．技术制图　图线：GB/T 17450—1998 [S]. 北京：中国标准出版社，1998.

[6] 全国技术产品文件标准化技术委员会．机械制图　图样画法　图线：GB/T 4457.4—2002 [S]. 北京：中国标准出版社，2002.

[7] 全国技术产品文件标准化技术委员会．技术制图　简化表示法　第1部分：图样画法：GB/T 16675.1—2012 [S]. 北京：中国标准出版社，2012.

[8] 全国产品尺寸和几何技术规范标准化技术委员会．一般公差　未注公差的线性和角度尺寸的公差：GB/T 1804—2000 [S]. 北京：中国标准出版社，2000.

[9] 全国技术产品文件标准化技术委员会．机械制图　螺纹及螺纹紧固件表示法：GB/T 4459.1—1995 [S]. 北京：中国标准出版社，1995.

[10] 全国产品尺寸和几何技术规范标准化技术委员会．产品几何技术规范（GPS）极限与配合 公差带和配合的选择：GB/T 1801—2009 [S]. 北京：中国标准出版社，2009.

[11] 全国螺纹标准化技术委员会．梯形螺纹　第1部分：牙型：GB/T 5796.1—2005 [S]. 北京：中国标准出版社，2005.

[12] 全国螺纹标准化技术委员会．梯形螺纹　第2部分：直径与螺距系列：GB/T 5796.2—2005 [S]. 北京：中国标准出版社，2005.

[13] 全国螺纹标准化技术委员会．梯形螺纹　第3部分：基本尺寸：GB/T 5796.3—2005 [S]. 北京：中国标准出版社，2005.

[14] 全国螺纹标准化技术委员会．梯形螺纹　第4部分：公差：GB/T 5796.4—2005 [S]. 北京：中国标准出版社，2005.

[15] 全国机器轴与附件标准化技术委员会．普通型　平键：GB/T 1096—2003 [S]. 北京：中国标准出版社，2003.

[16] 全国机器轴与附件标准化技术委员会．普通型　半圆键：GB/T 1099.1—2003 [S]. 北京：中国标准出版社，2003.

[17] 全国机器轴与附件标准化技术委员会．钩头型　楔键：GB/T 1565—2003 [S]. 北京：中国标准出版社，2003.

[18] 全国紧固件标准化技术委员会．圆柱销　不淬硬钢和奥氏体不锈钢：GB/T 119.1—2000

[S]. 北京：中国标准出版社，2000.
[19] 全国紧固件标准化技术委员会．圆锥销：GB/T 117—2000 [S]. 北京：中国标准出版社，2000.
[20] 全国紧固件标准化技术委员会．开口销：GB/T 91—2000 [S]. 北京：中国标准出版社，2000.
[21] 全国机器轴与附件标准化技术委员会．矩形花键尺寸、公差和检验：GB/T 1144—2001 [S]. 北京：中国标准出版社，2001.
[22] 全国技术产品文件标准化技术委员会．机械制图 弹簧表示法：GB/T 4459.4—2003 [S]. 北京：中国标准出版社，2003.
[23] 全国滚动轴承标准化技术委员会．滚动轴承 深沟球轴承 外形尺寸：GB/T 276—2013 [S]. 北京：中国标准出版社，2013.
[24] 全国滚动轴承标准化技术委员会．滚动轴承 推力圆柱滚子轴承 外形尺寸：GB/T 4663—2017 [S]. 北京：中国标准出版社，2017.
[25] 全国焊接标准化技术委员会．焊缝符号表示法：GB/T 324—2008 [S]. 北京：中国标准出版社，2008.
[26] 全国技术产品文件标准化技术委员会．技术制图 焊缝符号的尺寸、比例及简化表示法：GB/T 12212—2012 [S]. 北京：中国标准出版社，2012.
[27] 全国技术产品文件标准化技术委员会．机械制图 机构运动简图用图形符号：GB/T 4460—2013 [S]. 北京：中国标准出版社，2013.
[28] 全国液压气动标准化技术委员会．流体传动系统及元件图形符号和回路图　第1部分：用于常规用途和数据处理的图形符号：GB/T 786.1—2009 [S]. 北京：中国标准出版社，2009.
[29] 全国电气信息结构、文件编制和图形符号标准化技术委员会．电气简图用图形符号 第2部分：符号要素、限定符号和其他常用符号：GB/T 4728.2—2018 [S]. 北京：中国标准出版社，2018.
[30] 马恩，李素敏．液压与气压传动 [M]. 北京：北京大学出版社，2017.
[31] 孙开元，郝振洁．机械工程制图手册 [M]. 2版．北京：化学工业出版社，2018.
[32] 李萍，刘巍．电子电路识图 [M]. 北京：化学工业出版社，2006.